U0840423

全国文化名家暨“四个一批”人才资助项目、国家社会科学基金重点项目“当代军事技术哲学研究”（13AZX009）阶段性成果

当代军事技术哲学新论

曾华锋　刘铁丹　吴奕澎　程柏华　贾珍珍◎著

金城出版社
GOLD WALL PRESS
北京·2021

图书在版编目（CIP）数据

当代军事技术哲学新论 / 曾华锋等著 . — 北京：金城出版社有限公司，2021.5
ISBN 978-7-5155-2235-7

Ⅰ . ①当… Ⅱ . ①曾… Ⅲ . ①军事技术 – 技术哲学 – 研究 Ⅳ . ① E9

中国版本图书馆 CIP 数据核字（2021）第 112844 号

当代军事技术哲学新论

作　　者　曾华锋　刘轶丹　吴奕澎　程柏华　贾珍珍
责任编辑　李　涛
责任校对　李凯丽
责任印制　李仕杰
开　　本　710 毫米 × 1000 毫米　1/16
印　　张　16.75
字　　数　360 千字
版　　次　2021 年 5 月第 1 版
印　　次　2021 年 5 月第 1 次印刷
印　　刷　天津旭丰源印刷有限公司
书　　号　ISBN 978-7-5155-2235-7
定　　价　60.00 元

出版发行　**金城出版社有限公司**　北京市朝阳区利泽东二路 3 号（100102）
发 行 部　（010）84254364
编 辑 部　（010）84250838
投稿邮箱　balimist0213@163.com
总 编 室　（010）64228516
网　　址　http://www.jccb.com.cn
电子邮箱　jinchengchuban@163.com
法律顾问　北京市安理律师事务所　18911105819

前　言

研究军事技术哲学，首先要搞清楚“军事技术是什么”。

“军事技术”作为“技术”的分支，其哲学反思无法绕开技术母体而独立存在。“技术”作为“人类在利用自然、改造自然的劳动过程中所掌握的各种活动方式、手段和方法的总和”[1]，是主观目的性与客观规律性的统一。因此，自亚里士多德开始，人们就习惯于根据技术的“目的性”来划分技术的门类，如将生产技术理解为“用于生产目的的技术”，军事技术则是指用于军事、战争目的的技术。《中国军事百科全书》将其定义为：“在军事领域运用的技术科学、应用技术和武器装备操作使用技能的统称。”[2]从这个意义上说，军事技术是人们运用自然规律来达成战争目的的手段、方法的总和，是人的主观能动性与客观规律性在军事领域的统一。这种定义方式其实是把“军事技术”作为一个不证自明的概念加以使用，从而导致军事技术的含混性，一方面影响军事技术发展的战略抉择，另一方面带来军事技术应用的责任归属问题。

我们认为，军事技术哲学研究，首先必须打开军事技术这个“黑箱”，从军事技术的生存论背景出发，追溯其原初意向——“暴力”。

对技术本质的认识应该以人的现实生存条件为前提，军事技术同样如此。技术的发展及其应用不断改变现实的人的生存方式，也不断改变人在

1　刘大椿：《科学技术哲学导论》，北京：中国人民大学出版社，2001 年，第 338 页。

2　《中国军事百科全书·军事技术》，北京：中国大百科全书出版社，2016 年，第 1 页。

生活世界中的地位，引领人们走出必然王国、通向自由王国。相应地，军事技术也以社会发展的一定阶段为其生存发展的前提。随着人类现实生存的拓展，占据、控制生存条件的手段将日趋丰富，推动着战争形态、作战方式、作战空间不断拓展和演进，军事技术的内涵和外延也相应发生了深刻变化，局限于“物理暴力”的“武器装备”已经无法诠释军事技术的本质特征。

暴力与战争相伴而生、结伴而行。长期以来，人们对暴力的理解始终停留在“物理暴力”，追求大规模搏斗、残酷性杀伤，将消灭敌人有生力量等同于战争的胜利。而在马克思、恩格斯看来，“暴力”不仅是肉体参与的血腥冲突，更是主客间强制性的交互。“暴力”作为“一种统治我们、不受我们控制、使我们的愿望不能实现并使我们的打算落空的物质力量”[1]，是主体对客体固有状态的强制性改变，并不局限于武力杀伤。从马克思、恩格斯对“暴力”的分析出发，可以发现“物理暴力”并不是军事技术的唯一特征，不能成为军事技术与民用技术的划界标准。马克思始终认为，战争从来都不以成建制的军事组织为限，“阶级之间的战争的进行，并不取决于是否采取真正的军事行动，它并不是永远都需要用街垒和刺刀来进行的”[2]。无论是摧垮一国经济的金融工具，还是颠覆一国政权的新媒体技术，这些貌似与军事无涉的技术，其中所蕴含的“力量”已然可与传统的“武器装备”相比肩。

通过对“暴力”的解蔽，我们认为，只要某一技术能够使目标对象的生存条件发生与其自身发展趋势相悖的改变，那么该技术就已然具备了作为“军事技术”的意向。与此同时，大国之间的博弈已不再限于以武器装备为核心的军事实力，而是在经济、科技、军事、文化等领域的全方位较量。其中科学技术扮演着基础性、渗透性、关键性作用，并成为一种新的

---

1 《马克思恩格斯文集》（第 1 卷），北京：人民出版社，2009 年，第 537—538 页。

2 《马克思恩格斯文集》（第 8 卷），北京：人民出版社，2009 年，第 249 页。

权力形式，同时也赋予军事技术以新的内涵和外延。因此，从广义上说，军事技术是指占有、控制生存条件的技术和手段。

本书在解蔽“暴力”的基础上，对当代军事技术发展及其应用进行哲学反思，重点探讨了以下问题：一是探讨战斗力生成的内在机理，指出军事技术是战斗力的“座架”，战斗力的生成过程就是军事技术的意向性从“存在”之域向“此在”展开，并在军事实践中进行“变现”。二是探讨战争的时空特征，指出军事技术既建构与其意向性相适应的时空结构，又不断突破时空的屏障改变现代战争的制胜机理。三是探讨战争的可控性，指出军事技术的意向性与战争的目的具有同一性，揭示了战争从追求“绝对胜利”的“唯军事主义”转向大战略下“微战争”的发展趋势。四是探讨信息化战争的本质，指出信息战的发展与人类社会的演进密不可分，“三理”会聚的“融战争”才是信息化战争的真实面貌。五是探讨智能化战争的发展趋势，指出智能化战争将超越传统的战争制胜机理，开启“智能主导、自主对抗、溯源打击、云脑制胜”的崭新攻防模式，催生“分布式杀伤”“母舰理论”“算法战”“蜂群战”等新的作战样式，推动战争形态从信息化战争向智能化战争演进。

当前，新一轮科技革命和产业变革正以前所未有的广度、深度加速发展，重大颠覆性技术不断涌现，科技成果转化速度加快，产业组织形式和产业链更具垄断性，科技在国家权力结构中的地位作用日益彰显。西方发达国家把争夺科技与产业主导权、谋求竞争优势作为核心战略，将关键核心技术和产业链政治化、武器化，围绕关键核心技术与新兴产业的“科技战”愈演愈烈。我们只有坚持自主创新这一战略基点，紧紧抓住新一轮科技革命、产业革命和军事革命的历史机遇，增强技术敏锐度和认知力，准确把握科技创新方向，超前谋划、科学布局、久久为功，加快基础性、战略性、前沿性、颠覆性技术发展，牢牢掌握军事技术发展的制高点和主动权，才能在未来战争中“制人而不制于人”。

1991 年，国防科技大学刘戟锋教授出版了《军事技术论》。这是我国军事技术哲学领域的一部经典著作。1998 年，国防科技大学开始招收军事技术哲学专业硕士研究生，并于 2006 年开始招收博士研究生。20 多年来，我们围绕军事技术哲学、军事技术史、军事技术与社会等方向进行了系统研究。《当代军事技术哲学新论》一书，既是在前期研究成果的基础上对当代军事技术哲学的再认识、再思考，也是国家社会科学基金重点项目“当代军事技术哲学研究”（13AZX009）的阶段性成果，希望能够给大家以启迪。

2021 年 5 月 1 日

目　录

第一章　科技与战争的联姻

战争，作为人类社会最激烈、最残酷、最普遍的现象，从一开始就与科学技术结下了不解之缘。科学技术成果在军事领域的广泛应用，促使作战手段急剧更新，催生作战思想激烈绽放，影响作战体制深刻变革，引导作战样式不断演进，推动人类战争从冷兵器时代、火器时代、机械化战争时代，进入信息化战争时代。

一、武器与工具的分离

军事技术，是人类将科学和技术用于战争的必然结果。尽管在人类社会早期，只有技术而没有现代意义上的科学，而且这种技术也只是一种经验形态的“技艺”，还没有形成系统的理论。但是，现代技术的三个重要领域——材料和材料加工技术、能源和动力技术、信息和通讯控制技术，却早在原始生产阶段都已有了最初的萌芽形式，这就是劳动工具的制造、火的利用和文字的发明。

一般而言，技术进步遵循同样的规律。但是，在人类社会发展中，军事技术与一般科学技术并没有并驾齐驱。一个重要原因是，按照马克思的说法，“战争比和平发达得早，某些经济关系，如雇佣劳动、机器等等，怎样在战争和军队等等中比在资产阶级社会内部发展得早。生产力和交往关系的关系在军队中也特别显著。”[1]也就是说，自从有了人类社会以来，

1　《马克思恩格斯文集》（第8卷），北京：人民出版社，2009年，第33页。

先进的物质手段总是优先用于军事目的。相应地，先进的交往关系总是首先产生于军队或具有军事性质的集团内部。

“兵之所自来者上矣，与始有民俱。”战争与人类同时出现，相应地，军事技术的萌芽也可以追溯到人类的襁褓时期。在原始社会，“军事”技术与“民用”技术融为一体，具有同一性。历史研究发现，武器由两大类构成：一类是劈刺式武器，另一类是投掷式武器。早期人类所用的棍棒是最原始的劈刺式兵器，最早的投掷式兵器则是人类投向敌人或猎物的石块。施特劳斯曾指出：“甚至在五千万年以前，在理智的光芒第一次微弱地照射在人类的身上，给了他一点灵感而不是真正知识的时候，人类就发明了一种工具，他既可以用这种工具来改善他的日常生活，又可以用它来作为杀死他的同类的武器——削尖了的石头。”[1]这意味着，在人类最初使用石块和棍棒作为寻找食物、配偶和栖身之所的工具的同时，就已认识了它们作为武器的价值。武器作为一种载体，同时承担着劳动和战争活动的双重职能。因此，恩格斯指出：“根据已发现的史前时期的人的遗物来判断，并且根据最早历史时期的人群和现在最不开化的野蛮人的生活方式来判断，最古老的工具是些什么东西呢？是打猎的工具和捕鱼的工具，而前者同时又是武器。”[2]

原始社会条件下战争武器与劳动工具的合二而一，是由于当时从事战争活动的主体既是战斗员，同时又是劳动者。因为战争不是一种经常性的“营生”，也就没有必要建立常备军。况且由于当时生产力水平低下，不可能提供多余的食物来维持一支庞大的军队，因而工具也就相应地在战争爆发时被用作武器，平时则被用来生产和狩猎。此外，作为生产工具的武器简单耐用，即使毁坏了，也可以通过民间工匠的维修和制造重新获得，

---

1 ［德］F. J. 施特劳斯：《挑战与应战》，上海《国际问题资料》编辑组译，上海：上海人民出版社，1976 年，第 187 页。

2 《马克思恩格斯文集》（第 9 卷），北京：人民出版社，2009 年，第 555—556 页。

并不需要专门的兵器生产作坊。这时的军事技术与民用技术、生产实践与战争实践、生产工具与武器装备是融为一体的。这种混合生长的状况固然构成武器演化和工具改进的双重羁绊，但在当时条件下却是不可避免的。作为战争手段的武器与作为劳动手段的工具相分离的前提是，社会生产力必须发展到一定的阶段，即阶级社会的出现。伴随着剩余劳动的出现，产生了阶级，由于阶级之间不可调和的矛盾，又形成了国家以及专门从事战争实践的常备军。常备军使用专门的器械作战，不但战争由以往的部族掠夺和血亲复仇变成了阶级间经常性的激烈冲突，而且促成了原始条件下技术母体的分娩，诞生了一个以武器为核心的新系统，即军事技术。正如杜普伊所说："人类就确立了一种典型方式，即采用跟自身能力相适应的特定手段来发明、改进、选择和使用武器。人类在整个战争史上，始终是按照这种方式行事的。"[1]

二、从经验到科学

技术是人们用来改进自然的工具、手段和方法，包括技术实体和技术知识等要素，其中技术知识又包括科学性知识和经验性知识。在第一次科技革命以前，经验性知识居于主导地位。技术主要是人们在劳动过程中实践经验的总结，更多地表现为人类在生产实践中以手工艺为主的世代相传的技艺、技巧和技能，有很强的经验性成分。经验需要积累，需要多年的工艺实践。人们能够掌握和使用这些技术，但对其原理并不能作出理论上的说明，因此一些技术甚至只能意会而不能言传。这些"经验技术"的教育方式主要是"师傅带徒弟"，并受到自然经济固有的保守封闭体制即行会制度的限制。第一次科技革命后特别是 19 世纪以后的技术，则更多地表现为科学的应用。前者称之为"经验性技术"，后者称之为"科学性技

1　［美］T. N. 杜普伊：《武器和战争的演变》，李志兴等译，北京：军事科学出版社，1985 年，第 3—4 页。

术”。相应地，军事技术的发展也经历了从“经验性军事技术”发展到“科学性军事技术”的历史演进过程。

1. 金属兵器

从军事技术史的角度看，人类战争的第一个阶段是冷兵器时代。古代冷兵器种类很多，并且随着生产力的发展而发展。金属冶炼和金属工具的制作与使用，是人类从蒙昧到文明的转折点，对人类社会的历史发展具有重大作用。作为生产力标志的生产工具，其演化方向是由石器、铜器到铁器。冷兵器的发展，也同样经历了石兵器、铜兵器到铁兵器的演进历程。人类最早使用的是各类自然存在的金属单质，比如自然铜、陨铁、金和铂。天然金属资源毕竟有限，为了获得更多的金属，人们在寻找石器的过程中认识了矿石，并在烧陶过程中逐渐创造了冶金技术，实现了从“机会技术”向“经验技术”的转变。

青铜是人类最早使用的金属。它熔点低、硬度高，具有较好的铸造性能和机械性能，因而很适宜用来制作非常尖锐和开口锋利的武器。世界上最早使用金属的地方是美索不达米亚，即两河流域，在公元前3000年左右已达到青铜时代的最高水平。中国到春秋时期，青铜兵器的制造技术已十分发达，这时出现的干将、镆铘、巨阙、纯钧等成了自古以来为人赞不绝口的名剑。尽管青铜剑的铸造工艺水平已经很高，但因自身的局限性，难以满足战场上对兵器长度和锋利程度的要求。随着战争实践的发展，为了寻求比青铜更好的原材料和提高相应技术，钢铁兵器应运而生。虽然最初铁的造价十分昂贵，而且产量有限，但是铁的发现给古代兵器和战争带来了巨大影响。中国使用铁器的历史和铜器一样是后来居上，反映了当时先进材料技术与战争实践的关系。到战国时代，人们已经掌握炼钢技术，开始由制造少量的宝剑，发展到大量生产各式兵器。秦始皇统一六国后，大量销毁铜兵器，进入以铁兵器为主的时代。到东汉时期，主要兵器已全部为钢铁所制，从而完成了兵器的铁器化进程。

这一时期，军事技术进步并非来源于科学的影响，而是由于金属材料的发现和战争实践的推动。当时虽然产生了科学的萌芽，但科学和技术这两种知识形态却互不相关、互不影响。造成这种状况的原因，主要是它们分别是由两个不同阶层的人们承担。从事科学研究的主要是一些富裕有闲的智者，从事技术工作的主要是一些社会地位低下的手工艺人。这两个阶层的人们不仅鲜有往来，而且当时从事科学研究的人们常常反对将科学知识用于实用技术。古代的科学技术是在智者和工匠相互隔离的状态下发展起来的，并且技术的进步先于科学，技术对科学的影响大于科学对技术的影响。这种状况在阿基米德时代略有改观，科学与军事技术在他那里得到了一定程度上的结合。阿基米德参与军事技术研究是从他给海罗大王演示滑轮实验时开始的，他在应用抛石机于守城战方面也给后人留下了深刻的印象。普鲁塔奇在《玛塞勒斯生平》一书中曾经描写道："当罗马人从海上和陆地向锡拉丘兹人进攻时，锡拉丘兹人全被吓呆了，觉得简直毫无办法来抵挡罗马人如此可怕的攻击。但这时阿基米德开始使用了他的机械，他向陆地进攻的敌人射出了各种飞弹和大量巨石，它们以惊人的速度呼啸着倾盆而下，敌兵根本无法招架，一堆堆被打倒在地，队列也被打得七零八落。……搞得玛塞勒斯狼狈不堪，不得不下令让他的船队尽快返航，而他的陆上军队也只好撤退了。"[1]除"抛石机"外，阿基米德还发明过用镜子反射太阳光以烧毁敌舰的办法。尽管如此，他仍然把技术性的工作和一切服役于生活需要的事情看作是卑贱而媚俗的。这种态度限制了科学向军事技术的渗透。

2. 火药的发明

在军事技术发展史上，引起第一次划时代革命的是火药的发明及其军事应用。它不仅引发了第一次军事革命，而且从战争手段、工业基础、思

1　［美］乔治·伽莫夫：《物理学发展史》，高士圻译，北京：商务印书馆，1981 年，第 16—18 页。

想观念上摧毁了延续上千年的封建制度，是人类社会走向民主、平等的重要技术前提。武器的发展进入火器时代后，一个十分突出的特点是它不再像冷兵器那样仅仅作为一种能量传递器械出现在战场上，而是成为一种能量转换装置，即把化学能转换成机械能和热能，从而产生冷兵器所远远不及的杀伤效果。火药用于军事，首先导致了军事技术变革，继而引发军队结构、作战方式发生一系列革命性变化，推动人类战争从冷兵器时代进入火器时代。

中国最先发明了火药。火药，顾名思义，就是能够着火的药，因制造火药的两种主要成分——硝和硫黄都来自中药而得名。火药是炼丹术的副产物，正是充满冒险精神的炼丹家在崇山峻岭中采花草、探金石，在深山古洞里炼黄金，制造长生不老之丹，他们的大胆探求和辛勤劳动，导致了火药的发明。最初，炼丹家把火药爆炸当作纯粹灾难性的事故，而对这种事故的经验总结仅仅是为了告诫后人。直到10世纪初，当雄踞数百年之久的大唐帝国土崩瓦解、战争风起云涌时，人们才开始因势利导地将火药的破坏功能用于战争。随着人们对火药燃烧、爆炸和抛射性能的掌握，相应地出现了燃烧性火器、爆炸性火器和抛射性火器。火药用于军事后，在制造技术和性能上都有较快发展和提高。宋初曾公亮、丁度等编著的《武经总要》不仅描述了多种火药武器，还记下了当时的三种火药配方：主要成分是硝、硫、炭，其他配料含量都较少，分属燃烧、爆炸、毒性、烟幕的配料。英国科学技术史专家李约瑟指出，《武经总要》记载的这三种火药配方，“是所有文明国家中最古老的配方”，它与现代黑火药比较，其组配率已相差不远了。对此李约瑟评价道：“从最早发现火药配方到射出与内膛口径吻合的弹丸的金属管状枪的完善，这整个过程在中国演进时，其他民族对此还一无所知。”[1]到了明代，火器技术得到了比较全面的发

1 ［英］李约瑟：《中国科学技术史》（第五卷第七分册），刘晓燕等译，北京：科学出版社，2005年，第2页。

展。这时的火器不但种类多，而且质量不断提高。尤其是管形火器发展很快，由简单的火铳发展到鸟枪、巨炮；由无瞄准装备和火绳点火发展到有较完善的瞄准装置和击发装置；由单管发展到多管连发。随着管形火器的发展，冷热兵器在军队装备中的比例也发生了变化。按明代初期的军法规定，军队中铳手只占 10%，其余 90% 是刀牌手、弓箭手和枪手。到明中叶，“京军十万，火器手居其六”。公元 13 世纪左右，火药被阿拉伯人传到欧洲。至此，火器在亚洲和欧洲都获得了不同程度的发展。在马克思看来，“火药、指南针、印刷术——这是预告资产阶级社会到来的三大发明。火药把骑士阶层炸得粉碎，指南针打开了世界市场并建立了殖民地，而印刷术则变成新教的工具，总的来说变成科学复兴的手段，变成对精神发展创造必要前提的最强大的杠杆。”[1]

在今天看来，火器具有冷兵器无法比拟的优越性，前者取代后者是摧枯拉朽式的，但这一过程却是漫长的：法国直到 1566 年才淘汰了十字弓；英国则到 1596 年才正式将火枪作为步兵武器；至于十字弓和长弓完全从战场上销声匿迹，则已经是 17 世纪末的事情了。军事技术更替的过程如此缓慢，一个重要的原因是，作为经验性知识的火药技术本身的发展相当缓慢、极不成熟。比如，火药研制者只能凭借经验，靠提炼硝石与硫黄的纯度，以及选择上好的草木类植物培植碳粉，经过反复的混合拌合来提高火药的效能，从而导致火器射击精度低、杀伤威力小、使用寿命短和烟雾大容易暴露目标等缺陷。正如杜普伊所说：“早期的火枪精确度差，射程短，发射速率低，很笨重，使用很不灵便，因此使用火枪的士兵比长弓兵和十字弓兵更容易遭到敌人的袭击。在一般情况下，火枪不是单兵使用的，而是以密集队形进行齐射，并用来对付密集的敌人，以求总有些子弹会击中一些敌人。”[2] 贝尔纳也认为：“随着火药的采用或发明，在中世纪

1　《马克思恩格斯文集》（第 8 卷），北京：人民出版社，2009 年，第 338 页。

2　［美］T. N. 杜普伊：《武器和战争的演变》，李志兴等译，北京：军事科学出版社，1985 年，第 121—122 页。

的衰落时期，科学与战争之间产生了一种新的重要联系。火药本身是人们对盐类混合物进行一种半技术、半科学性质的研究的产物，火药的采用对军事技术产生了显著的影响。”[1]

3. 科学家介入战争

公元 14 至 17 世纪，是欧洲资本主义因素迅速增长、封建制度开始解体的时代。文艺复兴和宗教改革运动，敲响了封建主义的丧钟，为资本主义制度的建立做了思想上的准备，同时也为近代自然科学的产生和发展开辟了道路。1543 年，哥白尼《天体运行论》的出版标志着近代自然科学诞生，科学技术进入一个由经验到科学发展的全新阶段，推动军事技术不断进步。与此同时，达·芬奇、塔塔格里亚和伽利略等一大批科学家、工程师跻身军事技术研究行列，使原本只是偶发事件的火药发明变成了互为因果的火器技术改进的链式过程。达·芬奇在给米兰公爵的一封求职信中写道：“最杰出的先生，我已经看过而且研究了所有自称为军器发明技术大师们的试验，而且发现他们的设备与普遍使用的并没有什么重大差别。我特向阁下报告我自己的某些秘密发明。”[2] 达·芬奇在信中介绍了他发明的轻型大炮、轻便桥梁、攻城云梯等军事技术。伽利略当时是帕维亚大学的军事学教授，沉迷于弹道理论，把弹道学作为他研究物理和动力学规律的一个重要领域，并且把自己发明的望远镜卖给威尼斯元老院，并声称“这是一切海陆作战所必不可少的东西，是一件无价之宝”。英国哲学家罗素指出：“科学的实际重要性，首先是从战争方面认识到的；伽利略和雷奥纳都自称会改良大炮和筑城术，因此获得了政府职务。从那个时代以来，

1 ［英］J. D. 贝尔纳：《科学的社会功能》，陈体芳译，北京：商务印书馆，1982 年，第 242 页。

2 ［英］J. D. 贝尔纳：《科学的社会功能》，陈体芳译，北京：商务印书馆，1982 年，第 244 页。

科学家在战争中起的作用就愈来愈大。”[1]对此，贝尔纳曾评论道：“事实上，工程师这个名称最初就是指的军事工程师，因为当时并没有其他工程师。”[2]

一个时代军事技术的进步，是当时一般科学技术进步的缩影。以牛顿《自然哲学的数学原理》为标志的第一次科学革命，由物理学领域率先突破开始，带动力学、光学、天文学、化学、数学等学科迅速发展，逐步形成近代的自然科学体系，极大提高了人类的认知能力。第一次科学革命后，科学与技术的相互作用导致了技术发展的科学化趋势。这主要表现在，科学家研究从技术中派生出来的问题，而技术发明者则求助于科学家们来帮助他们解决实践中的技术难题。例如，17 世纪英国皇家学会的科学家的科研选题 50% 以上是有关解决技术难题的，其中涉及海上运输与航海技术、采矿与冶金技术以及军事技术，包括子弹的轨道与速度、铸造工艺与枪炮的改进、枪管的长度与子弹射程的关系、反冲现象与火药研制等。英国 18 世纪的技术革命，就以科学革命为基础和背景。除了纺织新技术是工匠们在经验基础上探索的结果外，蒸汽机技术的突破在一定程度上则是以物理学理论为基础，冶金技术的提出在一定程度上是以化学知识为基础。这时，蒸汽技术和冶金技术显然不同于以往的经验性技术，其完全烙上了科学的印记，因此被称为“科学的技术”。这种新技术与经验技术比较起来，有一个明显的差别，即传统经验技术中所涉及的技术知识往往只是工匠们的个人经验，而现在则是应用科学理论求解技术难题时所得出的结论。军事技术的变革越来越依赖科学的进步，军事技术也由经验性阶段迈向科学化阶段。

但是，这一时期科学理论应用于军事的速度缓慢，延迟往往长达数十

1　［英］罗素：《西方哲学史》（下卷），马元德译，北京：商务印书馆，1995 年，第 5 页。

2　［英］J. D. 贝尔纳：《科学的社会功能》，陈体芳译，北京：商务印书馆，1982 年，第 242 页。

年甚至数百年。牛顿、莱布尼茨、伯努利、马赫等人对弹道理论、炮兵技术、射击学等发展都极为热忱，化学在波义耳等人的贡献下也开始萌芽，但是“他们的发现和著作将影响到未来的军事技术，但是延迟是惊人的”，“距离其影响战争技术还很遥远，火药和炸药没有发生任何变化”。18、19 世纪，自然科学迅猛发展，新发明刺激着工业发展，但尚未致力于将科学理论应用于军事技术，“直到 19 世纪中叶，科学大踏步前进时，才开始认真考虑应用科学知识解决战场上的问题。”[1]

在社会层面“科学—技术”的真正转化是在 19 世纪中叶第二次科技革命之后，军事技术的变革大多与科学密切相关。第二次科技革命中的技术发明主要是应用科学理论的结果，科学上的突破往往能迅速用于战争。没有电磁理论就没有电机和无线电技术的发明，没有化学的实验室也就没有化学合成技术的发展。如 1820 年奥斯特发表罗盘通电后指针偏转的论文，1851 年电报就已经用在克里米亚战场上。19 世纪下半叶军事技术领域的两项重大发明——高爆炸药与速射武器，是以理论突破为前提。作为经验性技术的黑火药尽管经过近千年的发展，但进展甚微。直到 1860 年左右，随着级进式燃烧原理的发现，特别是在 19 世纪化学工业的推动下，诺贝尔等人经过反复实验后，发明了炸胶、无烟火药、苦味酸、梯恩梯等，结束了手工作坊生产黑火药的时代，迎来了火药生产的科学化阶段，时至今日，这些炸药仍然是战场上的基本爆炸品。19 世纪 80 年代，英籍美国人马克沁利用后坐力为武器自动连续射击找到了理想的能量来源，并于 1883 年成功试制第一支采用枪管短后坐自动原理的自动步枪。马克沁机枪经过实战洗礼，不仅获得了“陆战之王”的桂冠，而且其所确立的后坐原理成了现代一切自动武器的理论基础。正是科学化军事技术的发展，使西方的火器技术后来居上，成了殖民者掠夺和征服世界的有力工具。相

1 Bernard Brodie, Fawn M. Brodie. *From Crossbow to H-Bomb*. Indiana University Press, 1973: 42-43.

比之下，中国火器技术的发展既缺乏坚实的工业基础，也得不到其他先进技术的支撑，更没有相应的科学理论作指导，所以尽管魏源、林则徐等人提出“师夷长技以制夷”，但中国火器技术的全面衰退趋势已无法遏制。

自第二次科技革命起，科学与军事技术的关系发生了革命性的变化，军事技术逐渐成了科学的应用，科学成了军事技术发展的先导。进入20世纪后，科学与军事技术的关系更加密切，出现了“科学⇆军事技术”的双向互动，这种趋势在今天愈加明显。

三、战争工业化

军事技术作为技术体系的组成部分，既依赖社会生产力发展水平，也依赖科学与技术的发展程度。恩格斯指出：“暴力的胜利是以武器的生产为基础的，而武器的生产又是以整个生产为基础，因而是以‘经济力量’，以‘经济状况’以可供暴力支配的物质手段为基础的。”[1]18世纪，英国发生了以蒸汽机发明和广泛应用为标志的第一次工业革命，促进了纺织、煤炭、冶金、造船等近代机器工业的兴起和发展，推动了人类社会生产力的极大提高，使人类社会从手工工场时代跃至机器大工业时代。武器的生产组织和工业生产一样，开始从小手工业、作坊手工业发展到机器大工业阶段。

机器大工业作为资本主义的物质技术基础，使先进的生产力大量应用于军事领域，建立起强大的军事技术实力，并使武装力量工业化。“19世纪40年代，普鲁士陆军、法国海军和英国海军抛弃了欧洲各国旧体制政府感到满意的武器，这些变化预示着战争工业化的开始。”[2]由此，伴随着

1　《马克思恩格斯文集》（第9卷），北京：人民出版社，2009年，第173—174页。

2　［美］威廉·H. 麦尼尔：《竞逐富强：公元1000年以来的技术、军事与社会》，倪大昕、杨润殷译，上海：上海辞书出版社，2013年，第194页。

工业化而诞生的一系列新式武器开始扭转战争前行的轨道。蒸汽机技术的推广，不但为舰船的远距离奔袭提供了动力装置，而且也带来了钢铁工业的发展。而钢铁和机械力的结合，更是揭开了海战史上的新篇章。“现代的军舰不仅是现代大工业的产物，而且同时还是现代大工业的缩影。”[1]英国海上霸权的获得和维持离不开第一次科技革命和工业革命的贡献。1607 年，皇家海军 50 吨级以上的舰只仅有 40 艘，总吨位约为 2.36 万吨。到 1695 年，舰船达到 200 多艘，总吨位超过 11.24 万吨。杜普伊指出：“英国始终掌握着制海权，这并非因为他们运用了新的海军作战思想，而是由于它的卓越海军将领掌握了强大的海上攻击力量，由于他们为取得炮兵技术的优势而作出了不懈的努力，也由于他们的战舰在数量上超过了别人。”[2]由蒸汽机问世而牵动的铁路修建及海上舰船发展，在 19 世纪引发了深刻的军事变革，推动人类战争进入机械化战争时代。那些能够快速响应这种变革潮流的国家很快具备了军事优势。“世界史上有一个令人惊异的事实：在 19 世纪，用当时最新式欧洲武器装备起来的一小支军队就能轻而易举地打败非洲和亚洲的国家……欧洲人新近获得的相对于其他民族的巨大军事优势，最重要的表现发生在 1839 年至 1842 年的中国海岸，当时人数很少的英国军队在鸦片战争中打败了中华帝国的军队。”[3]

军事技术作为一个相互联系的系统，根植于一定的科研体系和社会生产体系之中。只有在军事技术与一般科学技术和工业部门之间形成一套合理、完整的创新链时，军事技术的发展才能获得源源不断的动力。19 世纪中叶发生了第二次工业革命，人类进入“电气时代”。德国在这次工业革命中完成了一个重大突破，即科学活动向应用与生产领域转变，科学研究

---

1 《马克思恩格斯文集》（第 9 卷），北京：人民出版社，2009 年，第 180 页。

2 ［美］T. N. 杜普伊：《武器和战争的演变》，李志兴等译，北京：军事科学出版社，1985 年，第 160 页。

3 ［美］威廉 · H. 麦尼尔：《竞逐富强：公元 1000 年以来的技术、军事与社会》，倪大昕、杨润殷译，上海：上海辞书出版社，2013 年，第 225 页。

进入工业企业。第一个工业研究实验室于1826年由化学家I. 默克设立。19世纪60年代，德国的染料、医药、化工、光学和电气等工业企业纷纷建立了自己的研究实验室，在其中从事研究的科学家人数日趋增加，个别工业部门甚至超过大学。工业研究实验室是科学大规模地介入技术创新的重要途径和有效形式。科学家根据基础研究的成果，在实验室内进行应用研究和技术开发，从现代科学理论派生出技术原理，从而导致新技术的发明。正是这种相互作用，使19世纪的许多重大科技发明，"开花"在英法，"结果"却在德国。比如，19世纪德国化学工业的飞速发展，使第一次世界大战成了所谓的化学战。1907年弗里茨·哈伯发明了合成氨技术，既生产化肥解决德国的饥荒问题，同时又生产军事上不可缺少的黄色炸药，解决了德军的军火问题。哈伯作为一名狂热的民族主义者，促使化学武器第一次用于战场，因而也被称为"化学战之父"。

四、为战争而科学

在科学与战争，或者说技术与战争的关系史上，20世纪无疑是一个转折点，国家动员科技界参与战争或准备战争成为时代的特征。由于政府对战争中急需的技术发明洞若观火，同时为了确保生存，政府能够以前所未有的规模调动充足的资金，在全国范围内组织起各部门、各单位协同攻关，使科技为战争服务成为一种国家体制。

莱特兄弟的飞机标志着个人发明时代的终结，而坦克的出现则代表着集体研制军事技术新时代的到来。一方面，世界各国建立了种类繁多的武器研究所。例如，英国著名物理学家布拉格和法国物理学家郎之万组建了一个从事反潜艇侦察的委员会。1915年，美国海军秘书长约瑟夫斯·丹尼尔邀请发明家汤姆·爱迪生解决海底探测问题，爱迪生为此成立了海军咨询委员会。1916年美国开始动员全国科学潜力为参战准备，乔治·爱勒瑞·霍尔成功地促成建立了国家研究评议会，以协调企业、政府和学术机构之间的关系，到美国参战时，交给科学界的任务包括：解决生产能力和供应能力的问题，改进现有武器、开发诸如反潜战那样的对抗技术。在二战中联邦政府组建了一批国家科学技术研究开发实验室，也称为“联邦实验室”。另一方面，科学家被全面动员起来开始大规模介入战争。贝尔纳指出：“自古以来，改进战争技术一直比改进和平生活更需要科学，这并不是由于科学家具有好战的特性，而是因为战争的需要比其他更为急迫。”[1]例如，林曼、汤姆逊、艾德里安和泰勒在法恩巴勒的皇家航空研究中心从事设计和试飞新的飞机研究[2]。英国著名物理学家莫塞莱的牺牲更充分表明应该让科学家从事研究，而不是直接作战。于是，第一次世界大战后，政府对科学家的战时动员变成了一种持久现象。第二次世界大战开始后，诺伯特 · 维纳、冯 · 诺依曼、V. 布什等著名科学家开始在各自学科领域开展军事技术研究和武器装备研发。围绕原子弹的发明，更涉及当时几乎所有著名的物理学家，为赢得反法西斯战争胜利提供了巨大支持。正所谓“盟军用雷达赢得了战争，用原子弹结束了战争”[3]。

第一次世界大战是历史上各国第一次对科学技术的持久动员，从而使军事技术开始由“小科学”向“大科学”过渡，“曼哈顿工程”则标志着人类进入大科学时代。这时，“大政治、大组织、大设施”成为大科学发展的重要特征，科技与战争的关系发生了重要改变，军事技术政策成为国家政策的重要组成部分，国家公共财政投入与有组织研究逐渐成为军事技术发展的重要模式。第二次世界大战后，各发达国家都十分重视军事技术政策，强调军队对军事科研和武器发展的控制，国防部设有负责军事科研和制定武器发展规划的一套完整机构，研究武器装备的长期发展方向及装

1 ［英］J. D. 贝尔纳：《科学的社会功能》，陈体芳译，北京：商务印书馆，1982 年，第 72 页。

2 ［英］J. 齐曼：《论科学与战争》，《科学与哲学》，1982 年第 6 期。

3 孙大廷：《美国教育战略的霸权向度》，长春：吉林大学出版社，2009 年，第 20—21 页。

备造型，统一制定军事科研和军事技术政策。以美国为例，“一战之前，政府参与科学只局限于部分军工厂、试验场和农业研究部门。……而战争改变了政府同私人机构的关系。科学家、工程师和公司的管理者都积极地为战争服务。……二战通常被认为是美国科技政策的分水岭。一些人认为，在二战之前，美国并没有什么所谓的科技政策，正是战争促成了科技政策的出现。……在两次大战期间，联邦政府积累了管理大规模科技系统和指导科学研究的丰富经验，在这些领域，他们之前没有一点经验，一切都是因为战争。”[1]

1944 年 11 月 17 日，罗斯福总统在第二次世界大战胜券在握时，给时任美国科学研究与发展局局长 V. 布什写了一封信，提出如何尽快而有效地把战时的成功经验移用于和平环境的战略设想。布什向继任的杜鲁门总统提交了题为《科学——无止境的前沿》的报告，认为未来科技发展与国家实力特别是军事实力紧密相关。为此，布什提出了三点战略建议：

第一，希望能保证对科学有足够的资助，这样才能够拥有一个基础理论的知识宝库，让工业和军队从中自由地汲取，以激发经济的增长并加强国家的安全。

第二，希望改进美军研究的质量以提高军队的武器和战略的效率。

第三，希望将科学方面的专业知识用于改善政府决策的工作。具体而言，首先要在教育、科研、军事和国家安全等方面进行改善，但是最终也要在政府的其他方面推行。

这是科学家和政治家第一次联袂就科技发展与军事需求问题进行战略分析，标志着军事技术战略或政策研究已成为国家战略的重要组成部分。帕斯卡尔·扎卡里在《无止境的前沿——万尼瓦尔·布什传》中写道，有人把 20 世纪称为“美国世纪”，而布什就是“美国世纪的工程师”。

1　Geoffrey L. Herrers. *Technology and International Transformation: the Railroad, the Atom Bomb, and the Politics of Technological Change*. State University of New York Press, 2006: 159-160.

五、美苏争霸

19世纪末、20世纪初，世界上发生了以相对论和量子力学为标志的第二次科学革命，在科学思想和科学方法上取得了重大突破，使人类对物质的微观结构有了崭新的认识，由此打开了原子核物理学的大门。美国成功制造出第一颗原子弹，同时成功研制出第一台真正意义上的数字电子计算机“埃尼阿克”，拉开了第三次科技革命的序幕。随着美国援助欧洲的“马歇尔计划”以及军事政治集团北约的成立，美国作为西方世界的领袖，与以苏联为首的社会主义国家开始长达40年之久的冷战。从表面上看，东西方两大阵营的竞争主要表现在政治制度、意识形态、经济和军事方面，但实质上却是科学技术的竞争，尤其表现在原子能技术、空间科学技术以及电子计算机技术等领域。

冷战之初，美苏处于激烈的军备竞赛和冷战对抗之中。由于第三次科技革命在原子能、航天航空等领域率先发生，这恰好与苏联以军事工业和重工业为主的工业化发展模式相吻合。苏联紧紧抓住第三次科技革命的契机，借助战后的恢复性生产以及高投入所形成的巨大工业力量，将资源集中应用在航天与核能等与战争相关的军事高技术领域，实现了超越式的发展，取得了不少直逼甚至超过美国的科学技术成果。苏联1949年成功试爆了第一颗原子弹，1950年第一台计算机投入使用，1953年成功爆炸了第一颗氢弹，打破了美国的核垄断地位。1957年，苏联成功发射世界上第一颗人造地球卫星“Sputnik-1”，引起了全世界的轰动和美国的震惊，世界一度出现了“东风压倒西风”的态势。美国朝野一致认为：“这个国家的冷战对手已经在太空探索上打败了美国；更意味着美国已失去了二战以来赖以奠定其国际霸主地位的科学和技术上的优势。”于是，美国一方面拉拢盟友，强化以“巴统”为核心的对苏联科技封锁，启动“长臂管辖”打压与苏联进行任何科技贸易的国家与企业；另一方面，成立国家宇航局（NASA）和高级研究计划局（ARPA），启动阿波罗登月计划。阿波罗登月计划的实施，不仅带动了航天、卫星通信、计算机等领域一系列尖端科学技术的迅猛发展，而且形成了与世界科技发展趋势相吻合的军民融合科技创新体系。正如本·斯泰尔在《技术创新与经济绩效》一书中所言："美国还是有一些体制上的突出优势，其中最重要的是公立和私立大学研究机构的混合体制，美国政府对其所资助的研究项目的严格审核制度，以及美国所拥有的世界一流的商学院、投资银行、会计师事务所和管理咨询公司。"[1] 硅谷坐落在斯坦福大学旁，麻省理工学院及哈佛大学旁边坐落着许多计算机软硬件公司和生物科技公司，绝不是偶然现象。至今，美国的航天科技、航天军民两用技术的产业化等都走在世界前列，与此不无关系。这也是阿波罗计划给美国科学与社会留下了丰富的遗产。在美国国家主导下，美国科技发展步入"黄金十年"，并以此重拾对苏联的科技竞争优势。

20 世纪 70 年代，美国陷入经济"滞胀"和越战的泥潭，政府科研投入被大幅削减，于是美国将军备竞赛时期积累的、主要应用于军事部门的科学技术大规模转移到民用工业中去。同时，美国政府制定了鼓励企业增加 R&D（研究与开发）投入的财政和金融政策以及产业政策，企业的 R&D 投入迅速增长，到 1980 年工业界的 R&D 投入首次超过联邦政府。大量私企参与科学研究不仅提高了美国整体的科技水平和综合国力，也使企业具有了丰厚的技术储备和强大的技术竞争力，成为以信息技术为主的高新技术发展的推动者，诞生了世界最大的微处理器制造商英特尔、最大的软件开发公司微软、巨型机的霸主 IBM 等高科技企业。信息技术的发展不仅支撑着美国头号经济强国的地位，而且也为美国的军事实力提供了强大的物质基础，推动了信息化军事革命的产生和发展。美军通过信息技术的优势，在"海湾战争"中取得了压倒性的胜利，使人类战争进入信息化战争时代。

1　［美］本·斯泰尔等：《技术创新与经济绩效》，浦东新区科学技术局、浦东产业经济研究院译，上海：上海人民出版社，2006 年，第 46 页。

反观苏联，自斯大林时代开始，就认为军事技术的进步和武器装备的发展是战争制胜的决定性因素，这一战略思维意识主导着苏联的军事技术发展战略。冷战期间，苏联更是不惜代价地推行军事技术优先发展战略。首先表现在巨额的军费开支上，“苏联建立了世界上规模最大的军事工业。其产值约占国民生产总值的 20%—25%，比美、英、法、德同类指数高出 3—4 倍。它的五个涉及电子领域的工业部中有三个（电子工业部、通信器材部和无线电工业部）属军事工业部门，直至 70 年代末，三个部 70% 的产品是军品。它的机械行业产品的 62% 是军品。”[1]这种军事技术优先发展的科研体制对其科学发展的制约一直持续到了俄罗斯时代，当时的军工复合体专注于军用设备的研究和生产，科学院主要关注基础研究，被忽视的民用应用研究基础只有继续衰落下去。“苏联的工业遗产抑制了对可资利用的财政资源的有效利用……残留的研发指挥体系限制了个人原创力的发挥并造成了资源的浪费。在开放的市场经济中，这种体系是没有效率的，竞争力和时效性才是商业成功的关键。”[2]苏联严重扭曲的国民经济结构、盲目推行的军事扩张战略、积重难返的高度计划体制，无一不与新科技革命的潮流背道而驰，无一不使其在国力衰落的道路上在渐行渐远。在新科技革命的众多关键领域被西方发达国家远远地甩在了后面。如电子计算机技术，苏联“显然比日本和美国落后，在电子学的多数领域苏联甚至比西欧相差 10 年”[3]。直到 1986 年，苏联才拥有大型及微型计算机 10 万台，而美国已超过 100 万台。因此，苏联错失第三次科技革命中最具有生命力的部分——信息技术革命，将这一战略高地拱手让给美国。

纵观美苏争霸，苏联虽然在前期凭借其所取得的科技成就一度占据上

1　于德惠、赵一明：《理性的辉光：科学技术与世界新格局》，长沙：湖南出版社，1991 年，第 144 页。

2　［美］格伦 · E. 施韦莱：《新时期俄罗斯的科技、经济与安全》，李韬等译，北京：北京理工大学出版社，2007 年，第 27 页。

3　冯江源：《当代科学交流与国际关系》，北京：中国科学技术出版社，1990 年，第 110 页。

风，但是美国抓住了20世纪70年代后期兴起的信息技术革命的机遇，最终将苏联远远甩在后面。最后，在国内外各种因素的综合作用下，苏联土崩瓦解，毁于一旦。科技实力悬殊的差距导致了美胜苏败的冷战结局，以雅尔塔体系为基础的两极对抗格局也随之烟消云散。

六、军事竞争制高点

军事领域是对科技前沿最敏感的领域。军事竞争历来是时间和速度的赛跑，谁见事早、动作快，谁就能在创新上下先手棋，谁就能掌握制高点和主动权。当前，世界正处于科技革命、产业革命和军事革命迅猛发展的历史交汇期。随着新一轮科技革命产业革命的兴起，物联网、大数据、云计算、量子通信、增强现实技术、脑机接口技术等新一代信息技术方兴未艾，生物技术、新能源技术等战略高新技术日新月异，正深刻地影响着未来军事技术发展方向，引发“感知革命”“计算革命”“通信革命”“材料革命”。人工智能技术的不断突破，将推动“自主战争”“无人战争”形态的变化。“网电疆域”内争夺对抗与博弈日趋激烈，网络空间安全很容易成为国家安全的“阿喀琉斯之踵”。定向能武器技术的发展，将引发“打击的革命”，推动“光影战争”新样式的出现，改变攻防平衡。临近空间技术、高超声速技术的进步，将从根本上改变传统的战争时空观念，在“压缩时空”的战争游戏规则中谋求新优势。新概念武器向实战化方向发展，武器装备远程精确化、智能化、隐身化、无人化趋势明显，战争形态加速由机械化向信息化和智能化融合发展演变。新一轮产业革命中的3D打印、纳米加工、工业互联网、基于模型的系统工程等技术，将使武器装备的并行研发成为可能，极大地加速武器装备体系新陈代谢的速度。在新一轮科技与产业革命的推动和军事需求的牵引下，必将促进世界新军事革命迈向新阶段。

面对风起云涌的军事革命浪潮，世界各主要国家纷纷调整安全战略、军事战略、军事技术发展战略，并且调整军队组织形态，抢占军事战略制高点。

美军在总结反思近几场局部战争经验教训基础上推动“二次转型”，加紧实施第三次“抵消战略”，不遗余力进行军事技术和体制创新。特朗普政府执政四年期间，连续发布《国家安全战略》《国家防务战略》《国家军事战略》《核态势评估》等报告，将军事战略从反恐调整为应对大国“战略性竞争”，明确将中俄视为主要战略竞争对手，提出强化科技优势，聚焦高端军事能力建设，重点提升核力量、太空与网络空间、C^4ISR系统、导弹防御、联合杀伤、部队机动与部署、先进自主系统、稳固而敏捷后勤等八大关键能力；优先发展先进计算、大数据、人工智能、定向能、高超声速、生物等新兴技术，谋求通过技术创新赢得优势。美国各军种发布的战略文件也将先进计算、人工智能、大数据分析、新概念武器等新兴技术作为谋取军事优势的优先发展领域。美国国防部于2020年6月发布《太空国防战略》报告，这是美国2019年组建天军后发布的第一个太空政策文件。该报告紧紧围绕提升美国太空综合军事优势，提出未来10年加速备战太空，加快形成硬核太空作战能力，全面重塑美国军事太空力量，将对国际太空安全形势以及全球太空治理产生重要影响。与此同时，美国持续加大科研投入，国防科研经费持续增长，以确保技术优势。2021财年美国国防预算中的研究和开发预算提案是有史以来最大规模的研发预算，主要用于人工智能、高超声速、5G与量子通信、太空、生物技术和网络空间等重点领域，特别是被冠以“先进能力赋能器”称号的高超声速、微电子、5G、自主系统和人工智能五大关键技术领域，旨在提升美军的整体军事能力，促进军事现代化，扩大美军超越战略竞争对手的优势。

俄罗斯奉行以核威慑为基础、以常规力量为实战手段的积极防御战略。2010年2月发布的《俄联邦军事学说》，调整了“以核遏制为依托的机动战略”，旨在提升遏制大规模战争和核战争的四种能力。围绕建设“职业化、常备化、精干化”军队，深入推进“新面貌”军事改革，提出

“创新型”军队建设理论，计划在2030年前建成“信息自由流动”的“统一信息空间”，着力打造信息化新型军事力量。俄罗斯在2017年发布的《2018—2025年国家武器装备计划》，将优先发展“智能化武器系统”，包括通信、侦察、指控、电子战装备以及高速武器等。俄罗斯总统普京2018年签署总额约3150亿美元的《2018—2027年俄罗斯国家武器计划》，除重点发展战略核力量、空天防御体系外，还聚焦于机器人技术、智能系统、侦察打击无人机等技术。普京在2018年发表国情咨文时介绍“萨尔马特”洲际导弹、核动力巡航导弹、高超音速飞行器等6种新型武器，强调研发新武器旨在应对美国导弹防御系统对俄构成的潜在威胁。2019年又展示了“锆石”高超音速导弹、“波塞冬”核动力无人潜航器等新型武器。

英国国防部发布的《国防科技框架》，确定“科技引领现代化”战略，把人工智能、机器学习与数据科学、自主系统与机器人、传感器、先进电子与计算、效应器技术、材料与能源七个领域作为国防现代化至关重要的技术群，同时注重太空、网络和电子战、下一代武器、人效增强等新质作战力量建设，以推动生成更快、更强的军事能力。英国国防部专门成立了“国防创新基金”，计划未来10年投资8亿英镑，用于发展具有前瞻性、创新性的作战应用技术。

法国国防部发布的首版《国防创新指南》，旨在全面变革法国的国防创新政策和生态系统，从多个角度提出未来创新发展方向。一是明确发展陆海空、航天、指控、网络等所有的潜在作战空间和能力。二是重点发展前沿颠覆性技术，包括人工智能、量子技术、高超声速、定向能等。三是从人力支持、后勤保障、战略把握、组织与管理等角度明确改善优化创新环境。

日本防卫省按照2018年版《防卫计划大纲》，提出构建“多域联合防卫力量”，系统规划电磁频谱、高超声速、太空及广域持续预警监视、网络防御等新兴领域，以及水下作战、防区外打击能力等传统作战领域的中长期技术发展，提升海空领域能力、防区外打击能力、综合防空反导能力、机动部署能力和跨域协同作战能力，巩固并强化技术基础，以形成多域防卫能力。

在新一轮科技革命和产业革命的带动下，世界主要军事大国突出关键共性技术、前沿引领技术、现代工程技术、颠覆性技术创新发展，加快新军事技术原始创新和转化应用，力求借此赢得未来战争的主动权。军事竞争犹如逆水行舟、不进则退。这场世界新军事革命给我军提供了难得的历史机遇，同时也提出了严峻挑战。机遇稍纵即逝，抓住了就能乘势而上，抓不住就可能错过整整一个时代。我们必须增强忧患意识，敏锐把握世界科技创新发展趋势，紧紧抓住和用好科技革命、产业革命、军事革命的机遇，超前谋划部署，下好先手棋，打好主动仗，占领制高点。

第二章　力量

战争是人类社会发展到一定阶段的产物，当社会无法用和平方式解决矛盾时，就有可能企图或实际地运用战争这种暴力手段来解决问题。暴力性是战争的根本属性。作为敌对双方的暴力行动，战争是生死的博弈，是力量的竞逐。军事技术是实现暴力意志的根本手段，是赢得战争胜利的重要保证，是战争赖以进行和制止战争的重要物质基础。恩格斯指出："暴力不是单纯的意志行为，它要求具备各种实现暴力的非常现实的前提，特别是工具，其中，较完善的战胜较不完善的。"[1] 因此，军事技术在人类战争发展史上占有头等重要的位置。

一、军事技术的意向性

所谓"意向性"，是指"一种指向、关于、涉及或者表征事物状态和对象的心智状态"，"既意味着意识构造客体的能力，也意味着意识指向客体的能力"[2]。技术是人类在利用自然、改造自然的劳动过程中所掌握的各种活动方式、手段和方法的总和。它既是合目的的工具，也是人的一种行为。技术自诞生之初便是作为链接人与世界的中介而存在，其最基本的意向性便是"为了作……"的东西，恰如马克思所言："非对象性的存在物是非存在物。"[3] 军事技术同一般技术一样，必须在人与战争的对象性关

1　《马克思恩格斯文集》（第 9 卷），北京：人民出版社，2009 年，第 173 页。

2　吴国林：《技术哲学研究》，广州：华南理工大学出版社，2019 年，第 1 页。

3　《马克思恩格斯文集》（第 1 卷），北京：人民出版社，2009 年，第 210 页。

系中确认自身。“战争是迫使敌人服从我们意志的一种暴力行为。暴力用技术和科学的成果装备自己来对付暴力。”军事技术同一般性的“技术”一样，都是“为了作……的东西”，其自身包含“为了作……”的展现方式。“暴力，即物质暴力是手段；把自己的意志强加于敌人是目的。为了确有把握地达到这个目的，必须使敌人无力抵抗。”[1]因此，暴力构成了军事技术自身的意向性。

军事技术的意向性最早缘起于其自身结构衍生出的“暴力”性，即杀伤力。早期人类会选择他们能够找到的最坚硬的东西来制作武器，而诸如石块、金属自身所包含的“坚硬”特质，在一定程度上便构成了军事技术意向性的基础。这种由技术所赋予的意向在一定历史时期内并不以主体的意志为转移，无论在哪个原始部落，战士们都会将坚硬、锋利的石块放到轻便的木制斧柄的前端，而不会将石块磨成斧柄。而就军事技术本身而言，其基本意向在于它的杀伤力，是否具有杀伤力构成了判定一种技术是否是军事技术的尺度。这种“暴力”源于作为人类存在重要条件的斗争性，这种斗争并非狭义上的搏斗，而是斯宾格勒认为的“与生存本身相一致的斗争”。阿诺德·盖伦认为：“燧石磨出的最粗糙的棱角，也同样体现了今天的原子能所赋有的那种双重性：它既是一种有用的工具，同时又是一致人死命的武器。改造原来在自然界中所发现的事物的目的，从一开始就是和人类自己对同胞的斗争活动联系在一起的。”[2]

为实现“消灭敌人、保存自己”的目的，武器装备作为战争的工具，不断应用科技成果特别是物理学前沿理论，在激烈的战争行为中不断得以改进，其杀伤力也标示了战争暴力程度的高低。美国学者杜普伊根据武器的射程、发射速率、精确度、可靠性及杀伤半径等性能计算，提出了武器

1　［德］克劳塞维茨：《战争论》（第一卷），中国人民解放军军事科学院译，北京：解放军出版社，2005 年，第 4 页。

2　［德］阿诺德·盖伦：《技术时代的人类心灵》，何兆武、何冰译，上海：上海科技教育出版社，2002 年，第 3 页。

的杀伤力指数（表 1）。从表中可以看出，各个历史时期各种兵器的杀伤力发生过几次大的跃迁，人类战争发展也经历了从材料对抗、能源对抗到信息对抗三个阶段。在不同的战争形态下，武器装备的演变主要围绕能量运用的不同方式——传递、转化和控制而展开。冷兵器时代，材料主导的武器——刀剑本身并不产生任何能量，无法直接产生杀伤力，其产生杀伤效果的能量来源于人的体力，所以身材高大、力大无比的人往往成为将领，武器的发展方向就是通过材料的改进寻求更有效的能量传递物，利用武器使体能传递得更远或作用更有力。因此，从石制兵器到青铜兵器、铁制兵器，直到东汉末年发明百炼钢，冷兵器的作战效能达到极限。热兵器时代，在火药、火器技术以及近代科技的驱动下，实现了对化学能的转化和传递，通过能量释放实现更强杀伤力，作战威力大大提高，这就突破了个人体能的限制，武器的演进在材料基础上进入能量主导阶段。追求能量转化的极大化是这一时期武器发展的主要特点，原子弹等核武器实现了原子能的转化和释放，使得武器的杀伤能力接近物理极限；信息化武器装备通过信息与火力的高度融合，在能量转化的基础上实现了对能量的精准控制和释放，“狂轰滥炸”“饱和攻击”等打击方式逐步被“远程精确打击”所取代，武器装备的作战效能大幅度提高。

表 1 兵器杀伤力的理论指数 [1]

兵器名称	TLI
白刃战兵器（剑、长矛等）	23
标枪	19
普通弓	21

1 ［美］T. N. 杜普伊：《武器和战争的演变》，李志兴等译，北京：军事科学出版社，1985 年，第 116—117 页。

（续表）

兵器名称	TLI
长弓	36
十字弓	33
火绳枪	10
17 世纪的滑膛枪	19
18 世纪的燧发枪	43
19 世纪的来复枪	36
19 世纪中叶的来复枪（采用圆锥形子弹）	102
19 世纪末叶的后膛来复枪	153
斯普林菲尔德 1903 型来复枪（连发式）	495
第一次世界大战时的机关枪	3463
第二次世界大战时的机关枪	4973
16 世纪的 12 炮弹加农炮	43
17 世纪的 12 磅炮弹加农炮	224
18 世纪格里比尤伏尔 12 磅炮加农炮	940
法国 75 毫米火炮	386530
155 毫米通用引信火炮	912428
105 毫米榴弹炮（M–1 型）	657215
155 毫米舰载中央主炮	1180681
第一次世界大战时的坦克	6926
第二次世界大战时的中型坦克	575000
第一次世界大战时的战斗轰炸机	6926
第二次世界大战时的战斗轰炸机（P–47）	135000
V–2 型弹道导弹	3338370
二万吨级高空爆炸核弹	49086000
一百万吨高空爆炸核弹	695385000

“战争是一种暴力行为，而暴力的使用是没有限度的。因此，交战的每一方都使对方不得不像自己那样使用暴力，这样就产生一种相互作用，从概念上讲，这种相互作用必然会导致极端。”[1]于是，我们看到，在人类数千年的武装暴力冲突中，从战争规模来看，战争以暴力为核心，在“杀伤力崇拜”的刺激下，追求大规模搏斗、残酷性杀伤，以消灭敌人有生力量成为战争制胜的主要目的。如《吕氏春秋》指出：“举凶器比杀；杀所以生者也。”库图佐夫认为：“作战追求积极的目的？歼灭敌人……将歼灭敌军作为自己的目的，而不使自己的军队被歼灭。”歼灭敌人的有生力量，也是拿破仑军事思想的核心，“在战场上，我看见的只有一个，那就是敌人的兵力，我全力消灭它，因为我相信，随着敌军兵力被歼灭，其他一切也将随之崩溃。”[2]显然，军事技术工具理性一面被无节制地扩张，使战争逐渐滑向了杀伤力无限放大的“黑洞”，从而使得战争暴力走向无限化、极端化，也使整个人类面临毁灭的危险。这是悲剧，也是必然。毕竟，科学技术的工具理性价值，自文艺复兴被开掘以来，就成为现代化的核心驱动，也自然成为军事领域的主导理性。

军事技术的意向性蕴于技术主体的社会实践过程中。一方面，一种技术是否能成为“军事技术”并不是由其自身所决定的。如果没有人提供关于“砍”的意识，刀是不能自动去“砍人”；但如果没有刀提供关于“砍”的结构（实际性、可能性），人也不会自动产生“砍人”的意识。因此，“意向性结构”揭示了人与技术的互构关系，“暴力”作为军事技术的“意向性结构”是由人与军事技术共同构成的。也就是说，“人”拥有“暴力”的意向，而“军事技术”却是“意向性结构”的提供者。没有军事技术，人的暴力意向就只能是完全空洞的，而军事技术，或者说媒介的存在，才使得暴力这种意向性的结构得以可能。另一方面，并非所有的杀人工具都

1 ［德］克劳塞维茨：《战争论》（第一卷），中国人民解放军军事科学院译，北京：解放军出版社，2005年，第7页。

2 马骏：《马骏点将：拿破仑》，北京：中华书局，2012年，第61页。

能成为军事技术，同时并非所有出于军事需要而发明出来的技术都能进入战场。军事技术作为一种对象性存在物，其所包含的价值只有在和其他存在物的交互关系中才能呈现出来，而无法作为一种专门的独立对象进行考察。恰如海德格尔所言："此在之独在也是在世界中共在。他人只能在一种共在中而且只能为一种共在而不在。"[1]军事技术总是在人与人、人与武器、人与战争的关系中呈现，总是处于一种动态的结构中，并非是一种固定、单一、绝对的意向。因此，我们不能仅仅从"杀伤力"的角度来审视军事技术，随着科学技术的发展和军事应用，防护力、机动力、信息力等都构成了军事技术"暴力"的组成部分。

军事技术的意向性需要通过社会形塑而呈现。军事技术的发展是在一定的社会生产条件下实现的，因此军事技术的价值意向从一开始便被赋予了社会性，即"社会意向性"。"任何人工物的设计都必须符合一定时代一定地域下的地理状况、文化背景、风俗习惯、法律条文等。"[2]技术承载着发明者和使用者所赋予的价值意向，但这种意向并非源于个人喜好，而是一定社会条件下"集体意向"的浓缩。军事技术的"社会意向性"实质上是国家意志的体现，承载着国家战略、军事战略、安全环境、社会经济状况、地理条件等方面的现实需求。由于不同国家历史、文化、地理等因素的差异，不同文明对国家安全的需求也大不相同，社会意向的差异性使同一技术在不同文明那里会出现性质相悖的情况。比如，"中国把黑火药和火箭技术用在节日庆典上，而欧洲却把这些东西用在攻城和战争上。"[3]在这里，"节日庆典"与"攻城"的差异源于东西方对火药的不同社会意向。明朝之后的社会结构与外部环境相对稳定，缺少稳定的战争需求，这

---

1 ［德］马丁·海德格尔：《存在与时间》，陈嘉映等译，北京：生活·读书·新知三联书店，2014 年，第 140 页。

2 吴国林：《技术哲学研究》，广州：华南理工大学出版社，2019 年，第 2 页。

3 ［美］唐·伊德：《技术与生活世界：从伊甸园到尘世》，韩连庆译，北京：北京大学出版社，2012 年，第 135 页。

种技术文化情境的差异导致"16世纪后期欧洲火器的发展势头，已开始超越亚洲而走在世界的前列"[1]。明朝中期，中国尚能在与葡萄牙和日本战斗中吸收佛郎机与火铳的制作工艺，但在战争需求减弱后，后世统治者则出于内部统治的需要对火器加以限制，致使中国火器的发展迟滞于西方。再比如，冷战期间美国因为可以通过在欧洲的军事基地威胁苏联，因而比较重视中程导弹的研制与装备，而苏联为了能有效反击美国本土，则不得不大力研制与部署远程导弹。

二、战斗力的"座架"

战争是敌对双方的一种暴力行动，是"两股活的力量之间的冲突"。战争的胜负主要是由敌对双方的战斗力来决定的，交战双方依靠自己全部的物质力量和精神力量进行全面较量。战斗力由人、武器以及人与武器的结合方式三个基本要素构成。海德格尔认为，技术作为一种"座架"（Gestell），其本质就是对其自身特质的一种"展现"，"乃是现实事物作为持存物而自行解蔽的方式"，这种解蔽"不仅仅是在人之中发生的，而且并非主要地通过人而发生的"[2]。因此，战斗力的生成过程，就是军事技术的意向性从存在之领域走向此在，是军事技术在军事实践中的"变现"过程，军事技术成了战斗力的"座架"。

人和武器作为战斗力的构成要素，并非各自独立地存在，而是以多种方式相互塑造。在"人—军事技术—战争"框架下，军事技术的中介性并非客观的衔接，而是非中性的转化，"技术转化了我们对世界的经验、知觉和解释，同时我们在这一过程中也受到了转化"。"我们掌握与武器打交道的方式。这说的是：我们的行动和交道方式指向武器本身所要求的东

1 王兆春：《世界火器史》，北京：军事科学出版社，2007年，第239页。
2 孙周兴编：《海德格尔选集》，上海：上海三联书店，1996年，第941页。

西。”[1]

一方面，战斗力的生成要求人遵循军事技术自身的意向性。战斗力的强弱取决于军事技术的效能及发挥程度，取决于“现有手段的多少”和“意志力的强弱”两个因素。以步枪为例，士兵借助枪械的机械能与火药的动能击中目标，建构起“人—枪—目标”的知觉框架。士兵“据枪—瞄准—射击”等“从事片面职能的习惯”，经过训练后被转化为“本能且准确地起作用的器官”[2]。战士自身的主体性具身于枪械的意向性中，甚至对战争环境的认知也需要通过技术实现（如在使用光学瞄具时，身体技巧便与使用缺口式瞄具不同）。士兵只是负责将子弹射向敌方，但战争却要求子弹造成毁伤。在子弹离开枪膛的那一刻，士兵对当前时空的影响便终止了，其战斗力的最终实现需要依赖枪械的杀伤效能。[3]战争作为人类社会的实践活动，无论科学技术如何发展，人理所当然地在其中处于主导地位，发挥着决定性作用，这是毫无疑问的。问题在于，随着科学技术的进步，人在战争中的作用或者更具体地说战争对人提出的要求并不是一成不变的。事实上，在军队战斗力要素演变的过程中，对应于军事对抗物质性手段从材料、能量到信息的过渡，人的因素的侧重点则经历了由体能较量、技能较量到智能较量的拓展。随着军事技术推动武器装备从材料对抗、能量对抗到信息对抗演进发展，对人运用武器装备的能力也提出了不同的要求。武器装备对人的能力素质要求经历了体能较量、技能较量到智能较量的演变过程。材料主导阶段，主要靠人的体能实现对武器的使用；能量主导阶段，在人的体能的基础上主要靠人的技能实现对武器的使用；信息主导阶段，是在人的体能、技能基础上靠人的智能实现对武器的控制和使用。

另一方面，战斗力的生成要求人充分发挥主观能动性，准确把握新军

1　孙周兴编：《海德格尔选集》，上海：上海三联书店，1996 年，第 852 页。

2　《马克思恩格斯文集》（第 5 卷），北京：人民出版社，2009 年，第 405 页。

3　吴奕澎、刘轶丹：《物化关系遮蔽下的军事实验：作战模拟技术的合理性基础》，《自然辩证法通讯》，2021 年第 2 期。

事技术意向性，创新军事理论和作战方式。恩格斯指出："一旦技术上的进步可以用于军事目的并且已经用于军事目的，它们便立刻几乎强制地，而且往往是违反指挥官的意志而引起作战方式上的改变甚至变革。"[1]然而，军事技术对战术的影响往往存在滞后性，"在长久的和平时期兵器由于工业的发展改进了多少，作战方法就落后了多少。"[2]这主要是因为新军事技术发展前的那一代由于习惯了旧式武器装备，以及与之适应的实际上已经过时了的军事思想，而新的军事思想若想取得指导地位，往往需要等到老一代人隐退。对于这一现象，马汉指出："改进武器只需要一两个人的努力，而改变战术原则必须战胜保守势力的惯性思维。"[3]比如，在第一次世界大战中，由于机枪、铁丝网和混凝土工事的大量使用，战争从一开始就陷入僵局，法军曾以一个凡尔登要塞顶住了几十万德军的进攻，凡尔登战役也被称为"凡尔登绞肉机"。于是，战争后期英国发明了既能进攻、又能防守的新式武器坦克，并在索姆河战役中首次使用。战争结束后，戴高乐敏锐意识到坦克对于未来战争的重要作用，先后出版了《剑刃》《建立职业军》等著作，提出组建快速机动的装甲部队，并配以飞机的空中火力打击，形成立体推进的运动战法。但是，这一思想遭到法国军方的冷遇，《建立职业军》一书虽然售价只有 15 法郎，却很少有人问津。此书被翻译成德文后，却立即引起了纳粹将领们的极大兴趣，德军参谋总部在《论机械化战争》的机密手册中，原原本本地引用了该书。尤其是古德里安，他把戴高乐的思想与自己的主张糅合在一起，创造性地提出了"闪击战"。德国人曾自豪地说："我们只用15法郎，就击败了法国！"由此可见，"在每一个时代，谁最善于使作战方法适应当代的技术和社会环境，谁就在历

1 《马克思恩格斯文集》（第 9 卷），北京：人民出版社，2009 年，第 179 页。

2 《马克思恩格斯军事文集》（第三卷），北京：战士出版社，1981 年，第 386 页。

3 ［美］马汉：《海权论：海权对历史的影响》，冬初阳译，长春：时代文艺出版社，2014 年，第 9 页。

史中巍然屹立。”[1]

军事技术在作为战争手段的同时，也成为诠释战争世界的标尺。军事技术在对人构成影响的同时，也对此在所身处的战争带来变化。伊德认为：“人—枪的关系使任何不带枪的人所处的相似情形发生了转化。”[2]在“（人—枪）→目标”的具身关系中，士兵操持着各自的军事技术进行对抗。我方“（人—军事技术）”形成的具身关系指向敌方的“（敌人—军事技术）”，对双方士兵而言，其面对的是由己方军事技术与敌方“（敌人—军事技术）”组合成的知觉结构（图 1）。[3]这种知觉转化使军事技术成为划分战争形态历史演进阶段的标准。军事技术径自指向自身的对象，诸多指向的汇集描绘出相应的战争世界：石块与棍棒勾勒出原始战争，刀枪与弓箭描绘出冷兵器时代的战争，火药的应用构成了火器时代的战争，速射火器与装甲车辆构建起机械化时代的战争，信息化武器与智能化装备正在描摹出当前和未来战争世界的图景。

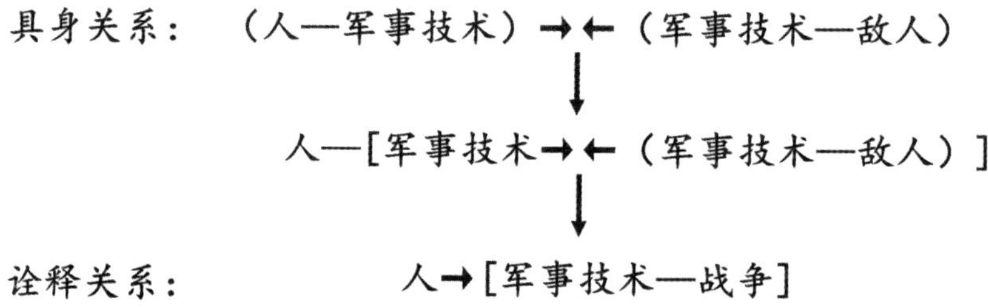

图 1　“人—军事技术”的具身关系向诠释关系转化

1　［美］小戴维·佐克、［英］罗宾·海厄姆：《简明战争史》，军事科学院外国军事研究部译，北京：商务印书馆，1982 年，第 64 页。

2　［美］唐·伊德：《技术与生活世界：从伊甸园到尘世》，韩连庆译，北京：北京大学出版社，2012 年，第 29 页。

3　吴奕澎：《从“暴力”到“胜力”：后现象学视域下军事技术的本质探究》，《东北大学学报·社会科学版》，2021 年第 1 期。

军事技术的意向性向战斗力的转化并非一蹴而就，它必须在“人—军事技术—战争”的交互建构的过程中，通过找到军事技术与作战主体的最佳结合方式，才能转化为现实战斗力。技术“一旦进入使用阶段，一定会形塑它的使用主体；反之也如此，技术使用主体的行为……总是决定着技术最终如何发挥功能”[1]。也就是说，战斗力的生成除了要求构建“人—军事技术”的联系外，还需要构建“人—人”的新联系，即对原有的编制体制进行调整。恩格斯指出：“装备、编成、编制、战术和战略，首先依赖于当时的生产水平和交通状况。这里起变革作用的，不是天才统帅的‘知性的自由创造’而是更好的武器的发明和士兵成分的改变；天才统帅的影响最多只限于使战斗的方式适合于新的武器和新的战士。”[2]

军事技术进步决定着军队的构成和体制编制的演变，即伴随新武器的发明会有某些新的军种、兵种的诞生，也意味着伴随着旧武器的淘汰，会有某些旧的军种、兵种的消失。军队组织形态的变革是军事革命从量变到质变的分水岭。军事技术推动作战方式变革，折射的是战争制胜机理的变化，它在解构以往战争范畴与规则的同时，也在重塑未来战争的组织形态。比如，速射武器和现代火炮的出现，吹响了骑兵的送殡曲。以往代表着军事上精华的骑兵不得不默默无闻地下马作战或改驾车辆。取代骑兵的是至今仍在陆战中占有重要地位的坦克。然而，这一过程往往十分缓慢。任何一项新军事技术都需要与一定的体制编制相结合，而任何适用的军事体制编制实际上也都是“军事技术”与“人”各自的意向性相互妥协的结果。拿破仑正是率先认识了火炮的巨大威力，以编制体制调整和炮兵力量建设为重点，极大地提高了法军战斗力。二战初期，苏联骑兵统帅布琼尼

1 Peter-Paul Verbeek, Adriaan Slob. *Analyzing the Relations Between Technologies and User Behavior: Towards a Concepttual Map,* in *User Behavior and Technology Development-Shaping Sustainable Relation Between Consumers and Technology*. Peter-Paul Verbeek, Adriaan Slob. edited. Springer, 2006: 386.

2 《马克思恩格斯文集》（第9卷），北京：人民出版社，2009年，第174页。

将骑兵战术与现代火力结合起来并练到极致，但仍未有效阻止德军机械化部队的长驱直入，数万骑兵面临的不是战斗而是屠杀，原因就是囿于国内战争经验，只重视步兵、骑兵、炮兵等传统兵种作用，对新兴的装甲兵认识不足，最终未能有效阻止德军机械化部队的长驱直入。

三、“暴力”的遮蔽与解蔽

长期以来，人们自觉不自觉地沿袭亚里士多德对“技艺”（techne）的分析，根据技术的“目的性”将军事技术理解为“用于军事目的的技术”，这种军事目的又被片面理解为“物质暴力”。人们之所以将追求杀伤的“暴力”视为军事技术的基本要素，是因为人的生命作为“此在”，在人与世界的交汇中始终是“先有”的，因此剥夺对手的生命一度是取得胜利最简洁的方式。自古以来，战争发动者追求的是从肉体上彻底消灭敌人的“暴力”，攻占敌国领土，颠覆敌国政权，掠夺敌国资源等，军事上“绝对胜利”是衡量战争胜负的主要标准。消灭的敌人越多，取得胜利就越大。20世纪的两场世界大战就是在这种“唯暴力”思想的指导下爆发的，人类经受了前所未有的浩劫，“暴力”的战争也演进到了顶点。物极必反，“暴力推进到其最高的极限，结果也就是绝对的失败。”[1]战争发动者们“把希望寄托在克劳塞维茨的理论上，继续推行着他的理论，力图借助于会战和战役来夺取完全的胜利，以至于最后把力量完全消耗光了，而彻底的胜利却永远不可能达到”[2]。

“暴力”不仅是敌对双方肉体之间的血腥厮杀，更是主客间强制性的交互。这种“强制力量”即“暴力”，是“一种统治我们、不受我们控制、

1 ［瑞］约米尼等：《西方战略经典》，范林森译，北京：时事出版社，2002年，第315页。

2 ［英］利德尔·哈特：《战略论》，中国人民解放军军事科学院译，北京：战士出版社，1981年，第481页。

使我们的愿望不能实现并使我们的打算落空的物质力量”[1]。马克思、恩格斯将“暴力”视为主体对客体的控制与支配。“暴力”在马克思恩格斯语境中的含义与中文并不等同。从构词看，“暴力”是“使……强化”（Ge-/To）与“战胜 / 获胜”（Walten/Prevail）的结合。主体“使”（Ge-）自身获得相较于客体的“优势”（Walten），进而达到“暴力”（Gewalt）的目的。因此，“暴力”的本质是“使胜利 / 使占据优势”。黑格尔认为，“暴力”为“占有”而存在，是“占有”得以持存的力量。所谓“占有”，就是“我把某物置于我自己外部力量（Gewalt）的支配之下”[2]。主体“占有”（Besitz）客体的法的关系就是财产 / 所有权（Eigentum），“占有，就是所有权（Eigentum）。”恩格斯进一步指出：“暴力仅仅是手段，相反，经济利益才是目的。”对劳动产品和劳动力的占有构成了暴力的源头，“什么是暴力的原因呢？占有别人的劳动产品和别人的劳动力。”[3]

随着生产力与交往关系的变化，人的生存边界不断拓展，所有权形式及占据所有权的手段日益丰富，现实的人的生存条件不再局限于物质形态的财产。因此，原本只有用杀戮才能实现的“占有”被其他交往形式取代，战争不仅限于剥夺、占有敌方的生命与财产，还包括对生存权、发展权的侵控。在围绕生存权、发展权的斗争中，一个国家所能运用的战争样式与其拥有的交往手段成正比，即它与社会生存环境的发展程度成正比，对“暴力”的衡量标准已然跨越了具象空间与抽象空间的界限。一个国家既可以用军事实力慑服敌国，也可通过经济、文化领域“正常”的信息交流来控制他国的现实生存条件进而颠覆其政权，达到“不战而屈人之兵”的效果。国家间的纷争也从单纯的暴力冲突延伸至金融、贸易、网络、媒

1　《马克思恩格斯文集》（第 1 卷），北京：人民出版社，2009 年，第 537—538 页。

2　［德］黑格尔：《法哲学原理》，范扬、张企泰译，北京：商务印书馆，2009 年，第 54、61 页。

3　《马克思恩格斯文集》（第 9 卷），北京：人民出版社，2009 年，第 363—364 页。

体等各个领域。这些貌似与军事毫不相关的领域，开始在大国博弈中承担起过去只有通过战争才能实现的功能。在未来的大国博弈中，军事行动不再是首要选项，而是采取各种非暴力手段，包括在社会上制造对手的负面形象，瓦解对方经济体系和金融秩序，曝光其作战计划形成威慑，开展公共外交使其陷入孤立，开动宣传工具瓦解其精神文化等。可见，暴力并不具有统一的形式，对暴力的讨论“不应该用始终一样的暴力来说明”[1]。战争仅仅是通过暴力实现占有的一种极端形式。

“暴力”的遮蔽必然导致军事技术与民用技术的含混性。“含混性”（ambiguity）指同一技术在不同使用情境、文化情境下拥有多项结构性定义的情形。“任何一种技术人工物都可以置于多重使用情境中”，同时“任何一种技术意图都可以由各种可能的技术意图来满足”[2]。军事技术与民用技术的交织现象自近代西方科学革命起就已然出现，一些新技术被率先用于军事，而战争也为处于萌芽状态的技术提供具体的使用情境，在这种交织下，一些起初用于军事的技术最终归于民用，如缝纫机与传送带；而一些军事技术则是民用技术的衍生，如坦克便以汽车与拖拉机为技术前提。核武器出现后，利益集团的斗争开始从自然—技术空间向认知空间转化。一些军事技术失去了具体的使用情境，成为一种“战略符号”，如核武器、生化武器等；以无人机技术、人工智能为代表的新兴技术更使军事与民用技术难以靠“目的”区分。一些国家以民用技术为掩护进行军用技术的研发。生物制药、电子通信、航空航天等名义上是民用技术，却可以随时转为军用。比如，美、俄、欧盟等国家和地区以清理太空碎片、在轨服务等名义，开发具备目标俘获能力的太空操控技术，进而获取攻防兼备、慑战一体的太空对抗能力。合成生物技术不仅能够用于疫苗生产、新药制造，也可以通过“人工设计与制造”细菌武器、病毒武器和基因武器。事

---

1 《马克思恩格斯文集》（第9卷），北京：人民出版社，2009年，第366页。

2 ［美］唐·伊德：《技术与生活世界：从伊甸园到尘世》，韩连庆译，北京：北京大学出版社，2012年，第21页。

实上，美国自冷战以来出于军事目的而研发的信息技术，都是在作为“民用技术”的过程中确立了自身的价值，如互联网、虚拟现实、卫星定位、物流技术等。这些技术进入民用领域后，在与人的交互中形成更为适用的“人—技术”关系，从而能够更好地反哺军事领域，形成“军事意象—市场应用—军事实践”的链条，“民用、商业部门十分适应新军事技术的功能，并能对其进行改进”。

通过对“暴力”本质的解蔽，可以看到，军事技术的意向性不仅仅局限于物质暴力，而是一种占有、控制生存条件的手段。“有生命的个人”始终是现实生存的第一个前提，在人领会与交道的世界中始终是“先有”的，故而占有生命的暴力将始终是占有生存的暴力的前提，这也是为什么“一切社会形式为了保存自己都需要暴力”[1]。而通过对“暴力”的分析可以发现，人的生存不仅限于生命，而且包括人的生存条件。当人的生存条件被不同的利益集团“当作自己的东西来对待”时，它便会成为新的战争场域。战争主体在新的场域下展现自身的“力量”，并寻求超越他人的“优势”，这一“暴力”过程体现为对当前存在的基本形式，即人们的现实生存条件的占有。战争也就由占据生命向现实生存的外延场域拓展。在外延场域下，各国也将借助经济、科技、宣传策略等手段试图用最短的时间完成对当前空间的占据，力图将他国排除在新的生存场域之外，或是对现有场域的边界进行格式塔式的革新以开拓全新的生存空间，用生存场域的更迭代替原有的暴力形式。

因此，军用技术与民用技术不能以“物理暴力”作为划分的标准。只要某一技术能够使目标对象的生存条件发生与其自身发展趋势相悖的改变，那么该技术就已然具备了作为“军事技术”的意向。无论是摧垮一国经济的金融工具，还是颠覆一国政权的新媒体技术，这些技术带来的“优势”（Walten）都可与传统意义上的战争比肩。马克思始终认为，阶级间

1　《马克思恩格斯文集》（第9卷），北京：人民出版社，2009年，第366页。

的战争从来都不以成建制的军事组织为限，“阶级之间的战争的进行，并不取决于是否采取真正的军事行动，它并不是永远都需要用街垒和刺刀来进行的。”[1]

科学技术是伴随着资本主义的诞生而出现，对资本主义社会的发展产生了巨大的推动作用，并随着现代性的扩张而传播。然而，在资本主义社会中，科学被资本占有，一方面，科学技术成为资本主义生产过程中的职能要素，与资本一起成为主人，而工人和劳动成为奴隶；另一方面，技术的发明和使用成为资产阶级攫取利润和维护霸权的工具。美国等发达资本主义国家凭借科技优势，迫使他国接受国际贸易中不公平的规则，转嫁自身经济危机，甚至武装入侵他国，颠覆其政权，造成大量生命财产的损失，就是例证。只要普遍交往尚未实现，那么各阶级就会利用各种工具围绕一定的生存利益“占有”一定的生存条件，而这些工具都扮演着“军事技术”的角色。马克思认为，只有在共产主义社会，科学的革命力量才能得以充分彰显，“只有工人阶级能够把他们从僧侣统治下解放出来，把科学从阶级统治的工具变为人民的力量，把科学家本人从阶级偏见的兜售者、追逐名利的国家寄生虫、资本的同盟者，变成自由的思想家！只有在劳动共和国里面，科学才能起它的真正的作用。”[2] 到那时，也就没有军事技术和民用技术之分了。

四、竞逐新赛场

在人类历史的漫长时期，以军事实力为核心的竞争与较量是决定国家之间权力变迁的重要砝码。强者霸道，弱者臣服，历来如此。然而，核武器的强大威慑效应使人们意识到，武力大对决、军力大比拼的传统争夺无疑是集体自杀，围绕经济繁荣与否、科技发达与否、文化先进与否等展开

1　《马克思恩格斯文集》（第 8 卷），北京：人民出版社，2009 年，第 249 页。

2　《马克思恩格斯文集》（第 3 卷），北京：人民出版社，2009 年，第 203 页。

的没有硝烟之竞赛，才是关键，才是方向。在全球化浪潮下，国与国之间的利益交相重叠、相互渗透，大国之间的权力竞争在经济、科技、军事、文化等领域全面铺开，其中科技实力又扮演着基础性、渗透性、关键性作用。当前，世界已经进入以科技创新为主题和主导的新时期，许多国家把争夺科技与产业主导权、谋求竞争优势作为核心战略，围绕核心技术与关键科技产业的“科技战”将更加频繁激烈。同时，中国等新兴国家已不再亦步亦趋地遵循西方模式，经济领域新旧规则和秩序的博弈已经拉开序幕，但是欧美等发达国家仍将在相当长的一段时期内占据价值链的顶端位置，发展中国家知识密集型产业力量仍难以撼动欧美垄断全球的格局。在新一轮科技革命、产业革命和军事革命大势中，科技创新作为提高社会生产力，提升国际竞争力，增强国家综合国力，保障国家安全的战略支撑，在国家安全发展全局中占据核心位置。习近平主席指出：“当前，科技创新的重大突破和加快应用极有可能重塑全球经济结构，使产业和经济竞争的赛场发生转换。在传统国际发展赛场上，规则别人都制定好了，我们可以加入，但必须按照已经设定的规则来赛，没有更多主动权。抓住新一轮科技革命和产业变革的重大机遇，就是要在新赛场建设之初就加入其中，甚至主导一些赛场建设，从而使我们成为新的竞赛规则的重要制定者、新的竞赛场地的重要主导者。”[1]

近年来，世界各国特别是主要科技强国间的科技创新竞争日趋白热化，竞相制定和实施科技发展战略规划，加紧前沿控制性科技领域方向布局，争夺在新兴科技领域和方向的主导权和话语权，以谋求全面赢得国际竞争优势。美国于 2020 年发布《关键与新兴技术国家战略》，确定了先进计算、人工智能、自主系统、太空技术、量子科技、通信与网络技术、半导体与微电子技术、生物技术等 20 个关键与新兴技术领域，通过“推进国家安全创新基础建设”和“保护美国技术优势”两大支柱性举措，强

1 《习近平关于科技创新论述摘编》，北京：中央文献出版社，2016年，第29页。

化美国在关键与新兴技术领域的竞争优势。欧盟启动“地平线欧洲（2021—2027）”，旨在提供基础研究服务、解决社会发展和提升工业竞争力。英国发布2020年版《科学与技术战略》，提出“立足当下—着眼长远—谋划未来”的科技发展战略布局，以塑造未来竞争优势。日本发布《综合创新战略2020》，提出在人工智能、生物技术、量子技术、材料技术等领域加速创新，提高竞争力。

1. 权力

科技不仅是国家实力的重要基础，而且已经成为一种新的权力形式——科技权力。科技权力本质上是主体的一种实践能力，是通过掌握先进的科技知识而形成的认识和改造世界、影响和支配客体的力量，来源于对科技知识及其产权的拥有、使用、支配和控制。技术领先的国家对可能威胁其技术优势地位的国家或地区进行技术遏制，这样那些被社会承认最先获得了某项技术或有“权”占有某项技术及控制技术转移或传送途径的行为体，就被赋予了某种结构性权力。只不过与其他权力来源相比，科技权力的影响更具有隐蔽性，也更容易被忽视和低估。丹尼尔·贝尔在《后工业社会的来临》一书中指出，未来社会的权力基础将从政治或财产转移到知识。托夫勒在《力量转移》一书中认为，由于当代科技革命，把世界维系在一起的整个权力结构现在正在分崩离析，一种大不相同的权力结构正在形成。在人类历史上起作用的三种权力源泉——暴力、财富和知识——之间的支配关系正在发生变化，从由暴力转向财富的过程迈入由财富转向知识的过程，即知识正在成为起支配作用的权力源泉。从个体生活、国内政治到全球竞争，谁能够控制知识这一力量源泉，谁就能最终获得胜利。

纵观历史，人类在不同的阶段对国家权力的诉求是不一样的，呈现出从暴力到知识、从感性到理性的特征。科技是人类社会历经了古代的权力按暴力配置、近现代的权力按财产配置的历史阶段后，在当代所选择的一种新的权力配置方式。当今世界，西方发达国家在科技这一全新的权力形式的集中过程中，通过产业重组和全球垄断获取的“先行优势”已经牢牢地掌握了科技革命的主动权。而对于发展中国家而言，大多数尚处在农业化或者农业向工业的转型阶段，科技能力特别是自主创新能力严重不足，导致出现了所谓“技术黑洞”，即“发展中国家由于缺失技术的自主研发能力，导致其产业发展依赖于发达国家，多数行业的关键核心技术与装备基本依赖国外，核心硬件、系统软件大量依赖进口，从而不由自主地被发达国家用技术牵着走，永远只能走重复购买别人技术的老路”[1]。新科技革命的到来虽然使这些国家有机会实现弯道超车，但也可能使它们因不堪重负而被更加边缘化。一些发达国家把科技优势转化为经济、军事、政治和文化的优势，在国际关系中以强凌弱、以大欺小谋求霸权。

世界上头号科技强国美国将科技与军事、经济、政治和意识形态等结合在一起，作为维护其霸权的基础，认为谁动摇了美国的科技优势，就会动摇美国全方位的优势。20 世纪 80 年代，日本大力发展集成电路，国际半导体贸易份额一度超过美国，在部分高端领域具有领先优势。当时石原慎太郎写了一部畅销全球的作品《日本可以说不》，引发美国的高度警惕，于是开始全面封杀日本，以致美国至今还牢牢掌握信息产业的主导权、控制权。我国已稳居世界第二大经济体，创新驱动发展战略成效显著，科技实力正从量的积累迈向质的飞跃，从点的突破迈向系统能力提升，全球创新指数排名从第 29 位升至第 14 位，许多重要领域跻身世界先进行列，正在由“跟跑”“并跑”向“并跑”“领跑”转变。一个大国的崛起，往往可能造成守成大国的相对衰弱。美国的崛起是昔日叱咤风云的英国、德国、法国、意大利、日本等国家地位相对下降的主要原因。美国认为，中国科技实力快速提升直接威胁和挑战其高科技的竞争优势和相关利益，以国家安全为理由，用政治方式野蛮介入和干预高科技的政策市场竞争，瞄

1 本刊评论员：《科技需要话语权吗？》，《高科技与产业化》，2006 年第 6 期。

准以华为为代表的中国高科技领军企业和前沿科技领域，发起狙击和遏制中国高科技的“科技战”。美国贸易代表罗伯特·莱特希泽在接受美国媒体采访时表示，《中国制造 2025》是“一个非常、非常严肃的挑战，不仅对我们，对欧洲、日本及全球贸易体系都是严肃挑战”。他在参议院金融委员会作证时强调，“如果中国在这些（高科技）领域取得世界支配地位，将是美国的噩耗。”亚马逊 CEO 杰夫·贝佐斯在 2019 年 12 月 7 日的里根国防论坛上鼓吹“中国科技威胁论”，认为“中国的科技进步对美国军事霸权构成全新的威胁”。

我们知道，中美在科技领域的实力对比还不在一个量级上，美国无论是在基础研究领域还是在新兴科技领域都处于全球绝对领先地位，我国很难在短时期内从根本上撼动美国的科技地位。美国之所以发动科技战，一方面是对中国综合国力的上升和自身实力衰弱所引发的忧虑；另一方面面对中国在 5G、量子通信、人工智能等新兴技术领域所取得的巨大成就，担心与中国在科技领域的博弈将会影响未来美国的霸权地位。由此可见，中美科技竞争是战略性竞争，中国崛起并与美国形成优势互补的竞争态势和平衡态势是大势所趋。美国在关键科技领域尤其是“卡脖子”技术对我战略遏制围堵，试图维持科技霸权，将对我构成严重威胁。我们必须充分运筹和发挥自身优势，打好这场科技领域的主动仗。

2. 规则

权力以利益为目的，以实力为基础，以规则制度为保证。回顾科技革命发展历程，每轮科技革命、产业革命既是突破性、颠覆性技术大量涌现的过程，也是与这些技术相适应的国家科技政策制度和国家间技术规则标准制定和调整的过程。当前，人类正经历新一轮科技革命、产业革命与世界百年大变局的历史交汇期，科技革命正将国际政治从“地缘政治时代”带到“技术政治时代”。在“技术政治时代”，一方面，国际战略竞争的重心转向高科技创新优势的竞赛，技术规则的制定权决定了相关产业的主导权，最终内化为一国的竞争优势，直接影响到国际战略的权力结构与国际体系的重塑，成为守成大国与新兴大国博弈的新赛场。比如，美国通过建立多数国家接受的网络空间国际规则，构筑了一个由其主导的网络制度化的霸权体系，将权力触角不断伸向其他国家。另一方面，发达国家为了保持其技术领先优势，通过知识产权保护将科技权力合法化，进而将先发优势转化为标准优势，将标准战略作为其综合优势的核心战略，围绕科技发展与应用之规则、标准、体系等所塑造的新权力展开一系列争夺。尤其是美国不仅建立和完善国内知识产权保护体系，同时通过联合国教科文组织、世界知识产权组织和世界贸易组织将知识产权保护纳入国际制度体系中，将美国设定的知识产权保护标准通过一揽子方式迫使其成员全盘接受，从而使美国的单边利益诉求成为所有国家共同遵守的国际规范。

当今世界，发达国家实际上主导着世界科技发展和产业技术创新的方向，主导着国际科技规则标准的制定权和科技话语权。发达国家制定的技术标准往往成为世界标准，他们提出的科技概念和科技话语往往成为国际科技交流的规则。而发展中国家对国际科技相关议题的设置能力、主导能力，以及国际技术标准制定能力、引领科技前沿和高科技产业发展的能力不足，对外技术依存度高。世界上有三大国际标准制定组织：一是负责通信标准的国际电信联盟（ITU）；二是负责电工标准的国际电工委员会（IEC）；三是负责除通信、电工之外的其他所有标准的国际标准化组织（ISO），包括灯泡、情趣用品等。例如，2006 年，在 17000 多项国际标准中，由中国起草被批准的只有 20 多项，加上已经起草正在进入审批程序的共计 50 多项，只占到 3‰。目前，在政府、科研机构和企业的共同努力之下，我国主持的标准数量从 2014 年的 0.7% 上升到 2020 年的 1.8%。由美、英、德、法、日主持和主导的国际标准数量占到全球标准数量的 90% 到 95%，而另外的 170 个国家主持的标准数量只占到 5%。西方发达国家利用其技术上的先发优势和领先优势，主导标准的制定，从而攫取更高的附加值。有人说，一流企业做标准，二流企业做品牌，三流企业做产

表 2　全球 5G SEP 专利数量 TOP10

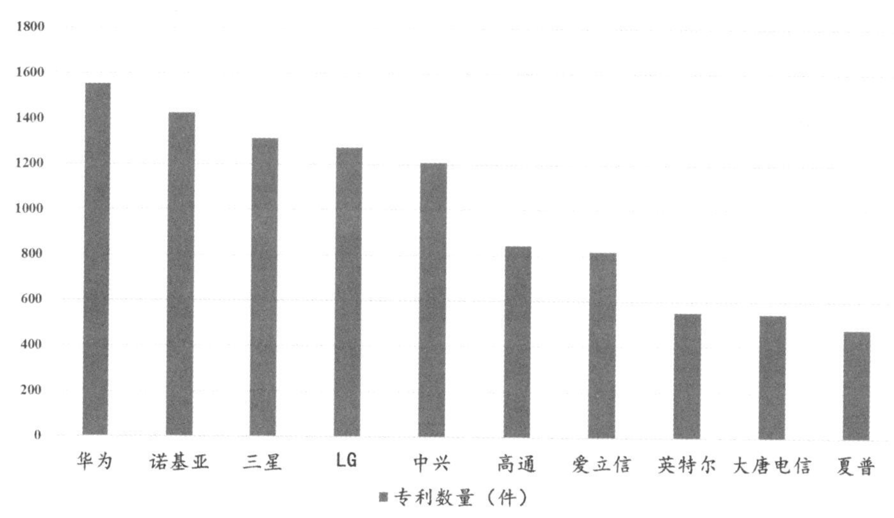

品。掌握了国际标准，别人就需要用你的专利，你就能够收取相应的专利授权费。比如，高通和诺基亚每年仅依靠专利授权就能赚取数十亿美元。

随着 5G、人工智能、云计算等新兴技术发展，将掀起新一轮科技革命，并对人类社会政治经济、安全产生巨大而深远的影响，重塑国际战略的权力结构。中国在新兴技术领域已经取得了重大突破，涌现出一批有国际竞争力的企业，特别是华为在 5G 领域处于领先水平。作为新一代移动通信技术，掌握 5G 技术就意味着引领下一次的信息技术革命。华为在 5G 技术领域的崛起，在全球 5G 必要专利中，超过欧盟各大企业位居第一（表 2），专利数量约 1554 件，是美国高通（846 件，第六名）的 1.84 倍。华为标准提案占所有国际 5G 标准的 23%，对全球 5G 标准的贡献率综合得分高达 10844 分，美国高通只有 3018 分。[1] 据德国报道，并未在华为提供的通信设备中发现美国所谓的“后门或漏洞”，但却在美国思科提供的通信设备中发现了不少的后门，已经达到了 10 个。华为作为全球 5G 标准的重

1　Iplytics. Who is Leading the 5G Patent Race?. 2019: 3.

要制定者和引领者，获得了从电信设备、终端到互联网应用等全产业链端到端的全球领导能力，不仅打破了现有秩序，而且创造了新的规则体系，撕开了美国网络霸权的一道口子。2019 年 4 月，美国国防部创新委员会发布了题为《5G 生态：国防部的风险和机遇》的分析报告，认为 5G 是国家之间商业、国防和经济的全面竞争，取得先发优势的一方，会对新一代通信技术和相关产业的发展，以及未来战争网络实时可视、全域感知产生重要影响，从根本上改变未来战场的信息网络环境。美国担心 3G、4G 时代基于美国产业链的商业生态、商业规则、网络连接、网络安全等都会因为中国的领先而改变，因此实施了一系列对中国的技术封锁措施。继“中兴事件”后，又制造“孟晚舟事件”，疯狂打压华为。美国打压华为的实质，就是要重新夺回 5G 领域的主导地位，这个主导地位不仅是实现技术领先，而是要制定规则。这也就可以理解，为什么美国不购买华为的 5G 技术，因为即使拥有了华为的 5G 技术，但是不能控制华为，在现有的规则之下，美国依然无法获得主导权，永远只是华为的追赶者。

3. 范式

美国等西方发达国家凭借科技权力，不仅从全球产业链、国际贸易、国际政治三个方面对全球政治经济体系产生深远影响，并且使这种权力的运行模式成为引领世界发展的范式。以全球供应链为例，对全球供应链的控制也是科技霸权的目标之一。谁控制了从高端到低端的供应链，谁就控制了全球产业链。产业结构决定了经济实力和军事实力，进而决定着国家安全。比如，随着 20 世纪中叶贝尔实验室发明晶体管、仙童半导体公司发明集成电路后，美国成为世界上最早完成处理器、指令集、操作系统等底层技术原始积累的国家，至今仍然牢牢掌控着涵盖材料、设计、设备、生产以及应用等半导体全产业链的核心环节，以英特尔、英伟达、高通、应用材料等为代表的高科技企业占据全球半导体产业的半壁江山。随着经济全球化的进展，供应链越来越长，分工越来越细，各经济体已经形成了稳定的利益共同体。无论是跨国公司还是国家，都不可能单独拥有完整的产业链。在当前全球分工体系中，美国等发达国家占据着全球产业链、价值链的高端，而新兴市场国家和发展中国家明显处于中低端。中国凭借自己的努力成为其中重要的环节，并正在通过创新驱动、转型升级，不断从产业链的中低端向中高端攀登。近年来，高科技行业繁荣发展，依赖市场驱动的供应链的全球化，对此中国作出了功不可没的重要贡献。

然而，现有的范式，如知识产权制度，是西方发达国家主导制定的，更多体现了发达国家的利益，发展中国家往往是现有范式的“无声的他者”“被迫的自觉接受者”。后发国家要想进入由既有强国控制的产业链，就必须接受这种基于不平等知识产权分配关系之上形成的产业链供应链范式，不仅默认既有强国在既有范式中的特权地位，更被锁定在国际产业链的下游地位，成为强国科技霸权的附庸。特别是美国，将维持既有范式内化为一种政治文化习惯、政治正确规范和战略政策指引，并渗透到美国各领域战略和政策的各个环节，通过知识产权保护、高技术出口管制、增加贸易中的技术壁垒、签证限制、反间谍措施以及技术联盟等庞大的政策工具，对范式的挑战者予以打击，维护其科技权力的稳定性。比如，出口管制制度。美国在二战期间建立出口管制制度，主要是为了防止敌对国家获取美国技术和产品，经历不断演变后，成为特朗普政府对我国实施贸易战的有力工具，他们将华为等多个中国企业列入《出口管理条例》的“实体清单”，这些企业将无法再获得美国的任何有价值的技术、产品、配件，也意味着被美国主导的供应链、产业链、创新体系所排斥。再比如，外资审查制度。美国外资审查制度发端于一战期间，经历多年发展，于2018年完成针对外国投资委员会的立法改革程序，不断强化中国对美国投资的安全审查。近年来，中国企业收购美国多个涉及芯片、网络地图、互联网金融等网信产业的投资，被美国政府审查后都没有成功。拜登政府上台后，2021年2月24日签署行政令，对半导体、纯电动汽车电池、稀土和医疗产品四项关键产品全球供应链进行审查，以摆脱对我国供应链的依赖。

当前，新一轮科技革命正呈现出以信息技术全面深度应用为主，能源、材料、生物等新技术全面发展的新特征，并促使20世纪中后期以来支撑全球经济平衡的全球价值链和产业分工体系面临重大调整。一方面，新科技革命的成果向各个产业渗透扩散，将引发生产方式、组织模式、商业模式的一系列变化，各国之间的竞争也将随着产业模式的变革而发生改变。比如，西方国家都在讲“再工业化”，实质上就是用新技术推动高端制造业发展。未来绿色化、智能化、柔性化、网络化的先进制造业，不仅会从源头上有效缓解资源环境压力，改变制造业“资源消耗大户”“污染大户”的面貌，而且会引发制造业及其相关产业链的重大变革。为了应对国内外制造业竞争新态势和新工业革命挑战，推动制造业转型升级，化解制造业产能过剩，抢占制造业竞争制高点，我国推出了“中国制造2025”战略，提出重塑制造业的技术体系、生产模式、产业形态和价值链，实现制造业由大向强转变。其他新兴国家也先后出台加快制造业发展的规划和战略，印度出台了“制造业国家战略”，力争到2022年将制造业产值提高到占GDP的25%以上。巴西成立了“国家工业发展理事会”，公布了“工业强国计划”，推行制造业减税政策，同时加快了企业重组和制造业调整步伐。另一方面，任何一个国家在取得某一科技领域的突破后都无法独占产业链，因为数字技术的进步推动了世界更大范围、更深程度的“连接”，提升了创新资源的流动性和可用性，使得创新要素和资源更易于被获取，加快新技术、新成果在全球范围内的传播扩散和国际科研合作，推动产业组织和社会分工持续深化，从而由科技—产业范式变革引发竞争范式变革，在竞争中合作，合作中竞争将成为一种新范式。

由此可见，新兴国家已不再亦步亦趋地遵循西方模式，政治经济科技领域新旧规则和秩序的博弈已经拉开序幕，未来竞争将日益激烈。但欧美等发达国家仍然将在相当长的一段时间内占据产业链、供应链、价值链的顶端位置，以中国为代表的发展中国家的知识密集型产业仍无法撼动欧美垄断全球的格局。因此，我们不能盲目跟从欧美等国主导的产业范式，必须不断强化科技创新，通过创新培育发展新动力、塑造更多发挥先发优势的引领性发展，在全球价值链上尽力占据有利的位置，最终赢得国际战略竞争的主动权。

五、力量的运用

“有文事者，必有武备。”在国际较量中，政治运筹很重要，但说到底还是要看有没有实力、会不会运用实力。有足够的实力，政治运筹才有强大后盾，光靠三寸不烂之舌是不行的。中华民族历史上多次收复失地或实现统一，没有一次是和平谈判谈出来的，都是以武力或以武力为后盾解决的。毛泽东曾经说过，打是为了争取和平。我军从战争中学习战争，从实战中提高本领，打一仗进一步，越打能力越强。新中国成立以来，正是因为我们高度重视国防建设，敢于在关键时刻亮剑，才顶住了来自外部的各种压力，维护了国家的独立、自主、安全、尊严。历史经验证明，只有具备敢打必胜的战争意志、精心缜密的战争准备、绝对过硬的打赢能力，才能在关键时候威慑敌人、遏制战争、赢得和平。面对当前日益复杂的国家安全形势，虽然维护国家安全的手段和选择增多了，我们可以灵活运用、纵横捭阖，但千万不能忘记，军事斗争始终是国家政治和外交斗争的坚强后盾，军事手段永远是保底的手段。

战争的胜负不仅取决于力量的大小，而且决定于力量的运用。

人类战争史上，古希腊方阵曾独领风骚，但方阵战术却存在一个致命弱点——缺乏灵活性和反应性。古罗马军团凭借“多而小”和灵活的步兵阵列，击败了笨拙的大规模希腊步兵方阵，从而强势崛起。公元前2世纪，古罗马军团在征服东西地中海时达到顶峰，其后逐渐衰落。究其原因，机动能力仍然是其短板，不适应古罗马帝国疆域的拓展。到公元4世纪时，君士坦丁诺斯大帝以骑兵部队为主体，组建了名为科米塔托斯的机动野战军，成为捍卫帝国安全的劲旅。火器的发明，相较于冷兵器，具有明显的杀伤力、震撼力和威慑力优势，打破了中世纪以来重装骑兵独领风骚的局面。增加军队数量规模，依托强大的火力配置提升战斗力，成为该时期各国军队建设的通行做法。集中火力优势进行大规模会战，成为近代欧洲乃至世界范围内主要作战样式。在机械化战争时代，力量强弱仍然体现为数量规模，集中优势主要是集中兵力或火力，追求的是暴力的最大化和规模化，制胜的机理正如拿破仑所说的“多兵之旅必胜”。信息化战争时代，力量强弱主要体现为质量效能，科技的发展赋予“集中”以新的含义，“集中”不再是数量的集中，战场作战不再局限于在同一地点集中兵力或火力，而是强调在作战体系支撑下，通过多能、精锐的小型化部队在战场前端精确施能，直接打击敌战略重心，瘫痪敌作战指挥，达成既定目的。同时，在应对地区冲突和反恐战争中，传统的大规模军事力量往往显得力不从心。

为了应对挑战，各国军队加快了由“少而大”向“多而小”的转型，打造规模优化、力量精干、与局部战争相匹配的作战力量。俄罗斯通过“新面貌”改革，削减军区数量，减少指挥层级，将 23 个师改编为 40 个旅。美国海军陆战队原本以陆战师为基本作战单位，目前已经被数百人规模的远征小队所取代。美国陆军于 2002 年春启动模块化转型进程，建成以营以下分队为基本战斗模块的“斯特赖克”部队。“多而小”的编制构成，日益受到各国军队的青睐。美国著名军事战略专家约翰·阿尔奎拉指出：“当与其他作战单位（尤其是当地武装）相互联合，并与少量战斗机保持密切网络连接时，即便规模很小的作战单位，如仅有五十名士兵的一个排，也能够产生强大的战斗力。”

未来军事力量的建设与运用，具有以下三个特征：

（1）模块化

模块化理念源于系统科学思想。在系统结构中，模块是指可分解、组合和更换的基本单元，模块化通过设定不同的功能，把一个复杂系统分解成多个独立的、简化的单元，以处理复杂巨系统运行中产生的问题，体现“以简驭繁”的系统科学思想。模块化军队建设的精髓，在于创建一系列力量精干、可任意拼装拆解的标准化作战单位，在需要重组和扩编时，可快速分离或合并，通过“积木式”近乎无穷多种组合方式，更好地适应多样化作战需求，提高部队的灵活性、应变性和可部署性。美军提出的“马赛克战”概念，就是要建成一个类似“马赛克块”的作战体系，在这个体系中的某个部分、部分组合被敌方摧毁时，能自动快速反应形成虽功能降级但仍能相互链接、适应战场情境和作战需求的作战体系。

模块化力量建设是技术发展、平台建设、作战指挥方式变化的必然要求。一是小平台崛起。机械化时代的战争是以平台为中心，信息化战争虽然强调“信息制胜”，但一定程度上仍然继承了“平台制胜”理念，配备精确制导武器的航母、战斗机和轰炸机、导弹发射平台成为战争制胜的重要工具。随着各种作战平台的微型化、无人化、智能化，它们比传统作战平台具有更强的机动性、灵活性，可以任意组合，遂行不同作战任务。二是弹性指挥层级。传统的多层级指挥体制，被更具弹性的扁平化指挥层级所取代。指挥员可通过卫星传输信号，在计算机屏幕上获取最新、最全、最准确的战场资讯，准确把握瞬息万变的战场情况，临机下达指挥命令。承担战略指挥的最高司令部门，也可以远程指挥小型模块化部队战术行动。三是全频谱作战。现代战争要求军队职能多样化，具体而言，就是要具有高度灵活的任务适应能力和快速部署能力，不仅要打赢传统信息化战争，也要打赢信息化条件下微战争。因此，军事组织需要具有模块化的组合能力，作战单位必须维持在较小的力量规模，发挥类似“积木”的拆卸与组合能力，依据作战任务的差异进行灵活调整。为适应战争样式的时代变化，美国陆军中校道格拉斯·A.麦格雷戈在《打破方阵》一书中，提出军队作战职能与作战行动向更低层级转移，组建大量微型化“战斗群”，具备高度的战术灵活性，能够集中信息优势打击敌人。

（2）超链接

所谓超链接，原本指在网页特定位置植入的、指向一个特定目标的连接关系。依据内容需要，超链接所指向的目标具有多样性特征，可以是图片、网页、电子邮件、文本，甚至是应用程序。依据网络协议，一旦超级链接启动，可以在不输入网址的情况下快速进入指定的链接内容。在信息网络时代，由于网络技术和其他通信手段的高度发达，军事组织的发展，不刻意追求规模的大小，而是关注网络联通能力的强弱，通过超链接的方式，构建快速响应机制，融合一切相关力量与资源，高效组织和共同应对安全挑战。

作为未来军事力量的一种编程方式，超链接模式的形成原因主要有三个方面：一是网络中心。全球信息栅格、传感器融合/数据融合、分布式传感、量子通信为代表的信息技术快速发展，成为超链接能力形成的前提和基础。依靠建立在栅格化基础之上的战场信息网络，遍及全球的互联网络，微型化军事组织可以快速链接军队、地方以及世界其他国家的力量和资源协同作战，将分散的力量由强大的网络凝聚成有机整体。二是多元安全挑战。当今人类面临的安全挑战，既涉及政治安全、经济安全、国土安全、军事安全等传统安全，又涉及文化安全、科技安全、信息安全、生态安全、资源安全等非传统安全。捍卫国家安全的模式，必然是以“超链接”形式联通军地各方的安全共同体。三是轻量化诉求。作为制造业术语，轻量化是指在确保稳定提升性能的基础上，降低耗材用量，节约制造成本。为应对来自陆、海、空、天、电、网、核等多维空间的安全威胁，各国致力于制造各类庞大的作战平台，围绕大型平台构建军事组织。面对千万美元级数的坦克、上亿美元级数的飞机、上十亿美元级数的军舰、上百亿美元级数的反导系统和上千亿美元级数的太空武器装备，即便是“富甲天下”的美国也不堪重负。相反，构建超链接的军事组织，以有限资源应对无限多样挑战，体现了应对安全威胁的轻量化诉求。美国海军陆战队的生化武器反应部队，具有典型的超链接组织特性。该部队并没有整合所有的国家生化防护力量，仅仅是隶属海军陆战队的营级单位，无论数量规模，还是专业能力，都无法独立应对大规模生物、化学武器攻击的严峻挑战。因此，它更多地作为生化防护安全网络的中心节点，利用超链接组织军事领域和民事领域专业力量，既包括军方拥有重型救援装备的搜救部队和处置简易爆炸装置的拆弹部队，也包括民间应对有害物质外溢事件的探测、消毒、急救、消防和警察等力量，应对生化武器袭击等突发事件。

（3）分布式

“分布式”军事力量结构适应了军事技术攻防对抗的发展变化。一方面，在防御端确保生存。在传统海战体系中，大型武器平台是整个作战体系的关键节点和支撑点，一旦被摧毁，就会造成整个体系瘫痪。由于弹道导弹、巡航导弹、低噪声潜艇和高性能岸基飞机等对舰作战杀手锏武器大量涌现，航母、大型驱逐舰等大型海上作战平台，极易成为对方综合火力集中打击的目标。实施“分布式”组织架构，让对手无法确定打击重点，从而提高生存能力。另一方面，在进攻端实施“饱和攻击”。相控阵雷达是反舰武器系统的核心，能够实现对多个海上目标搜索、识别、跟踪、制导、无源探测等多种功能。例如，AN/SPY-1 无源相控阵雷达可同时监视 400 个目标，并自动跟踪其中的 100 个目标。依据分布式的组织结构，将原本集中的航母打击群分散开来，增加敌方雷达搜索量，提高敌方执行情报、监视与侦察（ISR）任务的难度。一旦己方目标数量达到并超过对方雷达探测的上限，就可以依靠数量优势实施“饱和攻击”，以大密度、连续攻击的突防方式，破解对手反介入 / 区域拒止的军事力量部署。

“分布式”军事力量，通过“去中心化”“小而全”“网络倍增”来谋求更强的生存能力、突防能力和打击能力，能够在相同时间基准内展开大空间协同作战，真正实现跨域即时优势制胜。它具有以下三个特点：一是多域分布。未来战争中，各作战单元、作战要素在网络信息体系的统一调控下，可实现多维大区域分散部署，陆、海、空、天、电、网、核和认知多维跨域编组。自 2014 年美军提出“分布式杀伤”作战概念后，世界各军事大国争相发展分布式作战技术。智能化分布式协同作战的核心思想是，不再由当前多用途、高价值的武器装备平台独立完成作战任务，而是将其功能分解到全域部署的多种异构的小型、低成本有人 / 无人作战平台上，通过在多个平台间组建分布式通信网络实现自主协同与作战任务智能决策，以体系化形式共同完成作战任务这种作战样式降低战耗成本，提升整个作战体系的灵活性和自适应能力，从而实现与现有作战样式相同或更高的作战能力。二是瞬发并行。瞬发并行意味着高效，在战场上体现为兵力兵器布局和机动机理的深刻变化，产生巨大的新质战斗力。未来智能化战场，用于侦察监视、跟踪识别、评估判定等传感器材，能够及时发现多维空间内的各种目标和对方的行动，信息处理、传输、分发的实时化，使各作战单元能够根据战场情况的动态变化，在不同的战斗空间、以不同的战斗手段，围绕统一任务和共同目的，迅速做出判断和决策，并及时采取行动，从而实现各战斗力量之间自主协同基础上的快速并行作战。三是多域聚优。未来的对抗不再是单域对单域的激烈对抗，各战场之间的流动性、关联性、耦合性大为增强，一域之强并不代表全域之强，一域之弱也不一定是全域之弱，各单元、各要素均可根据任务需要极大突破原有任务空间界限，相互借用不同战场空间的异质优势实现跨界联手，在关键时段优势叠加形成决定性优势，并快速利用、释放优势。作战力量“从集中到分散、从一域到多域、从实体到虚体”，形成基于网络信息体系的全域联合作战体系，实现优势力量全域分布、全域联动、全域发力，发挥战略布局优势、力量结构优势、体系支撑优势，实现各种优势的重组重构重塑、以在选定的时空点上形成更大的联合优势。

第三章　时空

时间和空间是一切运动着的物质的存在形式，任何物质存在都不能离开时间和空间。战争作为一种社会历史现象，也必然存在于一定的社会历史时间和空间之中，且具有自己的时间存在和空间存在。军事技术作为一种客观存在，其本身具有一定的时空特性；同时，军事技术作为暴力手段，在战争实践活动中建构着与其意向性相适应的时空结构。随着军事技术的发展，战争的时空结构在不断变化，呈现出新的特点和规律。

一、时空的技术建构

任何物质运动都有其时间和空间存在形式，但是任何物质运动的时间和空间存在，都有自身的特点和规定。这些独特的时空特点，是事物独特的本质规定和特殊的内在规律的一种反映。时空不是外在的、客观的，而是在人类的感性实践中不断建构的，始终反映着我们生活的广度和深度，体现着我们对世界的参与和真正的存在方式。如果把时空作为外在的、对象化的东西来理解，那么人必然要受到外在的时空条件的限制和束缚。在这种情况下，人的自由只能存在于现有时空的反面，即以体现了人的不自由的本质，自由对人而言只能以普通所谓的超时空的方式存在。

马克思指出："时间实际上是人的积极存在。它不仅是人的生命的尺度，而且是人的发展的空间。"[1]人是时空的主体，可以通过将全部的生命

1　《马克思恩格斯全集》（第47卷），北京：人民出版社，1979年，第532页。

时间用于物质生活资料的生产来换取更广阔的发展空间。在人的感性实践中，时空本身便表现为“超时空”，表现为对现有时空的“客观距离”和“限制”的超越，标志着自由和解放的具体实现程度，内蕴着人的自由的本质。也就是说，时空的距离与人的感性实践相关，是动态变化的。比如，1 公里、1 小时这些时空单位的真实内容体现的不是纯粹抽象的一段时间、一段空间，而是人的活动方式、活动范围。当人的活动方式发生变化，时空的距离就会发生变化，时空的距离是相对的距离。这就好比一段空间对步行者、乘车者、登机者含义各别，一段时间对从事同样计算量的手工作业者、珠算者、电脑操作者又会有长短悬殊的体验。鲍曼指出：“距离是社会的产物，而绝不是客观的、非人格化的、物质的‘已知事实’；它的长度随着覆盖它的速度的变化而变化。”[1] 正由于距离不是客观的、非人格化的，它内蕴着人的活动方式，所以具有实践内涵的时空距离不是一种固定的距离、一种客观的限制、一条不变的鸿沟，而是相对的、变化的，是对固有距离和束缚的超越，因而也就是人的自身活动的自由。把时空的距离理解为去距离，把真正的时空理解为“超时空”，理解为对固有时空限制和束缚的超越，这实际上就是把时空理解为自由，因为自由最核心的东西便是空间的自由和时间的自由。

人类在实践活动中对时空的建构与超越是通过对工具的使用实现的。人类自诞生之日起就发明和使用工具，并在具体的感性实践中完成对时空的建构。马克思认为，通过对劳动资料即技术工具的使用，人类实现了对自我时空的延展，“自然物本身就成为他的活动的器官，他把这种器官加到他身体的器官上，不顾圣经的训诫，延长了他的自然的肢体。”“劳动是活的、造形的火；是物的易逝性、物的暂时性，这种易逝性和暂时性表现为这些物通过活的时间而被赋予形式。”[2] 因此，可以说，从人类开始使

1　［英］鲍曼：《全球化：人类的后果》，郭国良、徐建华译，北京：商务印书馆，2001 年，第 11 页。

2　《马克思恩格斯文集》（第 8 卷），北京：人民出版社，2009 年，第 73 页。

用工具的那一刻起，就踏上了时间、历史的旅程。时间的尺度是按照人类实践的尺度，或者说，是按照人类使用技术的尺度来进行的。在时间性的旅程中，技术构造出相应的空间。空间并不因存在物而生成，但存在物却规定了空间中的各个位置，无论存在物本身，还是存在物的排列方式都建立在人们与技术的交互之上。海德格尔认为："周围世界上到手头的工具联络使各个位置互为方向，而每一位置都由这些位置的整体方面规定自身为这一用具对某某东西的位置。"[1]因此，所谓"空间"也可以被理解为一种由特定技术建构而成的立体多维多域的网络结构。不同的技术在人们的感性实践中绽放自身的意向性，并通过这种意向性构建、超越现有的时空结构。人类历史上每种关键性技术的突破、每种新技术架构的形塑，通常都会导致人类的生活方式甚至基本社会结构的转型，从而开拓新的生存空间，形成新的生活经验，从而也建构了新的时空模式。通过对新技术的研发或是对已有技术的恰当使用，原本统一的世界可以在人们面前被划分为不同的"空间"，呈现出不同的面貌。

时空随着技术的发展，在不同的历史阶段呈现出不同的表现形态。在农业社会中，与自给自足的农业生产方式相适应，时空具有笼统、模糊、欠精确的特点。托夫勒曾精辟地分析农业社会模糊的时间观念产生的根源，"从事农业的人们必须知道何时耕种与何时收获，因此他们能准确地衡量长期的时间。但是因为农民们不需要劳动时按照同一步调作业，所以对短暂的时间单位没有什么认识。他们往往不会把时间划分成小时或者分秒等固定的单位，而是以概略、不精确的大分割来代表进行某些家庭式工作的时间长度。"[2]不仅时间观念模糊，空间尺度也是笼统、不精确的，人们一般用人体的某部分或常见的活动方式来测度空间。总体上看，农业文

1 ［德］马丁·海德格尔：《存在与时间》，陈嘉映等译，北京：生活·读书·新知三联书店，2014年，第119—120页。

2 ［美］阿尔文·托夫勒：《第三次浪潮》，朱志焱译，北京：新华出版社，1996年，第109页。

明的时空观是一种经验的、朴素的时空观，具有地域性、封闭性的特征。早期的战争受到自然条件限制较大，往往夏季打仗、冬季休战。处于封建领主制下的法国，领主一年中为国王的服役时间仅有40天。这一时期的军事家们，尽管能够对当时的战争经验进行相当深入的哲理提炼，但是由于交通、通信和科学技术发展水平的限制，对战争时空的认识也只能囿于有限的战场空间，主要在战场地形上。《孙子兵法》把战争时空列为决定战争胜负的五大要素的组成部分，提出了“知彼知己，胜乃不殆，知天知地，胜乃可全”，揭示了九种不同地域的作战规律和正确利用地形的六项原则。即使到19世纪初叶，拿破仑进攻英国的计划也因英吉利海峡的巨浪而受阻，进攻俄国的计划则因寒冬而败北。交战时间较短，像鄢陵之战也是“旦而战，见星未已”，仅仅进行了一天。同时，交战双方采用平面作战样式，主要使用刀、枪、剑、戟等短兵相接的格斗兵器和弓、弩等不超出视距的远射兵器，在明确的狭小空间内展开。

在工业社会中，与第一次科技革命和机械化大生产相一致，形成了牛顿式的绝对时空观。这种时空观超越经验存在，具有抽象和机械的特点。宇宙像一个空架子，是绝对静止的绝对空间，时间永远以等速流逝，与物体运动无关。宇宙是一架大机器，机械运动是唯一的运动规律，分析方法是研究自然的主要方法，一切现象都可以用牛顿力学的“力”来解释。正如玻尔兹曼所说：“如果你要问我，我们的世纪是钢铁世纪、蒸汽世纪，还是电气世纪，那么我会毫不犹豫地回答：我们的世纪是机械自然观的世纪。”在机械论自然观的影响下，世界都像一架时钟，“工业时代的关键机械不是蒸汽引擎，而是钟表”[1]。这时，军事家们把自然科学领域的实证化、专门化和计量化的方法引人军事科学中，开创了使用点、线、角、面、力等机械力学、数学和几何学的概念与公式，解答建军与作战问题的先河，对战争时空的认识更加全面、细致，认为军队就是通过反复操练锻

1　吴国盛：《时间的观念》，北京：中国社会科学出版社，1996年，第105页。

造的一台精准、规范、有序的“战争机器”，“军队是实施各种军事行动的工具：军队与所有机器一样，是由各种元件构成，军队的战斗力首先取决于各种元件，其次取决于这些元件的组装方式，各种元件构成的整体必须具有持久力、灵活机动性和普遍适应性，只有这样构造，整个机器才完美无缺”。工业文明的时空观，一方面具有集中、开放的特点。马克思指出：“由于开拓了世界市场，使一切国家的生产和消费都成为世界性的了。”[1]这种开放的空间是附有扩张性和侵略性的，率先实现工业化的国家借助先进的技术和工具，可以轻而易举地控制广大的区域，垄断各地的资源，对当地的政治、经济和文化施加影响。“正象它使乡村从属于城市一样，它使未开化和半开化的国家从属于文明的国家，使农民的民族从属于资产阶级的民族，使东方从属于西方。”[2]另一方面具有抽象、建构的特点。这种超越了经验形态的时空观，拉开了与现实时空的间距。技术指向的是一个没有概然性的世界，一个一切都可以被精确计算的世界，从而使人类能够摆脱具体时空条件的束缚，按照纯粹数学几何的方式，建构世界、设计战争、塑造未来。

在信息社会中，以电子计算机、互联网为标志的信息技术革命诱发了时空关系的变化，并导致新时空观念的萌生。互联网独特的技术特性，使其已不只是一种信息传递的工具，而是成为一种全方位改变人类社会生活空间的技术架构，形塑了一种全新的社会环境和时空结构——网络空间。这种时空的物理特性近乎消失，改变了时间和空间单一的存在形式，而是以数字化、网络化、虚拟化的方式存在，呈现出时空的流动性特征。网络空间是一个环绕着流动而建构起来的全新的技术空间。流动性作为网络空间新动力机制的核心，支配着网络空间的信息流动和社会互动，使网络空间的信息流动和人际互动在实时的时间中接合。在这里，空间和时间被抽

1　《马克思恩格斯文集》（第 2 卷），北京：人民出版社，2009 年，第 35 页。

2　《马克思恩格斯文集》（第 2 卷），北京：人民出版社，2009 年，第 36 页。

离化或者说“虚化”，使它脱离具体的地域限制，呈现出一种超越现实物理地点的因果关系的全新时空特性。“人们不再被物质的障碍和时间的阻隔分离。随着电脑终端和录像监测的接合，这儿和那儿的区分不再有任何意义。”

网络空间重构人类生存的时间和空间参数，使人类交往方式发生了根本性变化，现实时空的屏障被完全突破，由此导致“时间的空间化”以及“空间的时间化”。一方面，人的活动总要耗费一定的时间，但时间并不会随着活动的结束而消失殆尽，而是转换成以“凝结”的形式表现出来的不断扩大的空间状态。网络信息技术的发展加速了物质和非物质在网络空间的循环流动，可自由支配的社会时间增加，能够根据需要对多维空间进行选择、分享和复制等操作，“空间把在同一时间里并存的实践聚拢起来”，从而使时间成为人们选择的空间。[1] 另一方面，作为“凝结”形式存在的空间结构无疑也会影响人类活动的时间进程，至于是加速、延缓还是停滞，需要视当时存在的空间状态、结构和人类活动之间的动态关系而定。世界的内部时间生长节律被外化为多维时空结构的多层级缠绕，通过对信息流、物质流、能量流的掌控，网络空间对于身处其中的人而言成为一种外在规定性。正如黑格尔所说：“空间的真理性是时间，因此空间就变为时间；并不是我们很主观地过渡到时间，而是空间本身过渡到时间。”[2] 网络空间形塑了一种全新的战争场域，深刻地改变了作战行动的空间形式。传统的作战空间，一定程度上是一个静止的“容器”，而网络时代的作战空间更多地表现为流动性，空间处于流动之中。信息技术作为网络空间下战斗力的“座架”，对战争具有基础性的技术—暴力范式作用。战斗力的生成与运用，包括作战的空间组织和空间关系的调整等都依赖信

1 ［英］曼纽尔·卡斯特：《网络社会的崛起》，夏铸九等译，北京：社会科学文献出版社，2001 年，第 505 页。

2 ［德］黑格尔：《自然哲学》，梁志学等译，北京：商务印书馆，1980 年，第 48 页。

息流、物质流、能量流的运转，消解传统作战空间的维度差，把多维空间中的各种作战力量、作战单元、作战要素融为一个有机整体。作战体系日益成为实施作战行动的基础、凝聚作战力量的载体、释放作战效能的平台，力量强弱主要体现为质量效能，集中优势主要是集中效能，追求的是暴力的有限化、高效化和可控性。美军的“网络中心战”，就是在把握网络空间的特征之后提出的作战理论。

二、自然空间

人类的发展与自然环境密切相关，人类社会是在特定的地理空间中存在和演进的。作为一种先天的和固定的因素，地理环境深刻地形塑和雕刻着人类历史的进程和面貌。战争，作为一种人类的特殊暴力实践活动，一开始也是臣服于自然。

早期战争受到时间、空间等自然条件的严格制约，作战行动在地面上进行，作战空间呈二维形态，战争胜负常常表现为“天意难违”。这个时期发生的任何军事技术进步和战斗力的改进，主要是围绕对自然资源的利用而展开。弓、弩、抛石机等远射武器的出现，是人类经验与技能高度结合的产物，代表军事技术的发展方向。恩格斯曾对这一人类历史上的重大事件给出了高度评价：“弓箭对于蒙昧时代，正如铁剑对于野蛮时代和火器对于文明时代一样，乃是决定性的武器。”[1]战车最早被视为陆战的重要工具，随后逐渐被广泛使用马镫的骑兵取代。在技术逻辑的强制驱动下，战争逐渐摆脱了天然自然的束缚，引发战争空间和领域的拓展及其利用效率的提升，自然空间中的争斗经历了“陆地—海洋—天空”的演进过程。

工业时代，在蒸汽机的推动下，机器制造业、交通运输业、冶金业及其武器制造业迅速发展起来。马克思曾经指出：“工农业生产方式的革

1　《马克思恩格斯文集》（第4卷），北京：人民出版社，2009年，第34页。

命，尤其使社会生产过程的一般条件即交通运输手段的革命成为必要。”[1]奥斯曼帝国对丝绸之路的封锁使西欧国家无法获得足够的生存保障，迫使各国开始向海洋拓展新的自然空间，最终，具有远洋航行能力的帆船打破了地形以及国界的限制，人类进入海洋时代。铁路的发展使国家具备了在更大陆域上快速机动集中军事资源的能力，支撑19世纪末德国和俄国的崛起。坦克与汽车的出现，使军队的机动性、火力和防护力同步增强。进入20世纪，飞机的出现使战争从二维空间拓展到三维空间，使自然空间在人们面前展示了一种全新的维度。随着苏联1957年将第一颗人造卫星送入太空，航天时代的到来使人们对自然空间的利用不再局限于地球表面与大气层。

科学技术的发展历程，就是人类探索未知世界、发现科学规律、提高技术水平、扩大自身活动空间的过程。随着科学探索的边界越来越远，深海、深空和极地成为国家安全的高边疆、新边疆。围绕海洋、太空等空间安全领域的军事对抗日趋激烈。在这些领域，美俄从相关军事技术发展到力量建设，均做出了战略布局，意在未来军事竞争中赢得主导权。

1. 深海成为潜藏制胜先机的新战场

深海一般指水深1000米以上的海域。海洋占地球总面积的70%以上，其中92%的海洋属于深海，南海超过70%属于深海，平均水深达1200米。深海不仅有巨大的经济价值，如海洋油气资源占全球总储量的70%，而且也有巨大的军事价值：一是作战空间大。深海空间水平面作战纵深和垂直面作战深度都非常大，有利于远程指挥控制和大潜深作战。二是隐蔽探测攻击能力强。可以利用深海特殊的声学环境进行远程隐蔽通信和探测。比如，海平面垂直向下几百米的范围内，由于海水密度和温度的分层，声波不能直线传播，会出现盲点和聚焦区，但从海底1000米以下的深度向

1　《马克思恩格斯文集》（第5卷），北京：人民出版社，2009年，第441页。

上探测，声的传播基本上保持直线。如果用于对潜艇探测，既能充分利用深海隐藏自己，同时通过预置海底或定深武器装备，可对敌发动隐蔽、突然、高效攻击。

目前，美国正在实施“无人深海浮沉载荷”项目，平时隐藏潜伏，战时可远程激活并直接对目标发动攻击。三是纵深防御效果好。当前各国鱼雷的攻击深度有限，一般不超过1000米。而且在深海，包括声波和尾流在内的末制导手段较为单一，可使用诱饵进行有效反制，便于深海隐蔽防御。由此可见，深远海资源丰富且作战空间大、环境优势显著、隐蔽性强，一旦形成体系，威慑力巨大，是最有希望快速改变非对称作战态势的战略空间。

当前，世界主要强国纷纷制定深海发展战略，开展了众多深海大洋研究计划，加快抢占深海公域的步伐。美国《2015—2025海洋科学十年计划》决定重点发展深远海的波浪能、海流能、海洋热能、渗透能等海洋可再生能源。美军“第三次抵消战略”提出将水下组网能力向深海拓展。美国国防高级研究计划局（DARPA）从2004年起，相继开展了从核心技术装备、平台到系统、体系等不同层级的约50多个创新项目（图2），构成

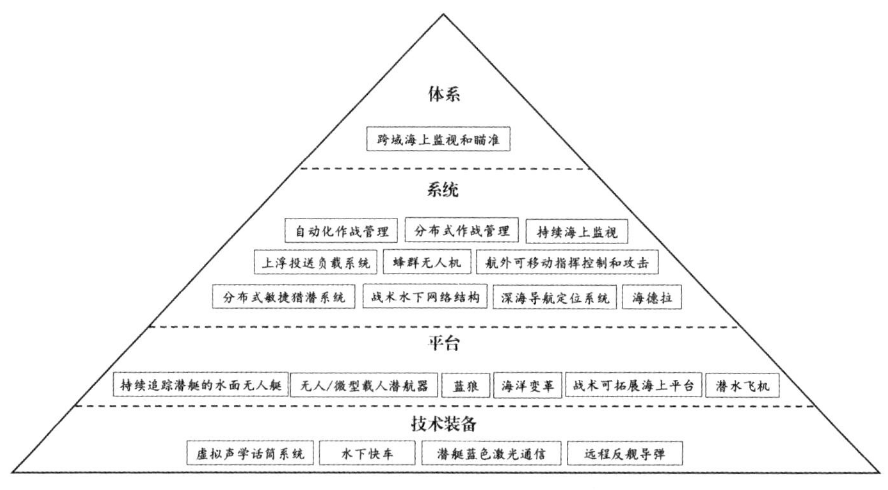

图2 美国国防高级研究计划局深远海领域主要创新项目

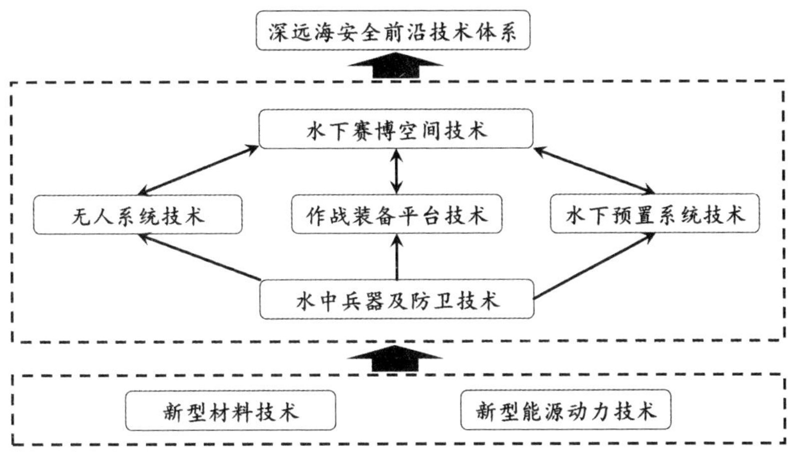

图 3　美军支撑深海作战杀伤链的技术体系

了以新型材料和能源动力技术为基础，以无人和有人系统为作战单元、水中兵器与防卫系统为武器，以网络化信息体系为连接构架，将分散的作战单元整合成有序协同的深海作战杀伤链（图 3）。俄罗斯在《2030 年前俄罗斯联邦海洋工作发展战略》提出着手构建深远海域的海洋信息保障系统，以维护海洋重要通道畅通和远洋航运事业发展。日本《海洋政策基本计划》提出海上自卫队在“离岛海域”应具备适当的监控与警戒能力。

2. 深空成为国家安全新的“战略支点”

阿基米德曾经说过：“给我一个支点，我就能撬动地球。”美军在构建信息化战争作战体系时，就很好地利用太空这个“战略支点”。随着航天技术的迅猛发展，世界各军事强国纷纷制定太空发展战略，加强军事航天力量建设，围绕进入空间、利用空间、控制空间的争夺日趋激烈，并正在向深空和临近空间延伸和拓展。2017 年 12 月，美国总统特朗普签署“1 号太空政策指令”，再次启动载人登月计划，最终前往火星，认为此举是确保美国太空优势的关键，有利于经济复兴和国家安全。2019 年，美国国家宇航局公布了“阿尔忒弥斯”载人登月计划细节，推进“航天发射系统”“猎户座”飞船以及“深空港”月球轨道空间站等项目。比如，“深空港”是在地月引力平衡点部署的长寿命航天器，作为探索月球和深空的跳板，需要时它还可以成为对卫星实施监控和突袭的“深空堡垒”。目前，加拿大、日本和澳大利亚等国相继加入“深空港”项目，为美国实现载人登月提供支持。俄罗斯启动探月项目设计工作，旨在为载人月球任务设计新型运输系统。

当前，太空领域科技创新步伐显著加快，出现了一系列具有革命性、标志性的战略前沿技术，对未来战争将产生广泛而深刻的影响。一是空天一体作战平台初具实战能力。2019 年 10 月 27 日，连续在轨飞行 780 天的 X-37B 空天飞机成功返航，标志着美国已经构建从临近空间到太空的新型打击力量体系，这将改变传统的战略攻防格局。X-37B 具有无人驾驶、天地往返、长期驻轨等特点，是遂行空天侦察、通信指挥、空间对抗、远程精确打击等多样化任务的新型作战平台，堪称“太空战斗机”。二是天基对抗即将成为现实。美、俄、欧盟等国家和地区以清理太空碎片、在轨服务等名义，开发具备目标俘获能力的太空操控技术，进而获取攻防兼备、慑战一体的太空对抗能力。近年来，美国在攻防两端“双向并举、同步发力”。在防御端，美国国防高级研究计划局计划在 2021 年发射太空机器人，承担在轨卫星维修工作，抵御敌方航天器发起的反卫星行动。在进攻端，美军以“太空清洁作战能力”建设为牵引，设想通过航天器携带的机器臂对敌方卫星实施拆解与破坏。2020 年 2 月，俄罗斯的两颗卫星对美间谍卫星实施“抵近观察”，西方军事专家认为这是在演练天基对抗能力。三是微小卫星集群快速发展。随着微纳米技术的发展与应用，极大地推动了卫星系统向微小型化发展。单个微小卫星功能有限，但是将一群微小卫星通过编队形成集群就可以替代甚至超过价格昂贵的大卫星功能。微小卫星集群具有快速响应、升级替代、系统重构能力，能够有效提高空间对抗背景下在轨卫星的防护与生存能力。2015 年 1 月，SpaceX 公司宣布利用猎鹰 9 号火箭，将 1.2 万颗通信卫星发送到太空轨道的“星链”计划。

2021 年 2 月 16 日，随着第 19 批“星链”卫星成功发射，目前“星链”已有 1145 颗卫星在轨运行。虽然微小卫星主要用于民用领域，但低轨微小卫星如同空天领域的“集群战”，将对我国空天领域和网络安全构成严重威胁。

3. 极地将从“冰点”变为强国角逐的“热点”

极地是指地球的北极和南极地区。过去，由于位置偏远、气候恶劣、难以通航等原因，极地并没有引起各国足够的关注。随着极地蕴含的丰富资源逐步被探明，全球气候变暖以及冰川消融加快，使得其开发成为可能。同时，极地的战略位置尤为重要，特别是地处亚、欧、北美三大洲弧顶位置的北极地区，是一个瞰制北半球的战略制高点和发动战争或实施威慑的支撑点。而且，极地是地球磁力线分布、大气环境变化频繁的高纬度地区，对于研究电磁武器、开发气象武器具有重要潜在的军事应用前景，其数米厚的冰层为掩护核潜艇活动提供了极佳场所。世界各主要国家积极地利用《联合国海洋法公约》《斯匹次卑尔根条约》等国际法积极开拓北极权益。美国、俄罗斯、加拿大等极地国家更是高度重视并发展北极军事力量，使得极地地区的形势骤然变热，围绕极地领域的国际竞争日趋复杂激烈。

一是制定极地战略与规划。1984 年，美国通过了《北极考察和政策法案》，将北极纳入其全球战略规划。2013 年以来，美国国会、国防部和海军相继发布《北极地区国家战略报告》《北极战略》等，明确在北极的战略目标和核心利益，提出在该地区军事存在的总体思路。2021 年 3 月，美国陆军公布《重获北极优势》报告，旨在开发作战理论、训练和装备，使美军及其盟友和合作伙伴适应在极端寒冷天气、山区和高海拔的独特环境中作战。俄罗斯先后发布《2020 年前北极发展战略》《俄罗斯联邦海洋学说》等，提出“重返北极”的战略构想，为“经营”北极绘制了蓝图。北极八国联合发布《北极环境保护战略》，通过成立北极理事会、国际北极科学委员会等组织排挤非北极国家。日本政府计划在未来 5 年投资 335 亿日元，打造具有破冰功能的北极科考船，目的在于牵制在北冰洋调查研究方面处于领先地位的中国，加强在重要性日益增大的北海航线的地位。

二是加强极地军事力量部署。冷战时期，美苏两国就在北极地区部署了战略轰炸机和战略核潜艇。近年来，美国在北极地区部署了空军基地，在阿拉斯加部署战区导弹拦截系统，组织核潜艇北极巡航，举行两年一度的“北极潜艇冰演习”，持续保持对北冰洋的军事控制。2014 年，俄罗斯组建北极联合战略司令部，将北极提升为六大重点发展地区之一，建立多种军事基地，部署“堡垒”岸基导弹和“道尔-M2DT”防空导弹，举行一系列军事演习，高调恢复战略核潜艇和战略轰炸机在北极的巡航值班，强势将北极拉入自身势力范围。2021 年 3 月，俄罗斯实施“白熊-2021”北极演习，第一次在北极地区上浮三艘战略核潜艇。在这意味着俄军可以在几分钟内同时向欧洲和北美洲任何一个国家发射 48 枚洲际弹道导弹，携带核武器总当量达到 3000 万吨 TNT，而且导弹可以进行最复杂的变轨机动，突防能力强，对美国构成战略威慑。

三是持续加大武器装备研发投入。核潜艇和战略轰炸机是极地博弈的关键，具有破冰能力的巡航舰、驱护舰逐步崛起，无人装备正成为发展的重点。俄罗斯研发了北极版“铠甲”防空系统，海军订购了 2 艘具有 1.5 米破冰能力的护卫舰，该舰火力强度傲视北冰洋，凸显了俄式武器重视单舰作战能力的设计理念。早在 1999 年，美国极地研究经费已达到 2.5 亿美元，其他国家仅有几百万美元。2003 年美国在阿拉斯加州实施了“竖琴”计划，主要是利用相控阵天线阵列向地球电离层的指定位置精确发射高能量电磁波，通过改变电离层结构，从而实现相关作战目的，被称为比核弹还恐怖的地球物理武器。比如，烧毁目标区域的臭氧层造成人员患病或死亡，扰乱大气环流制造洪水或干旱天气，通过超强的电磁能量对敌方的武器装备造成直接物理损伤或瘫痪多种通信网络、电力设施等，还可以在电离层中形成众多不平衡的高密度等离子团块构建各类军事设施的“地球盾牌”，让来袭的弹道导弹等偏离轨道或被摧毁。

我国虽然不是北极域内国家，但北极事关我国地缘政治博弈、海上战略通道安全、军事战略威慑、国家安全保障，也是我国战略利益所在。比如，我国通过北极航道与欧洲进行海上贸易，其航程将缩短20天，并有助于我国破解“马六甲困局”，对我“冰上丝绸之路”的长远发展与航运安全具有重大影响。因此，我们必须根据国家安全和发展战略，积极参与两极治理，加大北极气象、海洋、冰层以及生态环境等研究，加强极地军事力量建设和运用，为地缘政治博弈、极地权益保护和国家安全提供坚强后盾。

三、技术空间

19世纪中叶，麦克斯韦电磁场理论预言了电磁波的存在，随后意大利发明家马可尼和俄国科学家波波夫分别发明具有实用性的无线电报。电磁波的发现和无线电技术作为信息交互的全新手段，为世人开启了一个迥异于自然空间的全新空间维度——技术空间。费恩曼在《物理学讲义》中写道：“从人类历史的长远观点来看，例如从今过后一万年来看，几乎无疑的是，19世纪最重要的事件将判定麦克斯韦发现电动力学定律。”[1]1904年日俄战争中，俄军利用日本舰队无线电信号的强弱对日军的进攻进行预警，而其使用的火花式发报机也通过一种十分偶然的方式干扰了日军的信号，拉开了电子战的序幕，也使以电磁空间为代表的技术空间成为各国展开争夺的全新战争空间。电子战，亦称电子对抗，是“为削弱、破坏敌方电子设备的使用效能和保护己方电子设备正常发挥效能而采取的措施和行

1　关洪：《科学名著赏析·物理卷》，太原：山西科学技术出版社，1984年，第157页。

动”[1]，其实质是对抗双方争夺电磁频谱，即技术空间的使用权、控制权，在破坏敌方电子武器装备的同时，还要保护我方电子武器装备效能的正常发挥。一战期间，英国军队通过破译德军无线电报密码的方式来对德国舰队进行阻截。20 世纪 30 年代初，无线电技术的完善促成了雷达的出现，自此人类拥有了超出人体感官之外的信息获取能力。J. F. C. 富勒将无线电的出现视为 20 世纪前后影响战争命运的两大发明之一，并指出“（无线电的发明）使战争进入了一种新的境界，这种变化是火药和蒸汽力的成就所不能望其项背的……（无线电）使战争升入了第四度空间，因为从各种意图和目标来说，这种无线电式的能力传导不仅消灭了空间，而且也更消灭了时间。所以就开辟了两个战场——一为天空、一为以太”[2]。

1969 年，在美国国防高级研究计划局资助下，互联网的雏形“阿帕网”诞生，宣告着网络信息时代的到来。如果说陆、海、空、天所构成的四维战场不过是一种自然空间，那么网络空间作为技术空间，使人们生存的感性世界成为“有形空间”与“无形空间”的结合，人们自身的知觉功能因互联网的存在而获得了延展。50 多年来，互联网以超出想象的速度扩张，全面渗透到政治、经济、军事、科技和文化等领域。目前，网络空间已经演变为战略威慑与控制的新领域、意识形态斗争的新平台、维护经济社会稳定的新阵地、信息化局部战争的新战场，成为继陆、海、空、天之后的“第五维空间”。

世界各国围绕网络空间发展权、主导权、控制权的竞争日趋激烈，催生“谁控制网电空间谁就能控制一切”的国家安全法则。可以说，在网络空间，谁掌握关键技术，谁拥有核心资源，谁就具备扼人咽喉的强大能力，谁就能赢得这场“新战争”。由于历史原因，美国长期以来独霸着网

1　王和忠、吕冀蜀：《军事理论教程》，北京：清华大学出版社，2002 年，第 273 页。

2　［英］J. F. C. 富勒：《西洋世界军事史》（第三卷），钮先钟译，桂林：广西师范大学出版社，2012 年，第 160—161 页。

络空间技术标准的设置和资源分配。例如，域名系统是整个互联网稳定运行的基础，域名根服务器是整个域名体系最基础的支撑点，网络通信中使用的地址最终由处于网络顶端的域名服务器来决定。支撑互联网运转的域名根服务器共有 13 台，仅有的 1 台主根服务器设在美国弗吉尼亚州，而 12 台辅根服务器中，有 9 台分布在美国，被其完全控制，另外 3 台则分别设在美国的盟国英国、瑞典和日本，间接受到美国的控制。实际上，掌管这些域名根服务器，美国就掌握着全球互联网的主动脉。如果美国想对任一国家进行打压，无须进行经济制裁、军事打击，只要将该国二级域名服务器与根服务器的链接断开，该国就会立刻成为信息世界的“孤岛”。

不仅如此，美国还主宰着互联网产业链上的各个关键环节，从英特尔芯片到微软操作系统，从思科路由器到谷歌搜索引擎，处处都浸透着美国的身影。这些公司在全球互联网行业有着近乎垄断的地位。例如，微软的 Windows 操作系统占据着个人电脑 90% 以上的市场份额，全球移动设备的操作系统则被谷歌的安卓和苹果的 iOS 瓜分。由于拥有极其庞大的用户规模，网络空间的一举一动可以说尽在美国掌握之中。美国情报机构与这些企业有着密切的合作关系，可以从其海量数据库中充分挖掘所需要的信息。为了有效收集、存储、分析并利用这些信息，美国国家安全局甚至斥资 20 亿美元，在犹他州兴建了目前世界上最大的数据中心。互联网巨头们提供的“弹药”不仅仅是数据信息。全球数以亿计用户使用的这些软硬件产品，也早已布满陷阱和地雷。这些厂商或是在设备和系统上市前就预留“后门”，或是植入潜藏的“木马程序”，从一开始便为美国政府发动网络攻击和入侵铺设了“快速通道”。据披露，微软就常常将尚未公开的漏洞信息提前向美国情报机构“报告”，使他们能够利用“时间差”发起远程漏洞攻击。不论是个人用户还是政府部门，在这种攻击面前几乎难有招架之力。正是利用这些技术优势和资源优势，美国在网络空间布下了一层层“棱镜门”，通过软硬件、路由器、服务器当中的“陈仓暗道”，在全球互联互通的网络空间肆意行动，事实上已经成为当前网络空间安全的最大威胁。

战争作为人类历史中古老而又持久的攻防对抗行为，其表现形式随着时代条件的发展而不断变化。网络空间，这个原本只是现代生活方式代名词的虚拟世界，正被越来越频繁地贴上“军事”“战争”“安全”的标签。早在1991年，美国国家科学院在一份关于计算机安全的报告中就已提出警告，“未来的恐怖主义分子使用键盘造成的破坏将远甚于炸弹”。2011年6月，美国国防部在其首份网络战略中，明确表示会将高级别的网络攻击视作战争行为，并考虑用传统军事手段回击，“如果对方借助计算机网络破坏了我们的电网系统，也许，我们会向对方发射一枚导弹。”然而，网络空间与现实空间有着明显的区别，以至于传统上用来定义和描绘战争的暴力、毁伤、火力等关键字眼，在网络空间里却很难找到对应的参照。作为国家战略博弈的新空间，网络攻防呈现以下三个特点：

一是全维渗透。以往网络攻击的主要目标，一般是网络基础设施，以瘫痪对方的网络连接为主。近年来，网络空间攻击的目标开始向物理空间中的军用和民用设施转移，电网、水网、交通网、油气网、金融终端网络等国家基础设施都成为网络战的目标。2019年，美国对委内瑞拉电网控制系统实施网络攻击，导致委内瑞拉全境大面积断电断水，国民生产生活陷入瘫痪，国家接近崩溃边缘。2020年美军在刺杀苏莱曼尼后，对伊朗革命卫队指挥控制及导弹、防空系统实施网络攻击，威慑、防止伊朗实施军事报复。

二是手段多元。网络攻击既可通过后门植入、病毒攻击、漏洞挖掘等方式实施，也可使用“微波炸弹”“电磁脉冲”等物理手段打击，还可通过无线接入、频谱压制等方式对物理网络攻击。比如，2019年8月，雷神公司向美国海军正式交付了网电作战装备NGJ-MB，该装备集网络作战与电子对抗于一身，能够将病毒程序或控制指令调制成与对方制式相同的数据流，远程注入对方具有无线电接口的网络，破坏甚至瘫痪整个网络体系。再比如，通过智能挖掘技术寻找网络漏洞，有人称为“0秒”行动或

“极速作战”，在挖掘漏洞的同时，就确定行动方案，实现对目标网络的控制。

三是软硬兼施。网络武器不仅可以破坏或瘫痪目标信息系统，而且可以攻击国家重要基础设施，甚至对目标国进行“颜色革命”。2010年，美国和以色列利用“震网”病毒成功破坏了伊朗核设施离心机，标志着网络攻击已从数字比特的“软破坏”，上升到物理实体“硬摧毁”，打破了“物理隔离确保网络绝对安全”的固有认识。近几场国际冲突中，网络战与火力战、电磁频谱作战、认知域作战等领域的多域融合趋势已经十分明显。比如，2020年阿塞拜疆与亚美尼亚在纳卡地区爆发武装冲突的同时，双方在网络空间一方面展开网络攻防，另一方面围绕国际国内舆论、军心士气、法理道义等展开了激烈的认知域对抗。

与此同时，网络信息技术深度融入新军事革命的浪潮之中，进一步将网络空间推上了战争的舞台。无论是信息主导、体系支撑，还是精兵作战、联合制胜，都越来越依赖网络信息技术。当前，网络空间利用与反利用、威慑与反威慑、控制与反控制的攻防对抗日益激烈。2009年，美军就开始组建网络空间司令部，制定网络空间安全战略，颁布网络空间作战条令，频繁举行“网络风暴”“网络防御”“网络旗帜”等网络空间作战演习，加紧研制网络战装备，是世界上第一个具备网络战能力的国家。2017年8月，美军将网络司令部升级为第十个联合作战司令部，所辖网络任务部队数量达到133支、约6200人，表明美军完成了以防御为重点到攻防兼备，再到控制网络空间的战略转型。为应对美国和北约的网络攻击，俄罗斯2013年成立专业信息战部队，网络战是其重要职能，2014年发布了《俄罗斯联邦网络安全战略构想》，2016年又发布了新版《信息安全学说》，提出要确保网络信息安全。此外，北约、英、日、朝、韩、印等国也十分重视网络空间攻防对抗，并且相继组建了网络空间作战力量和专业网络靶场，进行大规模网络攻防对抗演习。外军的军方力量构成了网络战力量的“正规军”，民间网络安全公司、科技公司、黑客组织等也成为重要的网络攻防力量，备受重视。臭名昭著的“索伦之眼”“方程式组织”等黑客组织都与美军有千丝万缕的联系。近年来，伊朗、俄罗斯、委内瑞拉遭遇网络攻击，都有“方程式组织”的影子。由此可见，网络空间的军事化、战争化似乎不可避免。

然而，互联网是一个开放、自由、平等的空间，是世界各国人民共同生活的数字家园。这就意味着，网络空间安全出现任何纰漏，威胁的不只是哪一个或者少数几个国家的安危，可能是整个国际社会的共同安全。网络武器可能存在大规模毁伤效应，对全人类而言无异于一场新的“核冬天”。因此，网络安全是全球性挑战，没有哪个国家能够置身事外、独善其身，维护网络安全是国际社会的共同责任。世界各国只有相互尊重、相互信任，加强对话合作，开展网络空间国际行为规则和网络武器军备控制的协商谈判，共同制约网络空间军事活动，推动互联网全球治理体系变革，共同构建和平、安全、开放、合作的网络空间，建立多边、民主、透明的全球互联网治理体系，构建网络空间命运共同体，才是网络空间真正的制胜之道。

四、认知空间

人类战争既是物质形态发展的表现，也是精神因素作用的必然结果。战争的目的是使敌人屈服，自古以来，战争都是通过两种途径来实现其目的：一是通过军事作战，即采取暴力手段；二是通过政治作战，即采用心理、思想、精神等非暴力手段。“不战而屈人之兵”，历来是战争的理想目标，也是战争的最高境界。随着人类对战争认识的不断深化和科学技术的发展，“认知域”继物理域、信息域之后，成为现代战争的新空间。2002 年，美国国防部长拉姆斯菲尔德向国会提交了“网络空间战”报告，认为未来信息化战争将同时发生在物理域、信息域和认知域。由此可见，信息化战争不仅可以运用暴力手段对敌进行“硬杀伤”，而且可以通过心理宣传、欺诈、威慑、控制等非暴力手段对敌进行“软杀伤”，直接攻击对方的认知空间，从而实现强大的军事行动与心理攻势的高度融合，达到赢得战争的目的。

认知空间是人类认知活动涉及的范围和领域，是反应人的情感、意志、信仰和价值观等内容的无形空间、存在于斗争参与者的思想中。国家认知空间分散存在于每个个体的主观世界，由全社会无数个体的认知空间叠加而成。国家利益不仅以实体形式存在于自然空间、技术空间，也无形地存在于认知空间。认知空间主要有以下三个特点：

一是安全边界的模糊性。基于领土、领海、领空及太空的传统国家安全边界由于受主权原则的保护，具有独享性、排他性和固定性等特点，因而是一种硬边界。而国家认知空间安全边界这种新形态边界，超越于领土的范畴且不受主权的保护和约束，具有多样性、共享性及重叠性等特点，因而它是一种软边界。国家认知空间是一个无边、无界、无形、无影，但又不可忽视的利益空间与对抗空间，社会舆论和意识形态领域是认知空间争夺的主要领域，宣传媒体、民族语言、文化产品等所承的精神信息是主要武器。凡是精神信息可以传播到的地方，都可以成为认知空间较量的战场。在冷战期间，美国对苏联实施了潜移默化的认知空间攻击，国家、民族、政治等概念的含义遭到肢解或颠覆，人民的思想意识逐渐陷入混乱境地，原本高尚、伟大、光荣的民族英雄和历史记忆，在美国的意识操控下最终被解构或颠覆。比如对斯大林的全盘否定、夸大肃反的灾难性后果，以及对列宁雕塑、铜像的粗暴处理等。当苏联即将解体，被引向毁灭的边缘时，许多人才突然意识到，认知空间思想攻击对一个国家产生的毁灭性后果。正如美国学者塞缪尔·亨廷顿所言：“对一个传统社会的稳定来说，构成主要威胁的，并非来自外国军队的侵略，而是来自外国观念的侵入，印刷品比军队和坦克推进得更快、更深入。”

二是信息攻防的可操控性。认知空间攻防对抗本质上是精神信息战，其武器弹药是精神信息。精神信息的生产和传播必须服务于特定的目的，在微观层次上满足人的精神需要，在宏观层次上服务于特定的意识形态。因此，精神信息的选择和加工是具有倾向性的。一方面，精神信息的载体是符号或概念，任何一个符号或概念都有“能指”与“所指”两个基本属性，不同民族、阅历、知识背景及特殊动机的人，对同一个概念，往往很难在心中对同一个概念的“所指”达成共识。这样，人们对同一精神信息就可能会产生不同的理解，从而为他人进行“意识操控”提供了可能。比如，在美苏冷战期间，诸如“左派”“民主”“垄断”“原始积累”等概念，都受到了人为的操控。作为概念的符号本身没有改变，人们仍用原有的概念符号进行思维，但概念的内涵发生了改变，最终导致了思想的混乱。另一方面，精神信息在传播扩散的过程中，由于接受者的阅历不同而产生不同的理解，而且在进行二次、三次传播的过程中，人们还会加入自己的理解，进行再次合成与制作，谎言也可能会变成真理。信息网络时代，每个个体都是信息源，从理论上说，任何个体或者群体都可以在瞬间让世界其他地区了解其传播的信息，信息对大众心理的引导和操纵方式发生了质和量的变化。

三是战略对抗的持久性。认知空间攻防对抗的目的是通过渗透、影响、形塑社会大众与国家精英的心理，特别是其认知、情感、意识、态度，最终达到操控一个民族和国家的价值观念、民族精神、意识形态、文化传统、历史信仰等，促使其放弃自己探索出的理论认识、社会制度和发展道路，走向万劫不复的深渊和自我毁灭的彼岸。显然，在这个特殊的国家安全空间，渗透与反渗、影响与反影响、形塑与反形塑、宣传与反宣传、控制与反控制、演变与反演变的激烈争夺，跨越了平时与战时的界限，成为比自然空间对抗更为激烈、更为神秘、更为持久的战略行动。比如，二战后，以美国为首的西方国家对社会主义国家进行的“和平演变”战略就一刻也没有停止过。在苏联解体前，西方用来对付社会主义国家的电台就有“美国之音”“自由欧洲电台”“自由电台”“BBC 电台”“德意志电波电台”以及日本的“NHK 电台”等。其中，仅“美国之音”，每天就使用几十种语言，每周播音 900 多小时全天候地对社会主义国家开展意识形态渗透。现在，虽然冷战已经结束，但以美国为首的西方国家冷战思维依然存在，他们借助互联网等现代传播手段，每天发往世界各地的信息不计其数，许许多多打上美国烙印的信息也随之飞往世界各地，以极强的渗透性“吞噬”着各国的传统文化，冲击着人们的价值观念，影响着人们的思维方式。正如邓小平所说：“一个冷战结束了，另外两个冷战又已经开始，一个是针对南方的、第三世界的，另一个是针对社会主义的。”[1]

随着信息技术、生物技术、材料技术等多学科技术的迅猛发展，以大脑为载体，以认知空间为作战空间的新的战争形式正在悄然打响。争夺“制脑权”已成为世界各军事强国相互竞争的新的战略制高点，感知操控、认知欺骗、精神控制等成为重要作战样式和手段，制胜机理也由原来攻城略地、歼灭敌有生力量，转变到注重心理和精神的征服。

感知操控。“感知控制以各种方式将示真、作战安全、隐蔽和欺骗以及心理作战结合到一起”，通过利用印刷品、广播、电视、新媒体及社交网络等手段，将某些加工过的认知信息注入人们的认知空间，对其意志、意识和行为施加影响，从而达到“不战而屈人之兵”的目的。[2] 阿尔文·托夫勒在《战争与反战争》一书中，将感知操纵的工具归纳为六个方面：一是“对暴行的控诉”，包括谴责真实和虚假的暴行，如关于伊拉克军队将科威特的婴儿从早产儿保育器中扔出去的事件。二是“夸大一次战役或一场战争的利害关系”。老布什就把“海湾战争描绘成一场为了更加美好的世界新秩序而进行的战争”。三是“把敌人妖魔化或非人化”。当老布什把萨达姆说成“希特勒”时，萨达姆也在把美国叫作“伟大的撒旦”。四是“两极化”，也就是说，如果你不支持我们，你就是反对我们。五是“宣

1　《邓小平文选》（第三卷），北京：人民出版社，2001 年，第 344 页。

2　［美］罗杰·C. 莫兰德、彼得·威尔逊等：《方兴未艾的战略信息战》，中国国防科技信息中心译，北京：国际文化出版公司、北方妇女儿童出版社，2001 年，第 192 页。

称遵从神的旨意”。如老布什呼唤上帝对他的支持。六是“超宣传——足以诋毁对方宣传的宣传”[1]，就是通过自己的宣传，使对手的宣传失信于人。冷战期间，美国对苏联实施潜移默化的认知空间攻击。如今，以美国为首的西方国家把在苏联解体过程中使用过的感知操控技巧又移植到新媒体中，具有很大的欺骗性、蛊惑性、煽动性。

“强脑”技术。人类的认知能力同大脑特定脑区密切相关。随着现代脑科学技术的进步，人们不再局限于利用一些自然的方法来循序渐进式地提高自身的能力，而是通过声、光、电、磁等物理手段及生物与化学方式对大脑的特定区域实施刺激，促进和增强大脑的感知力、注意力、警觉力、记忆力和判断力等，从而达到提升人脑机能，保持军事活动高效的目的。比如，用光遗传学技术刺激海马神经元，可以控制正负面情绪与场景记忆间关联，实现对记忆的擦除、改写或恢复，有望发展出操控、治愈恐惧和创伤后心理混乱等新手段。美国俄亥俄州赖特-帕特森空军基地空军研究实验室进行了一项实验，用低水平的电击可以让士兵保持 30 个小时不睡觉却头脑清醒，能够大大提高作战效能。认知空间作战既是作战人员特别是指挥人员的智慧、谋略、经验、能力等方面的博弈，也是参战官兵素质能力、战斗精神、作战经验、战场态势感知等方面的较量。作战人员的这些素质和能力往往取决于人脑的机能。近年来，美军开始关注如何增强士兵大脑机能，努力打造更加聪明、无畏的“超级士兵”。

精神控制。利用多种技术手段直接对作战对象的大脑活动进行干扰甚至控制，在不知不觉或出其不意中达到“控脑”的目的。相比传统的作战武器，控脑武器可以直接干扰或控制敌方的大脑，造成其心理损伤、意识混乱，甚至产生幻觉，最终促使敌方在不知不觉中做出违背己方利益的行动，如放下武器、投降或自杀。早在 20 世纪 50 年代，苏联就已秘密开

1 ［美］阿尔文·托夫勒：《战争与反战争》，严丽川译，北京：中信出版社，2007 年，第 140—141 页。

始远程控制人的精神方面的研究。美国国防部和中情局也实施了一项庞大的精神控制研究计划“心理操控术”，其中包括149个项目，比如，催眠法、电休克疗法、声波射线干扰法以及大脑化学干扰法等。控脑技术还可以实现思维意识可控化。2012年，英国皇家学会发布的《神经科学：冲突与安全》报告认为，认知神经科学（含脑科学）具有武器化应用的潜力，可以研制出直接作用于神经系统（主要是大脑）的新型武器。美国国防部《2013—2017年国防科技发展计划》提出，认知神经科学（含脑科学）的颠覆性应用前景是实施思维干扰与控制的神经生物战。美国《华盛顿邮报》还披露过，美军在伊拉克战争中使用过控脑武器。目前，美军正在研发意识干扰武器、幻视武器、幻听武器等。比如，2015年，加州大学洛杉矶分校发现，使用经颅磁刺激技术，精确刺激大脑局部神经，受试者不再继续相信上帝的比率增加32.8%，宽容移民的比例增加28.5%，从而影响人的意识行为。

由此可见，随着生物科技的发展，将使认识脑、利用脑、控制脑成为可能。脑控、控脑技术的重大突破，将使作战领域由物理域、信息域向认知域拓展，人脑将成为“巅峰战场”，催生认知空间的“制脑权”。

五、时间消灭空间

“时间消灭空间”是马克思对资本流通规律的重要论断。在马克思看来，资本在利润与竞争的驱动下不断破除各种自然的、历史的、文化与伦理道德的界限，力求攻克空间障碍、实现资本快速流通的诉求与趋势。“资本一方面要力求摧毁交往即交换的一切地方限制，征服整个地球作为它的市场，另一方面，它又力求用时间去消灭空间，就是说，把商品从一个地方转移到另一个地方所花费的时间缩减到最低限度。”[1]“时间消灭

1　《马克思恩格斯文集》（第8卷），北京：人民出版社，2009年，第169页。

空间”所揭示的资本流通规律的背后是现代交往手段发展的一般规律，为一切交往手段所共有，“资本按其本性来说，力求超越一切空间界限。因此，创造交换的物质条件——交往运输手段——对资本来说是极其必要的。”[1]交往手段的革新通过克服空间障碍来赢得时间，以使人的主体性得以展现。战争作为特殊的交往形式，是以一定的时空为基础、“空间占据”为目的的有组织暴力行为，其交往手段——军事技术的发展也同样遵循这一定律。战争领域“时间消灭空间”的本质是军事技术的意向性不断拓展时空范围，并将更多的空间形式纳入作战体系的过程。军事技术的暴力意向驱动着它不断破除空间的障碍，不断致力于发展信息、能量的传递条件以减少时间。军事技术的革新并不在于用怎样的速度传递怎样的能量形式。恰如海德格尔所言：“技术的本性不是技术性的。”军事技术的发展趋势正是在于借助“暴力”意向的传递，通过改变时间来占据空间，进而建构起新的权力形式。任何历史时期的战争，交战双方的行为都可以视作是如何在最短的时间里占据最多的空间，消灭敌人即是如何使对手在具象空间上消亡，其最高目标是实现“发现即摧毁”。迫使敌方意志屈服即是如何使对手在抽象空间上消亡，其最高目标是实现“不战而屈人之兵”。

发现与摧毁之间，究竟要克服怎样的时空障碍？大卫抛出的石头，希腊人的标枪，马其顿的抛石机，中国的诸葛弩，英格兰的长弓，来复枪的子弹，加农炮的弹头，潜艇的鱼雷，轰炸机的炸弹，要投射多少才能摧毁目标？据统计，二战期间，传统远程武器命中率低于10%，换言之，90%放了空炮。从发现目标到摧毁目标，中间存在一道难以逾越的鸿沟。自战争产生以来，这道鸿沟始终制约着战略、战役、战术的设计安排，潜移默化地影响军事理论、后勤支援以及战争本身。机械化战争时代的军事家们意识到，要弥补精确度不足，就必须倾泻更多弹药，以确保摧毁目标，于是就有了所谓的“火力覆盖”“地毯式轰炸”“饱和攻击”等。然而，就

---

1 《马克思恩格斯全集》（第46卷下），北京：人民出版社，1980年，第16页。

在二战即将结束之际，德国发明 V-1 飞弹，叩开了远程打击的大门。这无疑具有划时代的历史意义，为人类跨越发现到摧毁之间的鸿沟，实现时间消灭空间标示了方向。1972 年 4 月，美军出动 12 架 F4 战斗机，搭载重达 2000 磅的光电制导炸弹，成功摧毁了这座历经八年地毯式轰炸仍然屹立不倒的清化大桥，意味着在发现与摧毁之间的精确度障碍逐渐消弭。

越战之后，美军不断探索“发现即摧毁”的新模式。从 20 世纪 70 年代开始，美国陆海空三军联合研制了新一代 GPS 卫星导航定位系统，为美军及其盟友提供全天候、全方位、实时的定位、导航、服务、通讯、情报以及监测服务。20 世纪 80 年代，F-117A 隐身战斗轰炸机和战斧巡航导弹装备部队，标志着美军拥有了可以躲避防空雷达、深入敌国腹地的作战平台，以及从敌防御火力圈外投射的纵深打击武器“战斧”式巡航导弹。在海湾战争中，由于精确制导武器的广泛应用，人们惊呼，发现与摧毁之间的障碍已不复存在。海湾战争后，美国不断致力于压缩发现—摧毁之间的打击链环路，在 2011 年利比亚战争中，美军从发现到摧毁的时间从海湾战争中的 100 分钟压缩到 5 分钟。2015 年，美军基于全新的分布式“云杀伤链”概念，从对战场目标的高效管控、目标数据的实时处理与分发共享，实现了对超视距目标的先敌发现、先敌攻击、先敌摧毁，将发现—摧毁的时间压缩到 2 分钟以内。

激光武器、高超声速武器等新概念武器的发展，将从根本上改变传统的战争时空观念，使“压缩时空”成为未来战争新的游戏规则。激光武器具有“零飞行”时间，打击精度高，可同时打击多个目标且拥有无限量“弹药”等特点，在防空、反导、反舰、反卫、精确打击等方面具有广泛的应用前景。近年来，随着高能化学激光器、固体激光器以及激光跟瞄等技术的突破，激光武器实用化步伐不断加快，技术上正向高功率、高光质量、高效率、小型化方向发展，应用上正向陆基、空基、海基及天基方向发展，“光影战争”将可能成为继机械能和化学能制胜后新的制胜能量形式。高超声速武器具有飞行速度快、巡航高度高、突防能力强、杀伤威力大等特点，可对敌纵深目标、关键节点等高价值时敏目标进行快速精确打击。美国空军前首席科学家马克·路易斯认为："21 世纪的美国军事霸权，将不再体现为隐身技术，而是高超声速技术，前者是建立在敌人不知道你在哪里，就无法阻止你的逻辑上，而后者则是非常直白的'速度威慑'，对手即便发现你，也因追不上而无从防御。"[1]美国一直认为自己是高声速技术领域的领先者，近年来开始大幅度提高用于研发高超声速武器的预算，并加速系统研发高超声速武器。俄罗斯将研制和部署高超声速武器列为重大优先军事选项，2019 年 12 月，"先锋"高超音速导弹正式服役，同时还在研制"匕首"高超声速巡航导弹和"锆石"高超声速反舰巡航导弹。有矛必有盾，美俄在加紧研发高超声速武器的同时，也在紧锣密鼓地研发反高声速武器，以应对即将面临的高超声速武器威胁。尽管高超声速武器在应用方面尚处于初级阶段，但随着高超声武器技术的不断成熟与完善，作为一种颠覆性技术，一旦投入使用，将改变未来战争的打击速度和打击范围，打破常规的攻守平衡，"速度制胜"将成为新的战场制胜模式。

然而，这并不意味着"发现即摧毁"完全实现。"9·11"事件之后，美军在阿富汗战场上遭遇新对手，海湾战争中确立的"发现—摧毁"模式，在反恐战争中遭遇新的困境。一是识别困境。信息化武器装备提升了打击和摧毁的精确性。然而，发现和定位目标的能力并没有同步增长，识别技术尚不足以应对所有挑战。伴随着适配性和响应性干扰、吸波材料、低成本自动诱饵以及量子加密等隐藏技术的蓬勃发展，信息化条件下"首先观察，首先攻击和首先摧毁"的作战样式受到严峻挑战。如果打击目标藏匿于崇山峻岭、山石崎岖、洞穴密布的自然环境中，或混迹于民用目标和平民之中，就难以被发现并摧毁。二是时间瓶颈。"兵之情主速"。速度是决定战争胜负的重要因素。精确制导武器只是从空间上解决了"发

1 《高新技术重塑未来战争》，《光明日报》，2016 年 4 月 20 日。

现—摧毁”问题，而没有真正突破时间障碍。现代战争和战场环境的显著特点之一就是高度机动性，难以在一个飘忽不定、变幻莫测、瞬间即逝的战场环境中迅速发现、跟踪、锁定目标并实时摧毁。同时，由于战争法和战争伦理的约束，对打击对象的附带伤害、预期效果、人员伤亡等风险评估过程，也会影响摧毁的时效性。

发现和摧毁是一对矛盾的统一体。有发现就有隐蔽，有摧毁就有反摧毁。伴随着军事技术的发展，发现与摧毁呈现出此消彼长的矛盾运动规律。在信息化战争条件下，坦克、航母、隐形轰炸机、导弹发射车等作战平台都是机械化战争时代的产物，难以克服“识别困境”与“时间瓶颈”。于是美军提出发展侦察 / 打击一体化（察打一体）的无人机，这是一种高效费比、攻防兼备的全新概念武器平台。2002 年 11 月 9 日，在阿富汗荒凉的山地间，一架美军“捕食者”无人机发射“地狱火”导弹，炸毁了包括阿布·哈里斯在内的六个“基地”恐怖分子，这是人类战争史上无人机首次成功实施“斩首”行动。2020 年 1 月 3 日凌晨，美军依靠 MQ-9“收割者”无人机击毙伊朗“圣城旅”指挥官苏莱曼尼，表明人类战争的作战进程真正进入“秒杀”时代，在侦察探测方面实现了“感知即定位”，在火力打击方面做到了“发现即摧毁”。现代战争依托强大的网络信息系统，使用力量精干的小型化作战平台，特别是利用无人化平台执行作战任务，从而将一种新型的“发现—摧毁”作战模式展现到世人面前。

（1）发现无死角

平台、传感器与通信技术的发展，极大提升了复杂战场环境下的识别能力，使得侦察更全面、情报更准确、态势更实时，为实施战争提供了有力的信息支援。现代战争条件下的作战平台，特别是以无人侦察平台为主体的微型化作战力量，具备全域存在的覆盖能力，能够进入传统大型作战平台难以介入的“真空地带”，比如高度危险、地形复杂、环境恶劣的高原沙漠地区，执行复杂艰巨的侦察任务。随着无人作战平台技术的持续进步，微型化作战力量不仅在陆地、空中、海洋执行侦察，还将在临近空间、水下、极地等全球共域展开探测侦察，侦察行动的空间范围广泛渗透至世界每个角落，战争情报的搜集必然会突破现有的时空规则，实现全球、全域、多维部署。大数据挖掘技术将发现、分析、确认目标身份的维度，从自然空间拓展到网电空间。利用大数据分析工具，建立国际恐怖分子社交账号数据库，通过关联分析、聚类分析、分类分析、异常分析、特异群组分析和演变分析，创建恐怖分子网络活动特征的认知数据库。同时，勾勒出恐怖分子在现实社会的活动轨迹，为锁定和追捕恐怖犯罪嫌疑人提供大数据支持。目前，美军已经在反恐作战中成功应用这一模式。2015 年 6 月 8 日，美国空军空战司令部司令霍克·卡莱尔证实，美军情报机构依据一个“伊斯兰国”武装分子在推特上的自拍照，成功锁定并用导弹摧毁了该组织的一个总部大楼。

（2）链接无障碍

现代战争是体系与体系的对抗。战场态势瞬息万变，作战进程加快、交战时间缩短。军事行动要求自身观察（Observation）、判断（Orientation）、决策（Decision）、行动（Action）各个环节都能够尽可能高效快速，大幅压缩各个环节的时间，形成从观察到行动的快速反应能力。如何构建一个快捷、高效、无障碍的“观察—判断—决策—行动”（OODA）作战链路，全面提升战场态势感知、判断决策、指挥控制、系统响应和武器打击的灵敏性，将越来越成为未来体系作战的关键。在网络信息技术和智能技术赋能下，OODA 各环节都将提速，并推动整个环路整体提速，主要体现在四个方面：一是感知增效。全球布局、全域布控的无人侦察网络，将陆、海、空、天、电、网、核等多维空间传感器快速虚拟化协同组网、自组织动态调度、完成多源异构情报自动挖掘、情报自动生成并按需推送，整体提升战场感知力。二是判断提速。智能系统根据战场获取的数据进行学习训练，不断提升判断的准确性和速度，实现自主处理情报、自主融合态势、自主形成判断、自主制订预案，理想状态下，这些步骤基本上能够瞬时完成。例如，美军规划 20 分钟的空中作战行动，以前需要 40—50 人花费 12 小时完成，且必须在任务开始前 24 小时完成。现在依托军事智能支撑的“自动规划系统”，只需 1 小时便可完成作战任务规划。三是决策迅捷。将由单纯人脑决策发展为人机混合决策，智能决策辅助系统能够在海量数据和不完整信息中，为指挥员提供可选方案和最优选择，并给出支撑性解释数据。此外，指挥部一些较低层次的工作可由智能系统自动完成，将指挥员从事务性工作中彻底解放出来，专注于最关键的思考和决策。四是行动高效。可充分发挥智能化作战系统自适应自协调自组织优势，以极高的交互协同效率和机动速度，在多维多域同步展开行动，并且与高超声速武器、激光武器、高能微波武器等的高速高效叠加放大，使传统的作战过程压缩成短促一击。

（3）摧毁无限制

追本溯源，现代战争在摧毁端面临的“时间瓶颈”，本质上是由于“人在回路”中。人是武器平台的操控者和决策者，随着武器装备性能的快速增长，作战人员的生理和心理指标难以与之匹配。现代战争条件下的“定点清除”“平台无人、系统有人”的无人化特征，使作战人员逐渐由战争前端后移，依靠无人自主系统和计算机辅助决策工具，弥补作战人员体能与智能的不足，突破摧毁端的时间瓶颈。比如，“捕食者”为代表的无人作战平台，依靠无人 / 自主系统协助无人机操控员快速处理海量信息，可以在流动、混杂和不断变化的环境中，自动进行识别、锁定目标，进而确立先发制人的打击策略，缩短锁定目标的时间，加速推动“OODA”循环过程，实现“发现即摧毁”的作战。同时，无人作战还是一种“无风险、零伤亡”的作战方式。目前，美军在阿富汗、巴基斯坦、也门等地推行极富争议的“特征”攻击，在未经确认身份和风险评估的情况下，对战区范围以外、具有与恐怖行动相匹配的标识或特征的目标实施“定点清除”，从而极大提升了摧毁效率。正如迈克尔·黑斯廷斯所说："通过无人机执行遥控任务……五角大楼和中央情报局现在不必向地面派出一兵一卒，就可以实施军事打击或暗杀，也不用担心阵亡美军士兵运回国内而引发的舆论反弹。无人机的迫近性和隐秘性，使得国家领导人能够比以前更方便地发挥美国的军事力量，也使得这些秘密攻击的后果比以前更难评估。"[1]

以无人机"斩首"为代表的现代战争打击方式，克服了发现到摧毁之间的制约因素，使得"发现即摧毁"的战争理念在物理层面趋于完善。然而，这并不意味着横亘在发现与摧毁之间的所有问题都得到了解决。相反，无人机攻击的特殊环境，可能引发心理层面的发现与摧毁困境。传统的飞行驾驶是性命攸关的事业，而无人机独特的远程遥控模式，使操控者得以用娱乐的心境驾驭飞行，他们往往沉浸在游戏环境中难以自拔，导致与现实飞行场景的疏离感。这种疏离感可能会逐渐演化成精神上的割裂，其结果是抑制了他们对于非法行为的愧疚感。对于以无人机执行反恐作战的美军士兵而言，他们完全听不到战场声音，也嗅不到战场的气味。正如联合国官方报告所指出的，他们对于无人机的控制"通过计算机屏幕反馈来实施，因此存在以游戏心态来看待杀人的风险"[2]。一旦无人机操控者以游戏的心态对待战争，势必影响发现目标的准确性和摧毁目标的意义。

1　Michael Hastings. "The Rise of the Killer Drones: How America Goes to War in Secret". Rolling Stone, 16 April 2012. http://www.rolling.com/politics/news/the-rise-of-the-killer-drones-how-america-goes-to-war-in-secret-20120416#ixzz22VDkfR00.

2　Philip Alston. Study on Targeted Killings. A/HRC/14/24/ADD.6. New York: United Nations. General Assembly, 28 May 2010: 25.

第四章 控制

战争，就像一头脾气暴虐、桀骜不驯的怪兽。如何驯服并驾驭这头怪兽，实现可控战争，这是古今中外军事家们孜孜以求的目标。早在两千多年前，孙子就提出一系列战争控制思想："安国全军"，强调从国家安全战略的全局控制战争；"暴师勿久"，强调从时间上对战争进行控制；"慎计审算"，强调战争决策过程中的计算与控制；"非危不战"，强调对战争频率的控制；"制怒修功"，强调参战将领主观情绪的控制；"不战而屈人之兵""全争天下"，是战争控制所追求的最高境界。由于战争具有对抗性、复杂性、不确定性、不可重复性等特点，决定了对其进行控制是极其困难的。历史上虽然不乏控制战争的努力，但因历史条件未发育成熟，因而战争控制最终只不过是一种良好愿望。即使到20世纪中叶后，美国这个超级大国曾自恃武备先进，轻率地出兵朝鲜、越南，也都落得个惨败的下场。随着人类社会进步和大规模杀伤性武器的出现，暴力的使用受到了诸多方面的限制，世界各国的领导者们逐渐意识到，战争暴力已不是解决国际争端的唯一手段，人们开始寻找一种既能使对方屈服达到己方目的，又不冒或少冒战争风险的战略手段——控制。

一、"绝对胜利"的式微

一部人类文明史，同时也是一部战争史。自原始社会末期以来，战争从未在人类生活中长久地停顿过。在公元前3200年至今的5000多年历史中，绝大多数时期都是战火丛生，和平年代只有区区329年。自有文字记载的人类第一次战争至今，全世界爆发战争1.45万次，共有70多亿人死亡。单单20世纪，全世界就发生战争373次。正如富勒所说："从人类的最早记录起，到现在的时代为止，战争都一直是他们生活中的支配现象。在人类历史中没有一个时代，是会完全没有战争，很少有一代人以上是不经过大型战乱的。大战几乎和潮汐一样，具有规则的起落。"[1] 回眸那些闪烁着永恒智慧光芒的军事学名著，如《伯罗奔尼撒战争史》《论军事》《战争论》《战争艺术概论》《海权论》《制空权》《空中国防论》《装甲战》《绝对武器：原子武力与世界秩序》《总体战》等，我们也能够感受到驱动人类战争进化的强大暴力逻辑。

人类战争从冷兵器战争、热兵器战争，一直进化到第二次世界大战的机械化战争阶段，都未能挣脱"暴力制胜"的魔咒。除少数例外，迄今为止的战争就其军事形态而言，都是绝对战争，并且暴力的使用是没有限度的。追求"绝对的胜利"和"无限的暴力"，是绝对战争的两个最基本的特征。在绝对战争中，战争被视为一种"绝对权利"，交战双方总是力图把现有作战手段的效能发挥到极致，尽其所能最大程度上消灭敌人、攻城略地、掠夺财富。即使军事技术落后于对手的情况下，对"绝对的胜利"的追求往往把战争烈度推向令人惊骇的程度；即使发动战争时想控制战争的规模，但战争的目的也往往导致手段失去控制而沿着历史惯性走上绝对战争的轨道。古希腊亚历山大大帝凭借"赛力杀"长矛和马其顿方阵，消灭波斯帝国，远征小亚细亚、腓尼基、叙利亚、阿拉伯、埃及和印度，建立了横跨欧、亚、非三洲的大帝国。在历时近两百年的十字军东征运动中，罗马天主教会动员200万之众，以"解放"圣城耶路撒冷为名义，给地中海沿岸国家的人民带来了深重灾难。成吉思汗率领蒙古铁骑兵，借助火炮、火药箭、抛石机等兵器，远征足迹抵达东欧的黑海之滨，建立了世

1　靳清、贾全星：《基于战争视角的"李约瑟之谜"的一个新解释》，《中国经济问题》，2014年第2期。

界上规模空前的宏伟帝国。

20 世纪的两次世界大战则把绝对战争推向了顶峰。第一次世界大战中有 30 多个国家，15 亿人口卷入战争，伤亡人员 3000 万，造成严重经济损失，给人类带来空前的浩劫。第二次世界大战先后有 61 个国家参战，参战军队达 1.1 亿余人，死亡 1690 余万人，平民死亡 3430 余万人，战争制造的“人间悲剧”“永久创伤”，比比皆是，骇人听闻。二战后，以美国为首的西方国家接连陷入朝鲜战争、越南战争的泥潭，尤其是越南战争的失败，也是这种以“绝对胜利”为核心的传统战争胜负观的必然结果。如在历时 11 年的越南战争中，美国几乎打赢了每场战斗，然而却输掉了整个战争。美国著名战略思想家柯林斯在《大战略》中指出：“孙子说：‘上兵伐谋。’……美国忽视了孙子的这一英明忠告，愚蠢地投入了战斗。我们过高地估计了己方的能力，过低地估计了敌人的能力。我们热衷于使用武装力量，其结果很快产生了一个不起决定性作用的目标：战场上的军事胜利。”[1]

20 世纪是人类历史上最具转折意义的世纪，既把绝对战争推向了顶点，也孕育了绝对战争走向终结的历史条件。随着人类文明和社会的进步、全球经济一体化、战略格局多极化以及新军事变革的不断推进，“绝对战争”难以为继，现代战争的制胜机理已经发生了新的变化。究其原因，主要是以下三个方面：

一是战争手段对目的的僭越。战争手段的巨大破坏性制约了战争目的与手段的无限性。如果说农业时代的战争手段落后于目的，工业时代的战争手段与目的大体匹配，那么在工业时代后期以及进入信息时代，战争手段逐步超出战争目的的要求，甚至走向战争目的的反面。20 世纪人类既创造了无可比拟的巨大社会财富，但同时也创造了足以在瞬间将这些财富

1　［美］约翰·柯林斯：《大战略》，中国人民解放军军事科学院译，北京：军事科学出版社，1978 年，第 457 页。

化为灰烬的战争手段。核武器的出现使武器的毁伤力达到了极限，其恐怖的威力使人们认识到，在拥有核武器的大国之间如果爆发战争将使所谓的“胜利者”和“失败者”都同归于尽。推行“边缘政策”，挥舞核大棒，最终难免玩火自焚，并拉上全人类殉葬。由此可见，现代作战手段的发展打破了人类进攻与防御武器循环发展的规律，形成了战争目的与手段的悖论。现代战争手段的无限扩张不但不能实现战争目的，而且使战争的所有参与者都面临同归于尽的厄运。

二是当今世界军事和政治的联系更加紧密，战略层面上的相关性和整体性日益增强，政治因素对战争的影响和制约愈发突出，这使得实现对战争的控制成为时代要求。哈特指出：“在整个人类历史长河中，战争的结果很少是有效的，除非采取间接行动，出其不意地抓住敌人。间接行动既有物理的，也有心理的行动；第一种是普遍的，第二种是永恒的。在战略中，最长的迂回路线常常是达成目标的最短路线。”[1]的确，在人类以往的战争较量中，通过摧毁其力量并占领其领土使对方屈服，而在未来的大国博弈中，作战行动的首要目标已不再是粉碎敌人的武装力量以及最后占领其领土，而是转向综合采取间接行动和非军事手段，配合政治、经济、信息、文化及其他一切措施，以剥夺敌人的抵抗意志并强迫目标国领导人服从胜利者的意志。这些非军事手段的运用，囊括在社会上制造对手的负面形象，瓦解对方经济体系和金融秩序，曝光其作战计划形成威慑，开展公共外交使其陷入孤立，开动宣传工具瓦解其精神文化等多种手段。是否善于运用这种组合攻击战略以“控制”对手，正在成为衡量国家战略能力的标志。

三是科学技术的进步为战争可控提供了可能。在传统的“三论”中，如果说系统论是方法、信息论是手段，那么控制论则是结果。这也是实现

1 ［英］利德尔·哈特：《战略论》，中国人民解放军军事科学院译，北京：战士出版社，1981年，第3页。

战争控制的科学依据。因此，控制论、信息论集中诞生于20世纪中叶，绝非偶然。由此开始，信息感知技术、加工技术、传输技术突飞猛进，掀起了军队信息化建设的全球热潮。精确制导武器、电子战武器、模拟仿真手段及 C^4ISRK 的出现，客观上为可控性战争提供了物质条件，人类终于迎来了战争可控的时代。自海湾战争以来，美军之所以再没有遭遇此前朝鲜战争、越南战争那样的尴尬结局，一个重要原因是美军事先都进行了周密的作战模拟推演，依据现代战争制胜机理，进行战争设计和战争实验。同时，采取间接行动和非军事手段，配合政治、经济、信息、文化及其他一切措施来瓦解对方意志，从而使得战争控制已由理想变成现实。

所谓战争的可控，从其机理来说，具有四个方面的含义：

（1）目的可控

目的可控是最重要和最根本的控制。战争是政治的继续。筹划和指导战争，必须深刻认识战争的政治属性，从政治高度思考战争问题。然而，“负责解决战争问题的人，基本上都是职业军人，因而很自然地出现了一种倾向，即往往忘记了国家的基本目的，而只注意到军事目标。结果，在每一次战争爆发以后，政治目的反而会常常受到军事目标的制约。人们把军事目标当作是最终的目的，而不把它看成是达到政治目的的一种单纯的手段。”[1]战争史上没有哪一场目的失控或目的过大的战争不最后归于惨败。拿破仑兵败滑铁卢，并不是由于他作战指挥艺术的枯竭，而是由于他的战争目的远远超过了他的战争能力。希特勒从他把征服世界作为“奋斗”目标的第一天起，就注定了必然覆灭的厄运。美军入侵伊拉克，由于实战情境的变化而陷入解除当地武装、推翻统治首脑、实现政权更迭等多项政治目标的选择中，致使伊拉克战争的最终结果大大超出美国的预期目标。阿富汗战争中，美军综合分析了国内外形势、恐怖组织的特点以及

1 ［英］利德尔·哈特：《战略论》，中国人民解放军军事科学院译，北京：战士出版社，1981年，第472页。

历次局部战争得失成败的经验教训，将政治目标定位为“摧毁本·拉登恐怖组织，打垮塔利班政权，协助阿各派力量，组建亲美的联合政府”，目的界定明确，可操作性强，从根本上避免了反恐战争的无限扩大。由此可见，政治虽能决定战争的发动，但无法要求战争做到其无法完成的事情。一旦战争无法实现目标，就会导致原本的政治目标因实战因素而一改再改。只有在战争能力与政治诉求相匹配时，战争才能成为政治的依附。

（2）时间可控

“兵贵胜，不贵久。”战争一旦发生，应尽可能控制战争进程，尽快结束战争，力求速战速决。“兵久而国利者，未之有也。”德国攻打苏联，宣称 3 个月拿下莫斯科，结果打了近 4 年，最后惨败投降。日本侵华时，曾野心勃勃地叫嚣 8 个月征服中国，结果经过中国军民 14 年殊死抗战，以日本投降而告终。现代战争手段的高技术化既对缩短战争时间提出了迫切的要求，同时也为加快战争节奏、缩短战争进程提供了技术上的可能性。现代战争以网络信息体系支撑，作战体系的融合程度和体系反应的灵敏度越来越高，交战主要依据作战目的和对目标打击的需要而安排时间序列，有形空间与无形空间的作战行动同步展开，各种作战行动整体联动、平行而为，交战时间的同步性特征明显，作战节奏加快。高超声速武器、电磁脉冲武器、高能激光武器、高功率微波武器、“脑控”武器、计算机病毒等新概念武器大量运用于战场，“瞬间交战”即可分出胜负，一次战斗行动甚至就可以达成战争目的，从而极大地缩短战争时间。1991 年海湾战争，伊拉克苦心构筑了“萨达姆防线”，多国部队通过 38 天空袭，摧毁了伊军的防空、指挥和后勤补给系统，只用了 4 天地面作战便取得了战争的胜利。1999 年科沃战争，北约凭借空中优势，通过 78 天的空袭，便使南联盟就范。当然，弱国在与强敌的交战中，也有常常以空间换取时间、由被动向主动转化的情况。但在现代战争条件下，弱小的一方如果无限延长战争进程，必然会导致国力的过大消耗，从根本上来说也是不利的。

（3）目标可控

对作战目标进行精准打击历来是人们战争实践的目标之一。正是这种对“精准”的不断追求，推动了军事技术和武器装备的不断发展。传统战争中，目标定位、火力打击的精度低、打击效果主要由火力大小决定。精度高、射程远的线膛武器诞生后，仅用几十年的时间就淘汰了滑膛兵器，并直接导致了散兵战的出现。随着电子技术的发展，高性能的毫米波制导系统、红外探测器以及人工智能计算机的采用，信息化武器装备大量运用于战场。这些信息化武器装备对打击目标具有很强的搜索、认知、辨析能力以及灵敏的反应能力，可以完全依靠弹上的制导系统独立自主地捕捉、跟踪和击中目标，“发射后不用管”，并且能实现百发百中，命中精度可以达到米级以内。从而使攻击方式从传统的“地毯”式轰炸模式中走出来，使打击目标从混沌到有序，命中目标从“饱和”到“点穴”。在海湾战争中，美国空军在 100 公里外向伊拉克的一个水电站发射了两枚“斯拉姆”空对地导弹，结果是两枚导弹先后从同一个洞穿入发电厂，彻底摧毁了目标。在北约对南联盟的空袭中，所使用的武器，有 98% 是精确制导武器。在车臣战争中，俄罗斯空军“苏–24”轰炸机在距目标 40 公里的地方发射的两枚“KH-25”反辐射导弹，直接将杜达耶夫击毙。精确打击武器不仅实现了发现即发射、发射即命中、命中即摧毁，而且在攻击目标时的附带杀伤破坏比率明显降低。严格区分居民和战斗员是战争法的基本原则。如果战争不可避免，精确打击武器就可以将军用目标与民用目标进行区分，实施选择性杀伤有限目标。

（4）规模可控

现代战争的高消耗带来的高投入和高风险制约了战争规模与战争强度。恩格斯在批评 19 世纪的军备竞赛时说：“现代的军舰不但是现代大工业的产物，而且同时还是现代大工业的缩影，是一个浮在水面上的工厂——的确，主要是浪费大量金钱的工厂。”[1]现代战争既是打钢铁、打硅片，更是一场扔钞票竞赛。现代武器装备性能的算术级数的升级，是以成本呈指数增加为代价的。海湾战争中，以美国为首的多国部队，耗费640多亿美元，比一个中等发展中国家全年国民生产总值还要高。其中“沙漠风暴”43天消耗470亿美元，平均每天消耗11.2亿美元，这还不包括参战的伊拉克及英法和有关中东国家军队所耗费用。据测算，美国原在欧洲的驻军如果打持续一年的常规高技术战争，计划耗资将达15000亿美元，比第二次世界大战的消耗总额还高出3000亿美元。这样的战争实际上已成了贵族式的决斗，即使军事上打赢了，经济上却破产了，这种严酷的战争效费比是任何人都不能不考虑的。因此，在战争政治目的制约下，应尽可能将作战战场限制在有限范围内，减少战火蔓延对国际社会和平与稳定的消极影响，在战争状态下保持全局的相对稳定，防止局部冲突与战争造成全局的震荡。因此，绝对战争向可控性战争的转变不是偶然的，而是当代世界政治经济发展对战争的必然要求。

二、“工业技术和平主义”梦幻

战争与和平，是阶级社会产生以来人类始终面对的一对矛盾。面对战争给人类带来的惨烈后果，人类一次又一次地反思战争与和平的真谛。千百年来，人类都梦想着持久和平，但战争始终像一个幽灵一样伴随着人类发展历程。战争，作为解决人类社会集团利益冲突的最高手段，在人类发展的萌芽时期，是不受任何约束控制的，正如动物间的争斗不受任何约束一样。对战争行为的掣肘是人类文明进化的结果。鉴于战争的残酷性，人类出于道义原因，首先对战争的手段进行限制。公元1139年，教皇因诺森特二世就禁止对基督徒使用十字弓。1868年，《圣彼得堡宣言》明

1 《马克思恩格斯文集》（第9卷），北京：人民出版社，2009年，第180页。

确规定："作战的目的在于削弱敌人之军事威力，即使敌方军队失去其战斗能力。故使用使交战者过分痛苦而死亡的武器，实为超越此目的之范围。""战争之行动应服从人道之原则，故需限制技术使用之范围。"1899年和1907年的海牙公约附件第22条也明文规定：关于用以伤害敌人的手段，各交战国家的权利并不是没有限制的。1977年的日内瓦第一附加议定书，更把这项内容列为"作为战争手段和方法"的第一项基本原则。公约中禁止的作战手段和方法之一，就是"禁止使用极度残酷的武器"。

但是，战争作为解决集团冲突的最高手段和形式，毕竟也是最后的唯一选择。因此，在人类的实际军事斗争中，军队用以遂行战争的手段在原则上都是无限制的，即不必顾忌对方的被破坏程度和所能忍受的程度，所谓无所不用其极，乃是关于军队在战争手段选择上的最真实写照，用波普尔的话说："伟大的目的可以不择手段。"[1]这一状况与当时军事技术发展的三个特点密切相关：第一，武器作用距离不远；第二，杀伤威力不大；第三，信息传递迟缓。由于这些特点，以往任何一支军队凭借当时军事技术所能控制的地域都十分有限，因此，为了达成战争的目的，即将一方的意志强加于另一方，有限的战争手段便被无限地加以利用，"暴力的使用是没有限度的"。结果就出现了所谓的工业技术和平主义。工业技术和平主义拒斥宗教和道义的力量，将制止战争的希望完全寄托在军事技术本身的发展上。他们认为，一方面，军事技术的发展是有止境的，它的上限就在于，或者武器的破坏力足以使敌我双方同归于尽，或者某些技术的军事应用将使一切进攻成为不可能；另一方面，敌我双方是战？是和？是积极扩军备战？还是和平友好相处？这些都是服从理性算计的。换而言之，工业技术和平主义深信科学技术能终结战争，认为工业化发展将自行导致战争的彻底消亡。西方不少科学家相信，通过提升武器的破坏力的方法可以

1 ［英］卡尔·波普尔：《无穷的探索：思想自传》，邱仁宗、段娟译，福州：福建人民出版社，1984年，第7页。

达到最终达到消灭战争的目的。门捷列夫认为，武器的完美化和对爆炸品的研究是“达到全面和平最好、最可靠的手段”。巴斯德写道：“这样的一天将会到来：即科学的进展促使毁灭有可能达到极度，以致任何矛盾都成为不可能，此时战争就会自行消灭。”诺贝尔也在1892年写信给友人说：“我的这些工厂或许会在你的会议之前将战争结束；在那一天，双方军队在一瞬间同时相互歼灭对方，所有的文明国家或许会恐惧地退缩并解散他们的军队。”后来，诺贝尔似乎意识到，他发明的武器毁灭性还不够强，“为了弥补这个缺陷，应该使战争不仅对于后方的平民百姓，而且对于前方的军队也成为一桩死亡交易。让临头的危险笼罩在每个人的头上，那么你将会亲眼看到一个奇迹——如果武器是细菌性的，那么一切战争将立即停止。”[1]

工业技术和平主义寄希望于通过武器的巨大破坏力，对有理性的人们产生慑服作用，从而实现和平。这种对待科学技术的态度无疑是十分理想化的，科学家们认为战争手段对目的的抑制作用过于乐观。恩格斯指出，这种工业技术和平主义的思想实际上是一个毫无结果的梦幻，“人数达数百万之众的军队，以及效力空前强大的火器、炮弹和炸药的采用——这一切在全部军事方面造成了完全的变革，这种变革一方面使得除了空前残酷而结局完全无法预料的世界战争以外的任何别种战争都成为不可能。”[2]接踵而至的世界大战证明了恩格斯的预言，第二次世界大战末原子弹的成功爆炸，以及随后导弹技术、通信技术、计算机技术的进步所带来的新军事变革，更加使人们相信，对战争手段的理性限制若不与道义限制相结合，非但不能达成战争目的，反而有可能导致人类自身的毁灭。

如果说在此之前战争手段的发展一直是沿着扩大战争规模、刺激战争爆发的方向发挥作用，那么核武器等手段的出现则标志着战争手段的发展

1　Petervander Dungen. Industrial Society and the End of War. *The History of an Idea*. University of London, Kings College, 1976.

2　《马克思恩格斯军事文集》（第二卷），北京：战士出版社，1981年，第424页。

达到了一个历史的转折点。战争的基本目的是“消灭敌人，保存自己”，而核武器的出现，让“保存自己”变得难上加难。美国核垄断的交椅尚未坐稳，苏联就宣布掌握了核武器。紧接着，核军备竞赛一度成为不可遏制的毒雾。为了谋求核优势，美苏一方面不断增加核武器的数量，另一方面不断进行技术上的更新，而每次数量和技术上的突破很快又被下一轮的竞争所代替。核武器数量与质量的交替升级不断地给双方关系带来新的不稳定因素。到 20 世纪 60 年代初，美苏已拥有核武器 1 万多枚，合计 200 多亿吨 TNT 当量，其威力总量相当于二战中投放到广岛的原子弹的 100 万倍。核武器的破坏力无论从范围上还是时效上都突破了暴力的极限，只要有一丝防御的漏洞，核武器就会造成无法弥补的后果，从而使人类军事活动的发展陷入这样一个困境，即不顾一切地采用最新战争手段与战争目的互克。基辛格指出：“在核时代开始以前，不可设想，一个国家拥有的军事力量在政治上有效地使用是太多了……核时代摧毁了这种传统的衡量办法。一个国家可以强大得足以摧毁它的敌手，但是却不再能保护它自己的人民不受攻击。”[1] 1962 年 10 月爆发的古巴导弹危机，将美苏之间的核对峙推向了顶峰，双方发展到了剑拔弩张的地步，但是核战争所带来的恐怖后果使双方最终都作出了让步，并开始认识到对同时拥有核武器的作战双方而言，任何一方都无法确保自身安全，必须对核军备竞赛进行控制。于是，1969 年，美苏围绕限制战略性武器进行了第一阶段谈判，这是人类历史上第一次自觉意识到，某种武器被用于战场竟然会出现“超杀”。两国先后签署了《美苏限制进攻性战略武器条约》（1979 年）、《美苏中导条约》（1987 年）、《美苏削减战略武器条约》（1991 年）等一系列条约。

在现代战争手段发展所形成的核均势格局下，世界战争形式又被迫回到了常规战争。但即使是常规战争，也与核时代不同，由于受战争直接目

---

1 H. Kissinger. *The White House Years*. London: Weidenfeld & Nicolson, 1979, Vol.l: 92.

的的制约，它必须采取特殊的严格有限的形式，即必须控制在双方都能忍受的程度以内。正如利德尔·哈特所说，侵略者是必须认真算计的，“它们总是企图以自己和获得物的最小损害来取得成功，而被侵略者的反击却会不顾一切后果。”[1]因此，为了避免产生同军事行动的直接目的不相称的后果，有限常规战争便成为20世纪下半叶以来现代战争的普遍样式。战争的基本形态，由过去广阔的地域空间、清晰的边沿阵地、众多的人力物力消耗，以及物理摧毁杀伤，转变为现在多维的领域空间、有限的交战地域、精确的打击毁伤，多种手段的综合运用达到最佳效果，战争的可控性大大增强。

冷战结束后，随着苏联的解体，美国成为唯一的超级大国。美国信奉“技术制胜”思维，把技术优势作为谋求绝对军事优势和全球霸权秩序的基础。海湾战争、科索沃战争以及伊拉克战争，无一不是新军事技术的试验场。经战争检验过的先进武器装备，很快就会成为实现军事战略意图的新手段，同时为战争决策者提供新的思维空间。美国空军少将布莱斯·戴尔在谈到美国的军事优势时说：“现代战争已成为科技战，许多美军潜在的对手并不了解美国在高科技作战方面，以及卫星制导的智能武器的威力。不管是伊拉克，还是美国及其盟国的其他敌手，我都会告诉你们，美军主宰太空科技方面的所有优势，我怜悯自以为能对抗美军的国家。”[2]布莱斯·戴尔的言语透露着对美国军事技术优势的盲目自信。2014年11月7日，美国国防部长查克·哈格尔在“里根国防论坛”上提出了一个投资尖端技术与系统的“国防创新计划”，并把这个倡议称之为美军第三次“抵消战略”，旨在谋求技术优势抵消主要对手的战略优势，掌握军事革命的主动权。这次“抵消战略”将中国作为潜在对手，针对中国强大反介入/区域拒止能力，确保美国利用技术优势在必要的时间和地点保持持续的前

1 L. Freedman. *The Evolution of Nuclear Strategy*. The Macmillan Press, 1981: 42.

2 《高级指挥员更应具备科技头脑》，《解放军报》，2017年4月7日。

沿存在和力量投送。同时，通过传统的联合作战行动来恢复原有的常规威慑战略，更多地强调“拒止式威慑”和“惩戒式威慑”。为推进“抵消战略”，美国国防部制定了技术路线图，相继颁布了《迈向新抵消战略》《长期研究与发展计划》《更佳购买力 3.0 白皮书》《转型路径：国防工业协会采办改革建议》等一系列战略文件，希望吸引私营部门和学术界为武器项目和投资计划注入新思想，激励技术创新，以确保美国作为全球唯一超级大国的技术霸权地位。这既是“技术制胜”思维的现实产物，也是前两次“抵消战略”的历史延续。

但世易时移，第三次“抵消战略”能否实现预期效果，一方面取决于美国自身的国防工业支撑能力、军事科技创新能力和国内外政治经济因素，以及美国潜在对手的军事实力和战略能力等。另一方面，美军在有限局部战争中不得不面对科技无法解决的难题：恐怖主义愈演愈烈、难民问题日益严重、经济恢复乏力等。高技术装备武装的美军并没有给作战国家带来和平，反而加剧了该地区的动荡和紧张。然而，在其他新兴大国科技力量加速发展的态势下，美国处心积虑建立起来的技术优势不断被新兴科技力量的崛起所平衡。“技术制胜”无法医治单边主义和冷战思维在美国战略思维中的顽疾，追求“唯我独尊”为目的的狭隘科技发展只能助推霸权的自我终结。因此，我们要跟上时代前进步伐，就不能身体已进入 21 世纪，而脑袋还停留在过去、停留在殖民扩张的旧时代，停留在冷战思维、零和博弈的老框架内。正如 1940 年 V. 布什所说：“战争中的每一个革新都能被另一个革新所抵消。”[1]

三、拨开战争的迷雾

战争既是科学，也是艺术。战争之所以是科学，是因为具有确定性，

1 石海明、刘一鸣：《范内瓦·布什：奠定美国科技霸权的预言家》，《军事文摘》，2015 年第 19 期。

科学是对确定性的描述；战争之所以是艺术，是因为具有不确定性，艺术是对不确定性的反映。因此，战争是敌对双方物质力量与智力水平的较量，是确定性与不确定性的统一体。自古以来，不确定性便是战争中最为活跃的因素之一，多少胜券在握的战事因为一些不确定因素而功败垂成，多少千钧一发的危局因为一些不确定因素而突现转机。克劳塞维茨认为："战争是充满不确定性的领域。战争中行动所依据的情况有四分之三好像隐藏在迷雾里一样，是或多或少不确定的。"[1]"人类的任何活动都不像战争那样给偶然性这个不速之客留有这样广阔的活动天地，因为没有一种活动像战争这样从各方面和偶然性经常接触。偶然性会增加现实状况的不确定性，并扰乱事件的进程。"克劳塞维茨将战争理解为一个复杂性系统，认为"危险、劳累、信息和阻力，是妨碍一切活动的介质"，是造成战争"迷雾"的主要因素。劳累和危险主要源于人的生理和心理等精神因素，而信息的不确定性和阻力则源于人们认知局限性、信息传递和处理方法手段的限制，以及战术指令执行过程中遇到的各种意外和偶然性。这四种要素并不是孤立地发挥作用，信息的不确定性会带来危险，从而导致更严重的劳累和更大的阻力，进而使战争的"迷雾"最大化，因为"信息是我们对敌人和敌国所了解的全部材料，是我们一切想法和行动的基础"[2]。但是，"由于各种信息和估计的不可靠和偶然性的不断出现，指挥官在战争中会不时发现情况与原来预期的不同，他的计划，或者至少同计划有关的一些设想，会因此受到影响。"[3]

对信息"迷雾"的克服过程同人们认识、指导战争观点的变迁相一致，经历了一个从低级到高级、从经验到科学的过程。在漫长的历史进程中，人类总是在自觉或不自觉地利用着信息，不断改进信息获取、信息传输和信息处理的方式和手段，试图在战争中获得准确的情报或信息来消除

1 Carl von Clausewitz. *Vom Kriege*. Insel, 2005: 30.

2 Carl von Clausewitz. *Vom Kriege*. Insel, 2005: 44.

3 Carl von Clausewitz. *Vom Kriege*. Insel, 2005: 30.

战争“迷雾”。在近代信息技术革命前，信息的获取、识别和处理基本上只能依靠人们自身的感官，信息内容主要依附于图像、文字、声音、烽火、旗语、战鼓等物质载体，一般称之为消息、情报等。虽然人自身的感官十分精巧，但是敏感域、敏感度、分辨力低，获取信息的能力十分有限，同时依附于物质载体的信息存在着形式复杂多样、标准不统一、格式不固定，不便于存储、传输和识别等问题，极大地限制了信息在战争中的作用。《孙子兵法》基于冷兵器时期战场空间有限、信息内容单一、传输过程缓慢的特征，将战场信息的获取寄托在人力情报的作用上，“能以上智为间者，必成大功”。克劳塞维茨基于 18 世纪的有限战争和 19 世纪的拿破仑战争的经验，将消除“迷雾”和阻力寄希望于“军事天才”的“精神力量”。由于“战争中所得的信息，很大一部分是互相矛盾的，更多的是假的，绝大部分是不确定的。这就要求军官具有一定的辨别能力，这种能力只有通过对人的认识和判断才能得到”，“在这里首先要有敏锐的智力，以便通过准确而迅速的判断来辨明真相”。[1]

但是，随着近代自然科学的诞生，战争工具的不断改进使人类对战争的承受能力愈发脆弱，因此迫切需要科学地认识战争规律，以阻止战争的随意发生，或是将其扼杀在萌芽之中。“启蒙时期的军事思想家，对牛顿的科学思想产生了极大兴趣，更加渴望用极为准确和确定的方法来研究和指导战争”，以真正消除战场上无所不在的不确定性。意大利的拉伊蒙多·蒙特库利科伯爵是最早以科学视角看待战争的理论家之一。他认为，战争科学与其他科学一样，都是一门力图使普遍规则和基本原理战胜人的主观经验的学问。古斯塔夫斯·阿道弗斯借鉴机械论思想，改进了荷兰军队的训练和作战方法。到腓特烈大帝时期，他把这种军事思想发挥到极致。对此，以色列军事历史学家克里菲尔德在《战争指挥》一书中评论

1 ［德］克劳塞维茨：《战争论》（第一卷），中国人民解放军军事科学院译，北京：解放军出版社，2005 年，第 51—52 页。

说："这位普鲁士国王是第一位现代指挥家，想时时刻刻都控制着军队，这种愿望只能通过把士兵变成没有头脑、没有生命的机器才能实现。"机械论自然观支配下的战争，信奉秩序、规律、确定性及可预测性，强调作战单元要整体划一、步调协同、服从指令。军事学者哈拉尔德·克兰施米特对此评论说："普鲁士军队各级指挥官严格执行上级指令，普通士兵完美地结合在一起，如同一台精心设计的机器中的各种元件。这台人工制造的机器，整体结构合理，各个元件相互配合，遵循大自然设定的规律保持着有序运转。"

当蒸汽机发明之后，人类战争进入工业化时代。18 世纪欧洲的"七年战争"凸显了机械论战争思想的落后，部队作战指导理论的僵化、不灵活和固守成规，导致士兵虽身强体壮但战术素养极差。拿破仑抛弃了这种僵化落伍的军事理论，他不像腓特烈大帝那样试图完全控制军队，而是以散兵、纵队战术代替了线式战术，赋予了各个军团部署的灵活性和自主性。他曾这样说："战争全由偶然事件构成；主将虽应把握一般原则，但仍须密切注意以利用这些偶然事件；这正是天才的表征。"克劳塞维茨在拿破仑的基础之上，完全颠覆了机械论战争的理论体系，反对机械论者钟表式的线性叠加和组合思想，认为应该从整体而不是从它的各个部分来认识。从机械论战争到工业化战争，人类对战争的理解与认知，深受所处的时代局限和启迪，从强调战争的绝对秩序、绝对控制和绝对因果，到关注战争的不确定性、偶然性和随机性，人类的战争观发生了根本性、方向性和基础性变迁。当时的战争还只是在陆地一维平面进行，虽然表现出复杂性，但是仍然极为有限。

随着 20 世纪飞机、坦克、无线电、雷达、导弹等军事技术纷纷走上战场，人类战争也从一维平面演进到陆、海、空、天、电、网、核等多维空间，战争的复杂性成几何量级增长，人类对战争确定性与不确定的认识，以及对控制与秩序的追求，也达到了一个新的阶段。20 世纪 40 年代，由于战争的需要，雷达、无线电等通信技术迅速发展，同时还出现了一些自动控制装置。通信技术的发展迫切需要解决一系列信息问题，如怎样从接收信号中滤除各种噪声，在自动控制火炮射击的随动系统中，如何跟踪一个具有机动性能的目标等，都需要从理论上予以说明和解决。这就促使许多科学家从不同领域、不同角度对信息问题进行研究。1948 年和 1949 年，申农先后发表了《通信的数学理论》和《在噪声中的通信》两篇文章，从而奠定了现代信息论的基础。1948 年，维纳发表了著名的《控制论》，把人、动物和机器的控制和通信过程统一起来，提出了关于信息的实质问题和测量信息量的数学公式，认为信息的实质就是负熵，并从控制论的角度给信息下了定义："信息是我们适应外部世界，并且使这种适应为外部世界感到的过程中同外部世界进行交换的内容的名称"，"信息就是信息，不是物质也不是能量。不承认这一点的唯物论，在今天就不能存在下去"。[1] 控制论从一般意义上研究信息提取、信息传播、信息处理、信息存储和信息利用等问题，是 20 世纪的最伟大的科学成就之一。

信息科学和技术的形成和发展，使得人们获取、识别、传输、处理信息以及利用知识、提高认知、开发智能的能力，都得到了大幅度提升。信息无所不在地融入各作战要素，起着"黏合""催化""倍增"的作用，信息流主导物质流和能量流，主导战场能量释放、作战指挥、战场行动以及力量协同，物质和能量在战争资源中的主导地位逐步被信息所取代，信息优势保证决策优势、催生能力优势、达成行动优势，成为战争制胜的基础。海湾战争后，美国加快了信息化军事革命的步伐，推动战争形态迅速向信息化战争演变，使现代战争的对抗方式从"平台制胜"向"网络制胜"转变。美国参联会副主席欧文斯上将认为，以战场空间感知、C^{4}ISR 系统和精确制导武器为核心的新军事革命，将消除"战争迷雾"，让未来的指挥官"看清和理解战场上发生的一切"，从而根本改变作战方式和指挥方

1　［美］维纳：《控制论》，郝季仁译，北京：北京大学出版社，2007 年，第 102 页。

式。为了消除信息“迷雾”，即应对信息不足和沟通不畅的难题，1997 年 4 月，美国海军作战部长 J. 约翰逊上将首次提出网络中心战的概念，称“从平台中心战到网络中心战是一个根本性转变”。2005 年，美国国防部发布的《实施网络中心战》报告，认为网络中心战是“一种军事作战概念，通过联合和互操作的平台占据信息优势，可带来军事上的胜利，并可通过侦察者、决策主体和决策的及时集成占据信息优势。这一概念最终可增强军事指挥官对态势的感知，加快指挥速度和作战节奏，提高武器的精确性和杀伤力，减少误伤。而且这种军事系统可实现无辅助的自主同步，从而使战斗力得到全面提升。”[1]

信息化战争条件下，随着科学技术在军事领域的广泛运用，特别是基于网络信息体系的作战系统，把雷达探测、光纤通信、数据处理和遥测控制等技术复合起来，使交战双方获取战场信息的手段越来越多，效率越来越高。在这种情况下，信息匮乏造成的“传统战争迷雾”逐渐消散，但信息泛滥、信息过剩所造成的“现代战争迷雾”又骤然袭来。由于获取战场信息的途径增多，信息急剧膨胀，特别是双方有意识地散发大量的废旧信息、虚假信息，造成信息超载甚至信息泛滥，使信息收集、传递和处理格外费时费力。有价值的信息常被淹没在信息海洋之中，而那些急涌而来的不准确、不可靠甚至互相矛盾的信息却大量充斥战场，给战场增添了新的不确定因素，制造了新的模糊性，使“透明”的战场又回到“不透明”。美军在经历了几场局部战争之后，也不得不承认，信息化条件下的战争相较于传统战争更加错综复杂，“战争迷雾”非但没有被驱散，反而变得更加浓厚了。

恩格斯指出：“赢得战斗胜利的是人而不是枪。”[2] 战争迷雾的破除源于信息技术的创新，但是无论技术如何发展，战争作为“迫使敌人服从

1 ［英］理查德 · 迪金：《作战空间技术：网络使能的信息优势》，朱强华等译，北京：电子工业出版社 2016 年，第 32 页。

2 《马克思恩格斯军事文集》（第 2 卷），北京：战士出版社，1981 年，第 229 页。

我们的意志”的行为始终是两股“活的力量”之间的冲突，战争中偶然性的根源在于作战主体自由的有意识的活动，而不在于信息技术手段。一方面，信息技术具体能消除多少不确定性，消除哪一方面的不确定性，受信息接收者的思想意识、知识结构等主观因素的影响；另一方面，战争内在的军心士气、领导艺术等难以量化，战争所连带的政治、经济、社会、文化等因素的影响难以预测，战争手段运用造成的暴烈程度和平民伤亡等伦理问题更是超出信息侦测手段的能力范畴。为此，迷信战场“透明”的美军，在伊拉克和阿富汗战争中付出了惨重的代价。伊拉克战争中，美国阵亡官兵 4500 余人，耗资近 2 万亿美元，至今伊拉克仍动荡不安。阿富汗战争爆发至今已 20 年，美军阵亡官兵超过 2400 人，成为美国在海外进行的时间最长的战争，经济代价超过 2 万亿美元。美国前国防部长盖茨在回忆录中指出，美军在战争中对敌人和战地局势一无所知。当美军入侵和控制伊拉克时，全然不知伊拉克的分裂程度；美军对阿富汗的部落化、民族风俗、政客关系网、村庄地形和位置亦一窍不通。因此，美国在这两个国家的局势比预期的更严峻。曼苏尔在《巴格达黎明：一位美军旅长对伊拉克战争的回顾》中指出，卫星监视、无人机和信号情报能力固然重要，但是它们代替不了人力情报和对不同文化的理解。部族关系结构、暴乱组织网络、教派与民族之间的恩怨纠葛是不可能通过技术手段获取的。由此可见，无论科技如何发展，战争形态如何演进，作战样式如何改变，确定性与不确定性永远是战争的一对内在矛盾，“迷雾”仍然是战争无法摆脱的固有属性。

四、制域权的历史演进

所谓“制域权”，是指在特定时空对某一维作战空间的控制权。每种制域权的诞生，总是与其时代的社会生产力和生产方式相对应，并随着生产力和生产方式的发展而发展。恩格斯指出：“军队的全部组织和作战方式以及与之有关的胜负，取决于物质的即经济的条件，取决于人和武器这两种材料，也就是取决于居民的质和量以及技术。”[1]技术的进步发展，特别是颠覆性技术运用于军事，推动人类战争形态不断演进，作战空间从陆地向海洋、天空、外层空间延伸，而后又拓展至电、网、核空间和认知空间。与之相伴的则是战争制权理论的不断演进和发展。恩格斯指出：“历史从哪里开始，思想进程也应当从哪里开始，而思想进程的进一步发展不过是历史过程在抽象的、理论上前后一贯的形式的反映。”[2]可见，从历史的起点探寻人类战争制权争夺的演进轨迹，对号准今天战争的脉络，意义深远而重大。

1. 制陆权

制陆权是作战中在一定时间内对特定陆域的控制权。陆地是人类最早最重要的战场，在相当长的历史时期内，人类战争一直在以陆地为主的战场上发生。对一定时间内特定陆域的控制，往往成为整个战争或作战的目的和关键。即使进入机械化战争时代，战场空间向立体拓展，陆战场作为战争主要活动场所的地位并没有发生根本性改变。农业时代，交通要道和要塞是控制陆权的重要依托，交战双方高度重视对陆上战略要地、交通要道的争夺和控制。《孙子兵法》中的“九地篇”就专门论述各类地形对作战的影响以及相应的作战原则。战车是夺取制陆权的重要工具。约在公元前3000年，美索不达米亚出现了四轮战车。在公元前1294年卡叠什战役中，埃及2万人的军队中就有2500辆战车。随着车兵的出现，步兵的比重和作用大幅下降，人类战争开始进入步车战时代。车兵的兴盛期在公元前2000至前600年。此后，由于战场从平原向丘陵、山地扩大，战车易于受阻，车兵开始衰退，逐渐被广泛使用马镫的骑兵取代。步骑兵阵式作

1 《马克思恩格斯文集》（第9卷），北京：人民出版社，2009年，第178页。

2 《马克思恩格斯文集》（第2卷），北京：人民出版社，2009年，第603页。

战代替车阵作战成为主要作战方式。步骑兵二元军兵种结构延续的时间也很长，我国从秦至清，西欧从公元前500年至17世纪的2000余年，基本属于这一时代。

工业时代，铁路的发展使国家具备了在更大陆域上快速机动集中军事资源的能力，支撑了19世纪末德国和俄国的崛起。坦克与汽车的出现，又使军队的机动性、火力和防护力同步增强。英军最先将坦克用于战场，但主要将坦克与步兵混编，并没有为其带来明显的陆战场优势。德军则最先组建装甲部队将坦克集中使用，并以此为基础提出闪击战理论。二战初期，德军就是利用这种机械化优势横扫西欧。随后其他国家纷纷效仿，大规模组建装甲部队，使其成为陆战主体力量。英国地理学家麦金德在20世纪初提出了“大陆心脏地带”的陆权思想，认为控制了欧亚大陆腹地，就会主宰欧亚大陆进而称霸世界，“谁统治东欧，谁就能主宰心脏地带；谁统治了心脏地带，谁就能主宰世界岛；谁统治了世界岛，谁就能主宰全世界。”[1] 在以征服、侵略为主要战争目的的时代，制陆权始终是战争制权争夺的核心。

2. 制海权

制海权是作战中在一定时间内对特定海域的控制权。人类争夺海洋的历史已有数千年之久。从古代到19世纪初，海军经历了桨船时代和帆船时代两个阶段。近代海军是大工业的产物，军舰开始采用蒸汽机作为动力装置，19世纪70年代许多国家的海军基本上完成了从帆船舰队向蒸汽舰队的过渡，军舰向着增大吨位提高机动性能、增强舰炮攻击力和加强防护方向发展，近代舰炮作战开始迈向现代舰载机攻击作战。以日本海军偷袭珍珠港为起点，战列舰为中心的炮击作战样式转向以航空母舰为中心的舰

1　［英］H. J. 麦金德：《历史的地理枢纽》，林尔蔚等译，北京：商务印书馆，1985年，第66—67页。

载机攻击作战样式。加上20世纪初“柴油机—电动机”双推进系统潜艇研制成功，海战已成为立体作战。至此，海军已发展成为由多兵种组成，能在广阔海洋战场上进行立体作战和合同作战的军种，其规模在第二次世界大战期间发展迅速，交战双方主要国家拥有的航空母舰总数，由战前的近30艘发展到140艘，潜艇由350艘发展到1500艘。舰载航空兵和潜艇部队与水面舰艇部队和海军陆战队一样，崛起为海军的主要兵种。

舰船技术的发展促进了争夺制海权的方式不断发生变化。在古希腊时期，雅典的军事家地米斯托克利就形成了制海权思想。到了大航海时代，葡萄牙、西班牙、荷兰、英国先后凭借全球性制海权成为世界霸权国家。美国海军战略理论家马汉于1890年和1892年先后出版了《海权对历史的影响（1660—1783）》《制海权对1793—1812年法国大革命和帝国的影响》，第一次明确提出了海权理论，认为海权与国家兴衰紧密相关，控制海洋就能决定战争胜负，掌控自己的命运，进而主宰世界；并进一步强调，对具有战略意义的狭窄航道的控制，成为影响一个国家实力的重要因素。一个国家通过海洋进行国际贸易的能力，也是决定一个国家能否成为大国的重要因素。由此，马汉指出：“与陆路交通相比，海上交通具有独特的优势：海洋具有全球连通性、较少国界限制，海上运输的运载量也是陆上交通根本无法相比的”，“任何一个国家或国家联盟，其力量如果足以控制公海，即控制被大陆分割的全球水域，就能控制世界的财富，从而统治世界”。海权论的创立，不仅深刻影响和指导了两次世界大战中的海战实践，而且也经历了两次世界大战血与火的洗礼。战后西方地缘战略学家们十分重视对海权理论的研究，海权论得到长足发展。全球霸权体系从“英国治下的和平”转向“美国治下的和平”，世界主要国家围绕国家安全战略之“制海权”的长期争夺，印证了“海权论”崛起时代的铁律。

3. 制空权

制空权是在一定时间内对特定空域的控制权。制空权思想的萌芽可追溯到飞机出现之前的气球和飞艇时代。1889 年，英国陆军少校富勒尔顿便根据当时的气球、飞艇的军事运用情况，提出制空权的概念。20 世纪初动力飞行器的问世，翻开了战争史上划时代的一页。1907 年 8 月，美国通信团成立了第一个航空分队、欧洲各国紧随其后。1911 年，飞机首次被用于战争，主要执行侦察任务，随后又发展到空中格斗和对地攻击，配合地面部队作战。随着飞机的发展并大量运用于战争，战场由陆上、海上扩展到空中，形成立体战争。第一次世界大战初期，交战国的飞机数量达 800 多架，末期超过一万架。第二次世界大战期间，交战国生产的军用飞机总数达 70 余万架，建立了庞大的歼击、强击、战术轰炸、战略轰炸等航空兵，组织规模巨大的空中战役，协同陆海军进行攻防作战，盟军与轴心国军队展开了激烈的制空权争夺以及战略轰炸。随着战后军事革命的展开以及喷气技术、隐身技术、空中加油技术、机载电子设备和精确制导弹药的发展，空中力量的作战效能成倍增加。陆海空三军鼎力的局面就此形成。

随着航空技术的发展及其在战争中的应用，人类的作战空间从二维平面拓展至三维空间，制空权理论也伴随着这一人类历史上的重大变革应运而生。1908 年，英国航空先驱兰彻斯特专门撰文论述了制空权对国家安全的重要性，在《战争中的飞机》一书中提出了创建航空支队以保持空中优势的策略。意大利军事理论家杜黑在 1921 年出版的《制空权》中首次全面系统地阐述了空权论思想，并将这一思想拓展至空军建设和作战运用实践。杜黑认为，掌握制空权是赢得战争胜利的前提，运用空中力量对敌战争基础实施打击，能直接达成战争目的。俄裔美国人亚历山大·德·塞维尔斯基发展了杜黑的思想，使之适应于航空技术的发展。他在《空军：生存的关键》中提出了分别以美、苏为圆心，以当时轰炸机 5000 英里的活动范围为半径，划出代表美国控制区的篮圈和苏联控制区的黄圈，两圈重叠处被称为“决定性地区”，包括北美、欧亚心脏地区、欧亚近海区、北非和中东。德塞维尔斯基认为，美苏双方在这一决定地区两者都处于彼此战略导弹的射程内，世界霸权的关键就在这个决定性地区内夺取“制空权”。第二次世界大战结束以来，世界各国紧盯科技革命前沿，大量使用新技术，发展武器装备，围绕“制空权”展开了激烈争夺。在现代高技术战争中，制空权更加展现出“动于九天之上”的压倒性优势，成为战争双方必争必的制权。海湾战争中，美国为首的多国部队达成的战果有 80% 由空中力量取得，空中打击对战争结局真正起到了关键作用。

4. 制天权

制天权是在一定时间内对一定外层空间的控制权。1957 年 10 月，随着苏联第一颗人造地球卫星成功发射，这是又一次深刻影响和改变人类历史和战略思想的重大事件，对人类社会的各个领域带来了深刻的变化，人类进入航天时代。太空的军事价值迅疾凸显，美国与苏联展开了激烈的太空军备竞赛，争夺太空的控制权。1960 年 10 月，美国总统肯尼迪公开宣称，“如果苏联控制了外层空间，他们就会控制地球。”与其说这是一个总统豪迈的断言，不如说这是向太空进军的特殊动员令。1961 年 4 月，苏联宇航员加加林搭乘“东方-1 号”宇宙飞船飞向了太空；同年 7 月，美国发射了“自由-7 号”宇宙飞船；1962 年，美国实施了“阿波罗”登月计划，苏联则实施了“联盟”太空载人飞行计划；1963 年 7 月，美国发射成功世界上第一颗同步卫星“辛康”号，而苏联则于 1965 年 4 月起，连续发射了“闪电”型同步通信卫星；1969 年 7 月，美国宇航员阿姆斯特朗和奥尔德林登月成功。随后，美国在太空军事化道路上越走越远，大力发展航天飞机、反卫星武器和激光武器。20 世纪 80 年代初，美国陆军退役中将格雷厄姆提出了“高边疆”战略，认为美国具有开疆拓土的历史传统，今后要把地球的外层空间作为新的开拓空间加以控制和利用，主张应最大限度利用其空间技术优势，形成对苏联的整体军事优势，使之成为未来独一无二的空间霸权国家。“高边疆”战略提出后，曾经作为美国新的国家战略而被采纳和使用。这也是继二战后美国第一个国家战略——“遏制共产主义”战略——之后的第二个国家战略。随后，里根政府在此基础上出台“星球大战”计划。

20 世纪 90 年代，随着苏联解体以及经济与资金等方面的原因，“星球大战”计划不再作为美国的国家战略。但是，“高边疆”战略的思想并没有被全部抛弃，其基本构想、主要观点，仍然体现在美国的各种国家战略和军事战略中。克林顿政府决定部署“国家导弹防御计划”（NMD）和“战区导弹防御计划”（TMD），标志着美国空间战略已经开始进入实际行动阶段。与此相适应，美国的空间战略思想也在不断发展。詹姆斯·奥伯格的《天权论》，系统总结了美国关于天权论的核心思想。1998 年，美国发布的空军条令 2-2 认为，控制空间的目的是夺取和保持空间优势，以确保己方利用空间环境，并阻止敌方进入和利用空间环境。1999 年，美国国防部颁布的“国防部航天政策”，则更加明确地提出了“空间威慑作用”的概念。这一思想一直延续到了 2012 年美国制定的国家空间战略之中。这些都表明，空间战略理论即天权论正日臻完善。在未来战争的较量中，军用航天系统既可以用来构建有利于己方的“空间通道”，也可以用来设置不利于敌方的“空间障碍”。世界主要大国纷纷将“天权论”思想融入军事战略及军队建设之中，围绕“制天权”展开激烈争夺。

5. 制信息权

制信息权是在一定时空范围内对信息的控制权。20 世纪 70 年代以来，人类社会开从工业时代迈进信息时代。信息科学与技术的迅猛发展，不但从根本上改变了社会生产方式和生活方式，而且也从根本上改变了传统的战争形态。信息、物质和能量是高技术战争的物质基础，信息日益成为战斗力的“倍增器”，是决定军队作战效能和影响战争胜负的主要因素。随着新军事革命的到来与发展，战争形态由机械化快速向信息化转变，信息的获取、传输和利用对战争胜负的影响日益增大，成为获胜的关键资源，网络空间、电磁空间等虚拟空间的对抗成为夺取制信息权的焦点。1982 年的英阿马岛战争和贝卡谷空战中，电子对抗就发挥了巨大作用。1991 年爆发的海湾战争显示出信息优势的巨大军事价值。海湾战争后，美军作为信息化新军事革命的引领者，最先开启信息化军队建设进程，对信息战概念内涵、作战样式、特点与特征等问题进行了广泛深入的研究和探讨，提出了信息战、网络中心战等理论，确定了美军信息化作战的基本样式。与此同时，其他一些国家也纷纷开始关注信息战的问题，从而把制信息权论的研究不断引向深入，最终形成了制信息权理论。在现代战争中，制信息权的争夺，将成为战争的先导并贯穿全过程，且与制天权、制空权等其他制权密切联动，以求获取全维整体优势。

作为新军事革命的核心内容，制信息权理论的形成与发展，不仅在国际军事领域产生巨大影响，而且将可能导致世界政治地图的重新绘制。一方面，在未来的信息化战争中，信息作为战斗力的“倍增器”和“粘合剂”把各作战单元和作战要素融合在一起，各种作战行动，包括战略、战役、战术级的行动都围绕信息展开，争夺制信息权的斗争将异常尖锐、激烈，并贯穿于战争的全过程，将成为战争双方争夺的制高点。美国军事理论家约翰·阿奎拉指出：“制信息权将成为影响整个战争进程和战争结局的主要因素。”掌握制信息权的一方可为己方夺取和保持制空权、制海权、制天权创造前提条件，驱散己方“战争迷雾”，加重敌方“战争迷雾”，大大增强作战效能。另一方面，在当今信息时代，谁获得了制信息权，谁就控制了政治、经济及军事较量的战略“制高点”。约瑟夫·奈认为：“信息正在变成实力，权力的性质已经由‘高资本含量’转变为‘高信息含量’。能够占据领导地位的国家并不是拥有最多资源的国家，而是那些可以控制政治环境并使别的国家‘做其所想’的国家。”[1]托夫勒也指出：“世界已经开始离开了暴力和金钱控制的时代，而未来世界政治的魔方将控制在拥有信息强权人的手里，他们会使用手中掌握的网络控制权、信息发布权、利用英语这种强大的文化语言优势，达到暴力和金钱无法征服的

1 Joseph Nye. “Soft Power”. *Foreign Policy*, 1990: 164.

目的。”[1] 由此可见，谁能领导以信息革命为主导的新一轮科技革命，谁就能在未来世界政治格局中占据领导地位。“制信息权”将成为继“制海权”“制空权”“制天权”之后大国战略较量的又一焦点。

6. 制脑权

制脑权是在一定时空范围内对认知空间的操控权。传统上，认知是指主体对客观事物的认识过程，认知空间是指人的意识、精神和心理领域。认知空间的作战对象是人、群体或国家，战场是整个人类社会。一方面，随着人类活动范围的扩大，认知空间的范围也在不断拓展；另一方面，认知空间战略较量的武器是精神信息，凡是精神信息可以传播到的地方，都可以成为战场。因此，认知空间的较量超越了军事领域的范围，突破了前后方的界限，跨越了国界和战场，在无限的空间内发挥着巨大作用。1998 年，美国国防部军事专家托马斯写了一篇题为《大脑没有防火墙》的文章，对美军的一次军事演习作了深刻反省，指出美军在信息战方面存在重大隐患，那就是在硬件建设上不惜工本，却忽视了对操控这些设施的关键——人的大脑、意识和精神——的进攻与防护，而恰恰是这些“软”的东西，为信息进攻留下了没有设防的广袤空间。在托马斯的文章发表后不久，美军就提出了“感知操纵”的概念，认为未来战争是网络中心战，将在物理域、信息域和认知域中展开。认知空间的攻防对抗就是将某些精神信息注入人的认知空间的信息战行动，它即可以针对个人、群体或组织，甚至可以针对一个或多个国家，从而达到影响其政策的目的。认知空间攻防对抗的实质是夺取制脑权。

传统战争条件下，由于受社会发展、科学技术和人们认识水平的限制，舆论战、心理战等认知空间的作战行动都只是起辅助性作用，主要用

1 ［美］阿尔文·托夫勒：《权力的转移》，吴迎春等译，北京：中信出版社，2006 年，第 23 页。

来配合战场作战行动，战场的物理毁伤决定战争胜负。随着信息技术和认知科学的发展，认知空间攻防对抗的手段增多，制脑权在战争中的地位作用将会极大提升，甚至有可能主要通过“控脑”来达成战争目的。网络信息时代认知空间攻防对抗呈现新的特点：一是能够事先根据特定受众的认知特征，量身定制假信息、假视频、假音频，并选定合适的时间点网络、自媒体等精准推送；二是能根据敌侦察探测设备特点，制造虚假雷达信号、通信信号等，同时针对己方目标和部队实施智能遮蔽，诱敌判断失误；三是能够依据公开音视频资料，智能分析敌国领导人和指挥官的性格特征，找出心理缺陷，针对性设计“刺激”方案；四是利用智能化与信息化手段相结合、人的谋略与机器智慧相结合，针对性制造信息迷雾，对敌作战人员或智能装备进行诱骗，使其不能正常认知和理解战场态势；五是可以通过脑控武器直接作用对手的大脑，控制其思维、情感和行为方式。近年来，美国等西方国家在西亚、北非、中东地区竭力制造颜色革命，争夺“制脑权”这场没有硝烟的战争愈演愈烈。如今西方敌对势力又借助社交网络、新媒体等手段，企图通过政治、经济、文化、科学等各方面交流，在正常的信息互动活动中谋求灌输、渗透西方“民主”“自由”思想和价值观念，企图对我国进行政治、思想、舆论等渗透。正是在这种背景下，我国国家认知空间安全面临严峻挑战。因此，我们必须高度重视认知空间安全，构建一个基于自然空间、技术空间和认知空间的信息战大战略，夺取未来战争“制脑权”。

五、大战略—微战争

大国关系的竞争说到底是战略的竞争，大国力量的博弈说到底是战略的博弈。第二次世界大战后，美国先后打了朝鲜战争、越南战争、两场海湾战争、阿富汗战争。虽然最初都有自己长期的战略考量，但是奉行单边主义和“唯军事主义”，缺乏大战略对具体军事目标的引领，导致目标与手段之间严重失衡，不仅在军事上付出了高昂代价，而且在政治上也是失分的，甚至是失大分的。当今世界正在经历百年未有之大变局，和平与发展已成为不可阻挡的时代潮流，国与国相互依存和利益交融日益加深，国际力量对比总体朝着有利于维护世界和平方向发展。但世界仍然不太安宁，各种国际力量较量和竞争十分激烈，中东乱局、叙利亚危机、朝鲜半岛核问题、欧洲难民危机、国际恐怖主义等问题牵动国际斗争全局，国际关系复杂程度前所未有。大国综合博弈、全球治理体系及国际战略格局已然发生重大变化。大变局呼唤大战略、大变局催生大战略。这是怎样的大战略呢？答案就是：力胜，智胜，心胜。

（1）力胜

战争是实力的较量。拿破仑曾说："从长远来看，刀枪总是要被思想战胜的。"许多人在引用时往往有意忽略了前半句，其实，拿破仑在前面还说："世界上只有两种强大的力量，即刀枪和思想。"[1] 力胜主要体现在三个层面：

一是军事力。"有文事者，必有武备"，"能战方能止战"，"要想得到和平，必须准备战争"。如果国家没有强大的军事力量作后盾，一切都无从谈起。历史上因武备废弛而招致祸殃的悲剧并不罕见。鸦片战争中，清政府的经济实力不可谓不强，但依然被列强欺凌得一塌糊涂，教训不可谓不深刻。从某种意义上说，战争是最伟大的审计员，它能映照出你的国家实力、军事实力。在国际较量中，政治运筹固然很重要，但说到底还是要看有没有实力、会不会运用实力。有足够的实力，政治运筹才有强大的后盾，光靠三寸不烂之舌是不行的。只有建设一支世界一流的军队，运用军事力量和军事手段营造有利战略态势，才能最大限度预防危机，积极化解和控制危机，遏制武装冲突和战争爆发，为国家人民铸起一道钢铁

1　赵鹏程：《教育学》，成都：西南财经大学出版社，2020 年，第 82 页。

长城，为世界和平贡献一份力量。

二是威慑力。威慑是现代军事力量发展的重要目标之一。军事实力是威慑的根基，运用实力的决心和意志是威慑的艺术。基辛格曾经说过：“威慑需要实力、使用实力的意志，以及潜在进攻者对两者的评估三方面因素。威慑，是所有这些因素的乘积。”[1]一方面，赢得战争的力量强大，指导战争的艺术高超，战略威慑的效应就大。新中国成立以来，正是因为我们高度重视国防建设，成功研制“两弹一星”，敢于在关键时刻“亮剑”，才顶住了来自外部的各种压力，维护了国家的独立、自主、尊严。另一方面，为了实现某种政治目的，通过有限军事行动这种“微战争”样式也能达到战略威慑的目的。俄罗斯以反恐名义在叙利亚实施的较大规模军事行动，既展示了强大的战争意志、高超的军事艺术和海空远程打击能力，也对西方国家产生了强大的军事震慑力。

三是精神力。人类战争史告诉我们，无论武器装备多么先进，都不能代替人的战斗意志和作风所激发的力量；无论未来战争打的是钢铁还是硅片，军心士气始终在战争中占据重要地位。我军素以有强大的战斗精神闻名于世。我们能够用“小米加步枪”打败美式装备的国民党军队，能够在朝鲜战场上打败武装到牙齿的美国军队，靠的就是顽强的战斗精神。信息化战争不仅仅是高技术武器装备的较量，也是人的谋略、技能、智慧和勇气的比拼。信息化战争并没有因为注入了“文明”和“人道”色彩而变得柔情仁慈，相反变得更加残酷、血腥和激烈。海湾战争中，空袭的杀伤效果是有限的，而心理打击（包括武器杀伤效力的心理打击）却造成伊军士气下降 40% 到 60%。可见，“兵可挫而气不可挫”，心理打击能够有效摧垮对方的战斗精神和意志。在一定条件下，精神因素的“软杀伤”甚至比单纯军事打击的“硬杀伤”更加有效。

1 Henry A. Kissinger. *Nuclear Weapons and Foreign Policy*. New York: Harper & Row, 1957: 12.

（2）智胜

人类伊始，就进入一个追求智慧，也不断产生智慧的时代。福山在苏联解体、东欧剧变之后，认为一个自由民主的世界秩序即将来临。然而，福山的预言并没有成为现实。国际形势动荡多变，各种“黑天鹅”事件频频发生，恐怖势力蔓延扩散，“逆全球化”思潮日益显现，当今世界正面临开放与保守、合作与封闭、变革与守旧的重要抉择。历史发展到新的十字路口，考验着世界各国参与全球竞逐的战略定力与智慧。在大国角逐的疆场上，我们要主动谋划、积极运筹，以中国智慧参与全球治理，以“和合文化”之王道对冲“征服文化”之霸道，推动国际秩序朝着更加公正合理的方向发展。

一是和而不同。人类历史的发展，充满着血与火的厮拼与抗争。从殖民时代开始，霸权主义、弱肉强食、国强必霸、赢者通吃成为西方文化中一个个根深蒂固的观念。西方学者们普遍认为，中国崛起必将陷入“修昔底德陷阱”。“文明的冲突”的背后，就是“顺我者昌、逆我者亡”的“普世价值”推广，是企图铲除异质文明、用一种模式或制度控制世界的“文化帝国主义”。自古以来，“君子和而不同，小人同而不和”的“和合文化”就深深根植于中华民族的精神世界之中，为人们提供了符合人类共同利益的价值取向、思维方式和实现途径。不同文明凝聚着不同民族的智慧和贡献，没有高低之别，更无优劣之分。国家和民族无论穷富、大小、强弱、先进还是落后，都要相互尊重，共同发展。文明相处更是要对话，而非冲突；交流，而非取代；尊重，而非歧视。只有相互尊重，平等相待，兼收并蓄，互学互鉴，才能推动人类文明实现创造性发展。

二是斗而不破。过去几百年都是由大国的实力来决定世界的和平，以及国家之间的秩序与平衡。苏联解体后，美国成为唯一的超级大国。因此，美国在战略上不断出现误判，东扩西进，传播“美式民主”，策划“颜色革命”，干涉别国内政，挤压俄罗斯和中国的战略空间，“在全世界到处寻找敌人”，而且一再发动战争，以为“美国的价值观就是国际秩序”。然而，世界发展正如乔治·凯南所说的，这个世界绝不会接受一个单一的领导中心，无论是美元还是刺刀，都不能赢得胜利。在全球化的今天，世界各国有着日益广泛的相互需求和共同利益，谁也离不开谁。竞争与合作并存、摩擦与协调同在，“斗而不破”才是世界各国在战略博弈中的明智选择。“斗”是绝对的、客观的，“不破”是相对的、建构的，关键是在“斗”与“不破”之间保持张力，将共同利益最大化，将矛盾分歧最小化，管控分歧，增信释疑，实现世界秩序由战争冲突主导的“霸权政治”向制度机制决定的“规则政治”转变。

三是同舟共济。人类只有一个地球，各国共处一个世界。国际社会日益成为一个你中有我、我中有你的有机整体。面对恐怖主义、金融动荡、环境危机等全球性问题挑战，没有哪个国家可以置身事外、独善其身。这就需要倡导人类命运共同体意识，在追求本国利益时兼顾他国合理关切，在谋求本国发展中促进各国共同发展，建立更加平等均衡的新型全球发展伙伴关系，同舟共济，权责共担，增进人类共同利益。“人类命运共同体”强调人类的命运趋同性，是一种超越民族国家和意识形态的“全球观”，具有开放性、包容性和合作性。它在尊重主权平等、不干涉内政、和平共处等国际关系准则基础上，强调维护国际公平正义，提倡正确义利观，倡导亲、诚、惠、容等周边外交新理念，倡导共同、综合、合作、可持续的新安全观，倡导建立不冲突、不对抗、相互尊重、合作共赢的新型大国关系，倡导遵守共商、共建、共享原则合作构建“一带一路”，等等。这是智者的思虑，也是时代的命题。

（3）心胜

行王道者得天下。孙子在“全胜”思想中，将“道”放在赢得战争“五事”之首。《尉缭子》中也提出用兵有三“胜”：道胜、威胜、力胜，其中道胜是最高境界。“道”就是道义，就是民心。心胜的前提是道胜，根基在人心，源于认同，源于自信。

一是民心。民心是最大的政治，也是力量之源。谁赢得了民心，谁就能赢得战争，赢得和平。“战争胜利的实质是改变意识，而不是消灭意识。”[1]单纯凭借武力实施暴力征服，是征服不了人心的，只会激起更强烈的反抗和仇恨。“大战略如果运用成功的话，将减少暴力的必要性；同样重要的是，大战略所寻求的远不是战争的胜利，而是持久的和平。”[2]“所谓胜利，其真正的含义应该是在战后获得巩固的和平，人民的物质生活状况比战前有所改善。”[3]2003年，美英等国不顾世界各国的反对，发动了伊拉克战争。美军虽然非常顺利地推翻了萨达姆政权，却没有赢得伊拉克的人心，反而播下了仇恨的种子。战争留给伊拉克人民的是深深的伤痛，无穷无尽的教派冲突，没完没了的汽车炸弹。据英国 YouGov 公司在 2009 年的调查显示，67%的受访者认为美军在伊拉克不得人心，54%的受访者认为美军不会给伊拉克带来所谓的民主。美国“正义化身”的国际形象，因其在全球不断扩张军力、进行伪善干涉而遭严重毁容。

二是认同。美国政治学家卢克斯认为，权力有三种：以武力为代表的强制力、议程设置背后的操纵力，以及一种潜藏在无形之中的影响力。冷战以来，以美国为首的西方国家把输出“普世价值”的“颜色革命”作为颠覆别国政权、谋求霸权利益的“法宝”。然而，照搬西方发展道路与政治制度模式的“颜色革命”不仅没有带来和平与发展，反而引发暴力与流血的恶性循环。强扭的瓜不甜，发展必须适合本国国情，道路必须由本国人民自己决定。“穷则独善其身，达则兼济天下。”这是中华民族始终崇尚的品德和胸怀。中国坚持走和平崛起的发展道路，为世界贡献了“中国

---

1 ［俄］A. X. 沙瓦耶夫：《国家安全新论》，魏世举、石陆原译，北京：军事谊文出版社，2002 年，第 112 页。

2 ［英］约翰 · 柯林斯：《大战略》，中国人民解放军军事科学院译，北京：军事科学院出版社，1978 年，第 47 页。

3 ［英］利德尔 · 哈特：《战略论》，中国人民解放军军事科学院译，北京：战士出版社，1981 年，第 489 页。

模式”“中国方案”。正如约瑟夫·奈所说：“中国的经济增长不仅让发展中国家获益巨大，中国特殊的发展模式和道路也被一些国家视为可效仿的榜样……更重要的是，将来中国倡导的政治价值观、社会发展模式和对外政策做法，会进一步在世界公众中产生共鸣和影响力。”[1] 当然，这种认同不是我们一厢情愿的结果，倘若有些患“偏见症”严重的国家，故意要曲解、丑化、讽刺我们发展理念、道路及信仰，那是另外的篇章，正所谓“道不同，不相为谋”。

三是自信。自信是发自内心的一种信仰、一种信念、一种意志。毛泽东当年针对党和红军中流露出的悲观情绪，指出“星星之火，可以燎原”。毛泽东何以能发出如此豪迈的预言？靠的就是对共产主义的坚定信念，以及对中国革命必胜的决心和意志，“这个军队具有一往无前的精神，它要压倒一切敌人，而决不被敌人所屈服。不论在任何艰难困苦的场合，只要还有一个人，这个人就要继续战斗下去。”[2] 然而，在有些人眼里，西方不仅代表着强大的科技、经济、政治和军事能力，也代表着一种“先进的”精神文化和“优越的”价值观，实质上是骨子里透着对本民族的不自信。其实，中华民族有着辉煌灿烂的文明，法国启蒙运动者还从中华文化中寻找根治西方制度弊病的药方，“己所不欲，勿施于人”被写入法国人权宣言。一切的改变发端于19世纪，伴随着科学技术的发展，科学文化成为一种强势文化，进而带动了军事强权的崛起，西方借此获得了文化优越地位，以致“西方中心论”滥觞。鸦片战争以来，我们一而再，再而三地在与西方的军事冲突中惨痛败北，自信心丢失殆尽。今天，我国正处在由大向强发展的关键阶段，必须摆脱“西天取经”的思维定式，破除对西方的制度迷思、价值迷思、文化迷思，以更加自信、开放、包容的心态，面向世界，走向未来。

---

1 《创造历史的伟大变革》，《人民日报》，2018年12月14日。

2 《毛泽东选集》（第三卷），北京：人民出版社，1991年，第1039页。

战争是政治的继续。筹划和指导战争，必须把基点定准、把规律摸透、把局势看清。当今时代，作为军事发展中最活跃、最具革命性的因素，科学技术正在全面重塑现代战争体系。在国家安全大战略体系中，军事斗争已被纳入融经济、文化及科技等为一体的综合较量，布局战争已不能单单从军事维度运筹，必须放在大战略背景下通盘审视，从大体系较量的小端口切入，努力谋求战争与战略的同步共振与匹配效应。同时，新一代信息技术与战略武器系统的支撑下，战争的时空特性也发生了重大变化，在发现即摧毁的“秒杀”时代，军事斗争手段的这种革命性变化，也逐渐能支撑战略目标的实现，再辅之以现代传媒、经济手段等策应配合，从而催生出与大战略时代遥相呼应的微战争形态。战略与战争灵巧配合，用大战略设计微战争，用微战争支撑大战略，正在成为大国竞逐世界的通行规则。近年来外军所提出的“代理人战争”“影子战争”“混合战争”等理论，就体现了微战争的新面貌，主要表现以下四方面：

其一，作战规模可控。实现战争的可控，一直是人类在战争不可避免时所追求的目标。传统的做法，往往靠运用条约、协议等社会交往手段，力图实现可控。如战国时期，秦国为对付其他国家而采取连横的办法，远交近攻，正是为了实现可控。兵家忌讳两面作战，多方迎敌。20 世纪 30 年代，德国与苏联、苏联与日本先后签订互不侵犯条约，也是为了实现战争的可控。如今，现代战争的制胜机理已经发生新的变化。微战争强调以有限、精干的力量，以精准的军事行动，采取“首发制穴”的方式，达成战略目标。这与机械化战争时代强调“集中优势兵力、各个歼灭敌人”大不相同，却与中国兵家强调“擒贼先擒王，打蛇打七寸”的思想不谋而合。2011 年 5 月 1 日，美国在一次“斩首行动”中击毙了本 · 拉登，整个行动过程体现了“点穴式反恐”的战略意图，在有限目标设定、有限力量参与以及有限作战时空，取得了“首发制穴”的效果。为此，美军耗时十年，发动两场战争，开销万亿美元，付出 6600 多名官兵生命，以及百万平民伤亡，终因一场“微战争”而画上句号。

其二，作战力量精干。在微战争时代，由于多重原因掣肘，未来战争中两支军队大规模全面对抗的门槛已越来越高，打造小规模尖兵，“多而小”胜过“少而大”将越来越成为未来战争的制胜法则，类似于古罗马军团那种“多而小”的部队战胜各种规模对手的战争范例将不再是绝响。传统的战争思维中，由于作战力量、作战规模、作战时间以及指挥层级等因素影响，一国的战略资源，难以集中用于支撑某一具体的战术行动。进入21世纪，为应对军事转型的汹涌浪潮，世界各国的军事家积极倡导“新战争要有新思维”。美国前国防部长拉姆斯菲尔德强调，“21世纪战争的新理念”就是“用一支相对小型的地面部队，配合强大的空中炮火和一流的情报系统直插敌人心脏”。在作战力量精干、作战规模可控的微战争样式下，国家军事战略的总体谋划，与战术运用的具体行动能够高度统一。在击毙本·拉登的“海神之矛”行动中，最高指挥部是远在千里之外的白宫，而一线实施者只有阿富汗空军基地的23名海豹突击队员。这样的小分队能够快速部署，并依托背后强大的体系作战支撑给对手以致命打击，真正体现了微战争的作战力量精干化。

其三，作战主体复合。在大战略时代，国与国之间的较量除军事领域之外，经济、文化、外交等领域都日渐成为主战场，没有硝烟的战争每天都在悄然发生，战争已不再是传统的军方“自留地”，军民之间的鸿沟正在被填平。20世纪80年代初，美国未来学家托夫勒曾预言的“军民融合”式战争日益走入现实，军事对抗的作战主体已由“军人”转向“军民”。微战争形态作战主体军民复合的这一转变，从本质上映射了作战域的全维化趋势。击毙本·拉登的行动，虽然只有一个分队的海豹突击队，但是就整个作战体系而言，不仅汇聚了太空的卫星、空中的无人机、地面的传感器系统以及海上的航母等军事力量，为战术行动提供了强有力的战略支持。而且进行了国家动员，汇聚了非军事领域的社会资源：地质学家研究本·拉登现身录像中的岩石构成，鸟类学家研究其中的鸟鸣声，从而推测其可能藏身之处。12位高级行为心理学家试图模仿本·拉登的思维模式，超过 100 名熟悉阿富汗民情的当地特工寻找本·拉登行踪，超过 1100 名美国特工和情报分析师从事本·拉登的情报研究……各类战略资源的使用可谓发挥到了极致。

其四，作战效果叠加。在人类已往的战争中，作战空间主要局限于自然空间，而微战争的作战域则已拓展到“自然—技术—认知”复合空间，对垒双方努力寻找对手作战体系的软肋，然后选择适当的毁伤时机、攻击方式、打击节奏及特殊手段，进行精准作战，通过军事手段与非军事手段的组合运用，在政治、经济、信息、文化及军事大战略系统中，缘于“蝴蝶效应”的波次放大，作战效果经过叠加，达到出乎意料的目的，已经成为微战争支撑大战略的重要体现。近年来，美国等西方国家在阿富汗、叙利亚、利比亚等非发生重大军事冲突的热点敏感地区，刻意制造出影响重大、难以愈合、反复发作的地区性冲突，炮制“溃疡面”实施微战争，力图通过这种方式转嫁危机、谋取利益，既防止地区冲突扩大化，又抑制潜在战略对手在这一地区的影响，同时不断加大当地政府对其依存度，达到强化对“溃疡面”附近地区控制的目的。此外，从俄罗斯果断出兵叙利亚打击极端恐怖势力中也可以看到，俄罗斯采取军事与非军事手段相结合的策略，快速派遣小规模精确打击力量。同时，利用各种信息手段展开广泛的舆论战、心理战和外交战，通过代理人战争、精心设计的宣传以及充分利用民族和其他社会紧张因素，这些手段混合使用，实现了作战效果的波次放大。对于俄罗斯出兵叙利亚，立陶宛维尔纽斯大学玛格丽塔·塞西利基特教授指出：“这场冲突，重要的不是传统军事力量，而是俄国人运用的‘混合战争’模式，灵活使用军事、政治、信息等工具，既打击现实敌人的弱点，又捆住‘潜在敌’的手脚。”[1] 目前，外军有关“混合战争”“第四种战争”等相关理论探讨，也揭示了这一趋势性特点。

1 《俄罗斯发力混合战争》，《解放军报》，2016 年 2 月 19 日。

第五章　战略基点

自主创新能力是一个国家、一个民族、一支军队的核心竞争力。一支缺乏自主创新能力的军队，绝不可能是世界一流的军队，也不可能打赢信息化条件下的现代战争。没有自主创新，就没有国家的未来，也就没有军队的未来。依赖人必然制于人，依靠自己才能制人。因此，我们必须坚持自主创新这个战略基点，坚定不移走中国特色自主创新道路，准确把握科技创新方向，对看准的方向要超前规划布局，加大投入力度，下好先手棋，打好主动仗，加快赶超甚至引领步伐，牢牢掌握军事技术和武器装备发展的制高点和主动权。

一、第一动力

创新是引领发展的第一动力。抓创新就是抓发展，谋创新就是谋未来。党的十八届五中全会提出创新、协调、绿色、开放、共享的“五大发展理念”，其中创新位居五大发展理念之首。理念是行动的先导，发展理念从根本上决定着发展的成败。坚持创新发展，必须把创新摆在国家发展全局的核心位置，不断推进理论创新、制度创新、科技创新、文化创新等各方面创新，让创新贯穿党和国家一切工作，让创新在全社会蔚然成风。

回顾近代世界发展历程，可以清楚看到，一个国家和民族的创新能力，从根本上影响甚至决定国家和民族的命运。近代以来，人类社会进入前所未有的创新活跃期，人类在科学技术方面取得的创新成果超过过去几千年的总和，世界发生了几次重大科技革命，每一次科技和产业革命都深刻改变了世界发展面貌和格局。一些国家抓住了机遇，经济社会发展驶入快车道，经济实力、科技实力、军事实力迅速增强，进而一跃成为世界强国。中华民族是勇于创新、善于创新的民族。16 世纪以前世界上最重要的 300 项发明和发现中，我国占 173 项，远远超过同时代的欧洲。我国在历史上长期处于世界领先地位，在思想文化、社会制度、经济发展、科学技术以及其他方面对世界发挥了重要的辐射和引领作用。近代以来，我国逐渐由领先变为落后，一个重要原因就是我们错失了科技革命和产业革命带来的巨大发展机遇。当今世界，经济社会发展越来越依赖理论、制度、科技、文化等领域的创新，国际竞争新优势也越来越体现在创新能力上。谁在创新上先行一步，谁就能拥有引领发展的主动权。

军事领域是最具创新活力、最具创新精神的领域，创新是一个国家发展进步的灵魂，也是一支军队发展进步的灵魂。在这一领域，只有第一，没有第二。创新则生，守旧则死。军事斗争特别是战争直接关乎国家安危、民族存亡，是最具有对抗性、冲突性的竞争和较量，这就决定了战争双方为夺取主动，都要发挥、迸发出其生存的最高智慧和最大的创造力量。同时，由于战争进程的急剧变动性、情况的复杂多样性和战争节奏的迅捷性，一支军队只有创造性地发挥主观能动性，创造性地使用武器装备和运用敌方不曾预料的新的谋略战法，才可能夺取胜算。否则，就只能在新的战机和情况面前，丧失主动。我军的发展史就是一部创新史。在马克思主义军事理论、中国革命战争和人民军队建设实践、中国传统兵法相结合的过程中，我们党靠不断创新，逐步形成了一整套建军治军的原则和制度，创造了人民战争的战略战术，形成了我军的特有优势。当前，我军发展步伐不断加快，我们正在做的很多事情是过去没有遇到过的，甚至是没想到过的。这些年，我军建设发展主要靠投资要素驱动，这在一定历史条件下是必要的，但到了目前这个阶段，再一味靠大水漫灌式的增加投入，作用有限而且边际效益递减，很难持续下去。当今世界，创新驱动成为许多国家谋求竞争优势的核心战略。要赢得军事竞争主动，最需要的是创新，根本出路在创新。

抓创新，必须下大力气抓科技创新。谁牵住了科技创新这个牛鼻子，谁走好了科技创新这步先手棋，谁就能占领先机、赢得优势。新中国成立以来，始终把立足点放在自力更生、自主创新上，确保了国防科技发展的基础。早在我军进行机械化建设起步时，毛泽东就清醒地认识到，不宜长期依赖苏联帮助，必须从建设国防工业、培养自己的技术人才上入手。1960 年，针对苏联中断对我国技术援助，毛泽东指出："要下决心，搞尖端技术。赫鲁晓夫不给我们尖端技术，极好！如果给了，这个账是很难还的。"[1]经过广大科技人员的努力，取得了"两弹一星"的辉煌成就。改革开放时期，邓小平指出："我们搞的现代化，是中国式的现代化。我们建设的社会主义，是有中国特色的社会主义。我们主要是根据自己的实际情况和自己的条件，以自力更生为主。""我们要实现现代化，关键是科学技术要能上去"，并亲自作出了实施"863 计划"的重大决策。[2]海湾战争爆发后，江泽民直面"打得赢、不变质"两个历史性课题，积极推进中国特色军事变革，强调"要贯彻科技强军的方针，把依靠科技进步作为提高军队战斗力的基础"，指出"一个没有创新能力的民族，难以屹立于世界先进民族之林。作为一个独立自主的社会主义大国，我们必须在科技方面掌握自己的命运。我们已经具有一定的科技实力和基础，具备相当的自主创新能力。我们必须在学习、引进国外先进技术的同时，坚持不懈地着力提高国家的自主创新开放能力"[3]。进入 21 世纪，胡锦涛指出："自主创新能力是国家竞争力的核心，是我国应对未来挑战的重大选择，是统领我国未来科技发展的战略主线，是实现建设创新型国家目标的根本途径。世界科技发展的实践告诉我们：一个国家只有拥有强大的自主创新能力，才

1　毛泽东：《要下决心搞尖端技术》（一九六〇年七月十八日），《党的文献》，1996 年第 1 期，第 10 页。

2　《邓小平文选》（第三卷），北京：人民出版社，2001 年，第 29 页。

3　《江泽民文选》（第一卷），北京：人民出版社，2006 年，第 432 页。

能在激烈的国际竞争中把握先机、赢得主动。”[1]强调必须进一步实施科技强军战略，把军队战斗力生成模式切实转到依靠科技进步特别是以信息技术为主要标志的高新技术进步上来。

党的十八大以来，习近平总书记深刻洞察新一轮科技革命、产业革命和世界新军事革命的大趋势，把科技强军摆在军队建设全局的重要位置，指出我们要在激烈的国际军事竞争中掌握主动，就必须大力推进科技进步和创新，大幅提高国防科技自主创新能力；我们正面对着推进科技创新的重要历史机遇，机不可失，时不再来，必须紧紧抓住；树立科技是核心战斗力的思想，推进重大技术创新、自主创新，加强军事人才培养体系建设，建设创新型人民军队；要坚持向科技创新要战斗力，下更大气力推进科技兴军；国防科技创新的目的在于应用，必须为部队建设和军事斗争准备服务；要不断提高科技创新对战斗力增长的贡献率；要适应一体化联合作战要求，提高部队科技含量，发展精锐作战力量，加强实战化训练，增强新质作战能力，加快向质量效能型和科技密集型转变。这些重要论述抓住了战斗力生成的主要矛盾，深刻揭示了战斗力标准在科技强军实践中的基础性、决定性和全局性作用，明确了国防科技创新的出发点落脚点、发展路径和检验标准。

科技是核心战斗力。在构成战斗力的诸要素中，科学技术的发展具有先导作用，是战斗力增长的第一动力，科学技术在军事领域的广泛运用引起了战争形态和作战方式的深刻变化，日益成为影响战争胜负的重要因素。人类历史表明，科技创新经历“物质—能量—信息”的发展脉络，“物质—能量—信息”是自然界的三大组成要素，科学的发展也是从认识物质到能量再到信息的过程，也就是从物理学到化学再到量子力学、信息科学的发展过程。武器装备则经历了从材料对抗、能量对抗到信息对抗的迭代

1　胡锦涛：《坚持走中国特色自主创新道路，为建设创新型国家而努力奋斗》（二〇〇六年一月九日），《改革开放三十年重要文献选编》（下册），北京：中央文献出版社，2008 年，第 1551 页。

过程，军人素质经历了从体能较量、技能较量发展到智能较量的演变过程，作战空间从自然空间、技术空间拓展到认知空间，作战方式从自然中心战、平台中心战演进到网络中心战，从而推动战斗力生成模式经历了从基于人力系统的单元对抗，到基于电讯技术的系统对抗，再到基于信息系统的体系对抗的进化过程。重大科学技术的突破和发展，必然带来战斗力性质内涵、运用外延等的飞跃，引发武器装备、作战方式、战争形态和军事理论的深刻变革，为军队建设整体转型提供强劲动力引擎。

科技进步直接促成了新型作战力量的诞生。车兵、海军、炮兵、通信兵、潜艇部队、空军、装甲部队、战略火箭军等新的军兵种的诞生都同科学技术的应用密切相关。新型作战力量建设代表着军事技术和作战方式的发展趋势，是战斗力新的增长点。一是新型作战力量丰富了作战单元内涵。由于各军兵种的产生和发展都是科学技术进步的结果，所以各军兵种在军队构成中的比例关系，也必然随科学技术的不断发展而发生变化。二是新型作战力量优化了作战要素功能。建设新型作战力量不仅可以改进武器装备水平，还可以完善单兵作战技能，强化体系作战能力。三是新型作战力量更新了传统战争形态。有什么样的作战力量，就有什么样的战争形态。因此，新型作战力量的出现必然在一定程度上引发战场面貌的变革。然而，武器装备发展运用所蕴含的新质战斗力，往往是人们始料不及的，必须突破传统思维定式与观念误区。比如，20 世纪初，潜艇技术虽然已被各军事强国所掌握，但保守的英国海军却认为潜艇只是弱国海军的武器，将自己的先进潜艇仅用于近海防卫。相反，在技术上并无优势的德国，却大胆派遣潜艇到远海作战，在一战期间以“无限制潜艇战”击沉协约国军舰 150 艘、商船 6000 艘。当人们还没有从第一次世界大战中汲取教训时，德国海军上将邓尼茨在二战初期，凭借仅有的 57 艘潜艇实施“狼群战术”，再次取得辉煌战果。由此可见，新型作战力量建设取决于政治家军事家的敏锐的眼光。

二、引领未来

当代军事领域既是战略前沿技术发展汇集的核心地带，也是最富创新性、最具超越性、最有颠覆性的科学技术发展前沿。前沿是必争的高地，前沿技术一旦取得重大突破，往往会催生新的科技革命和新军事变革，以致推动人类社会发生变革。当前，科技发展呈现出多点、群发突破态势，前沿技术风起云涌、竞相迸发，特别是信息、生物、物质、材料、空间等学科领域可能正孕育重大发展，在人工智能、量子技术、基因编辑技术等科学技术方面或将引起颠覆性技术突破。

颠覆性技术是具有变革性意义，可以“改变游戏规则”的重大技术，包括基于新概念、新原理的创新技术，也包括现有技术在军事和产业领域的创新应用。在军事技术发展进程中，无线电、飞机、雷达、核技术、互联网等技术，催生了新型武器装备，改变了作战样式，给人类发展带来巨大推动，被认为是典型的颠覆性技术。颠覆性技术具有以下特征：（1）基础性。从颠覆性技术的发展历程看，绝大多数颠覆性技术源于数学、物理、化学、信息、材料、生物等基础研究的原始性创新，基础研究领域是催生颠覆性技术概率最大的领域。（2）前沿性。颠覆性技术大多处于各个研究领域的前沿。过去在高能物理、电子信息、先进材料等前沿领域已产生了一系列的颠覆性技术，未来有望在量子、生物、纳米、人工智能、网络电磁等前沿领域催生新的颠覆性技术。（3）对抗性。颠覆性技术往往在激烈的、持久的战争对抗和战略较量中产生，大国军事博弈很大程度上体现为技术上的颠覆与反颠覆、突袭与反突袭、抵消与反抵消。（4）替代性。颠覆性技术不仅仅以自身的优势实现对已有技术的代替，打破传统的技术体系，同时通过向各个领域的渗透，使得构建于传统技术体系之上的军事和社会组织逐渐向新的组织形态演变。在前沿技术、颠覆性技术等领域，所有国家都面临相同或相似的机遇。对发达国家来说，在颠覆性技术方面没有自身优势，与后来的竞争者站在同一起跑线上，忽视颠覆性创新就会在未来的竞争中丧失先机，从而陷入颠覆性创新的战略困境。而对后来者而言，有可能利用颠覆性技术实现技术跨越，改变受制于人的落后局面。

世界主要科技强国高度重视推进高投入、高风险、高回报的前沿科技创新，大力发展能够大幅提升军事能力优势的颠覆性技术。1958 年，美国为抵消苏联的战略优势，改变对抗相持的局面，美国国会授权国防部成立了高级研究计划局，也就是国防高级研究计划局的前身，赋予其保持美国国防科技较其他的潜在敌人更为尖端的使命。从高级研究计划局到国防高级研究计划局，虽然其研发重点随着历史发展而不断变化，但始终不变的是通过原始概念创新，研发“可改变游戏规则”的新技术，引领武器装备发展，以避免他国“技术突袭”，确保美国“技术优势”。国防高级研究计划局因此成为互联网、全球定位系统（GPS）、计算机操作系统UNIX、集成电路、激光武器、“全球鹰”无人机、X37-B 空天战斗机、脑机接口等一大批尖端技术和新概念武器的“摇篮”。国防高级研究计划局建立了一套“前瞻、开放、竞争、务实”的管理运行机制，不仅从军事技术视角、更从国家安全高度，瞄准未来二三十年超前推动颠覆性前沿技术研究，在技术创新上具有很强的前瞻性，其项目的研发不但蕴含对技术发展走向的预见，也反映出对未来军事作战的超前研判。

一是聚焦前沿。聚焦前沿、追逐新思想是国防高级研究计划局的灵魂。所谓的新思想就是要“看见”人所未见的前沿问题和潜在需求。如果最初之所想都在人们“预料之中”，则仅从技术上是无法产生颠覆性影响的。实际上，在国防高级研究计划局局长们的访谈记录中提及最多的词并不是“创新”，而是“思想”，因为思想才是颠覆性创新的稀缺资源。为此，国防高级研究计划局采用多种方法推倒各种束缚颠覆性技术创新思想汇聚的显性和隐性之墙，打破禁锢思想的藩篱。比如，国防高级研究计划局认为人内在的思维惯性和惰性是创新的天敌，因而无人可以持续创新，只有通过人员的轮换才能不断带进新思想。于是，选择项目经理也是以创新思想为原则，不论年龄、学位学历、职称头衔和专业背景等。前局长乔治·海尔迈耶提出：“我们不关心这些好的思想从哪里来，它们可以来自于普通的学校或者来自于一流的研究型大学。”[1] 数十年以来，国防高级研究计划局在不同时期敏锐把握科技前沿发展动向，先后着眼信息网络、量子物理、预警探测、光电子技术、太空技术等当时的前沿领域，通过系统培育和长期推动，培育孵化了导弹防御系统、高性能计算、隐身战斗机、精确制导武器、夜视仪等重大成果，使美国在“冷战”对抗和历次战争中获得巨大优势。进入 21 世纪，国防高级研究计划局发布《服务于国家安全的突破性技术》等系列战略，新设生物技术办公室（BTO），围绕临近空间武器、网络空间、作战机器人、基因技术等科技领域，通过实施诸如“Hyfly”高超声速飞行器、“Plan-X”网络空间指挥系统、“阿特拉斯”机器人、“生物年代”等计划，为美国正在实施的“第三次抵消战略”提供技术引擎。

二是创新驱动。国防高级研究计划局作为美国国防重大科技攻关项目的组织、协调、管理机构，主要负责高风险、高回报的基础性与应用性研发项目，其使命是使美军长期保持其他国家望尘莫及的技术优势。国防高级研究计划局虽然隶属国防部，但却独立于各军种，主要责任是感知军方的未来潜在需求，而不是去验证军方提出的现实需求，因而抛弃渐进的增量式发展模式，聚焦于技术的突破与革命性的创新。当然，在提出需求的过程中，国防高级研究计划局会依赖其与军方广泛而长期的联络网，进行充分的思想交流与碰撞，甚至直接参与到军方的一些军事演习中，竭力探索未来的潜在军事需求。最快速、最准确地发现那些潜在的军事需求，是国防高级研究计划局的重要使命。在寻求创新灵感上，国防高级研究计划局的项目管理人员特别重视利用协同机制从多种途径捕获创新灵感。例

1　［美］迈克尔·贝尔菲奥尔：《疯狂科学家大本营》，黄晓庆等译，北京：科学出版社，2012 年，第 155 页。

如，国防高级研究计划局的技术机构，既注重吸收来自美国国防部咨询机构的建议，也注重吸收来自国防高级研究计划局资助的技术团体的建议以及来自工业和学术界的建议，此外，国防高级研究计划局的项目管理人员还注重利用大数据展开对国际技术前沿的调研，确保利用多种途径锁定颠覆性技术。在技术创新的组织管理上，国防高级研究计划局采用由上至下的过程定义问题，采用由下至上的方法发现创新灵感。

具体来说，由国防部长、负责采办、技术和后勤的国防部副部长和国防研究工程局的局长专门分配任务；由各军种的部长、参谋长联席会议主席和联合作战司令提出要求；征求高层军事领导的意见，了解他们最关心且难以解决的问题；研究最近的军事行动，找出限制美国部队能力的情况；与国家地理空间情报局、国防威胁预防局、国防信息系统局和国防后勤局等机构进行讨论；与情报机构进行讨论，诸如中央情报局、国家安全局；与其他政府机构或非政府机构进行讨论，诸如国家科学基金会和国家科学院等；参观军种举行的演习和试验等。正是通过上述这些多方高效的协同机制，国防高级研究计划局才能发现潜在的军事需求而非现实的军事需求。

三是宽容失败。众所周知，惧怕失败是束缚创新思想的隐性之墙。崇尚创新，敢冒风险，允许失败，是国防高级研究计划局创新的基本元素，国防高级研究计划局的信任文化尤其注重对失败的宽容与呵护。根据托尼·特瑟局长估计，大约85%—90%的国防高级研究计划局项目未能达到其全部的目标。比如，空天飞机、F6（未来、快速、灵活、分离模块、自由飞行的航天器）、“通灵者”等项目，都因目标过高，经费无法支持而中断。罗伯特·弗萨姆回忆起他在美国国会听证会上被一位国会议员问过这样一个出乎意料而又极具洞察力的问题，“弗萨姆博士，请你告诉我在技术开发过程中你们已经失败了多少次、失败于哪里以及为什么失败？我之所以问这个问题，是因为如果DARPA不是进行知识或技术前沿的研究，就不需要DARPA。……而衡量是否在前沿的方式就是多长时间你失败一次。”[1]因此，国防高级研究计划局在选择资助项目的时候以其是否包含新思想为其重要准则，倾向于高风险高回报的项目，因而不采用常见的规避风险的项目评估方式。例如，不采用学术界常用的同行评议方式，因为他们认为颠覆性创新与学术共同体的“学术共识”毫无关系。他们也不像商业创新那样常常进行态势分析，因为那是规避风险的工具。国防高级研究计划局打破成败之墙的理念与文化使得在科技前沿模糊地带的思想得以不断被尝试，而不是因为惧怕失败而将这些思想拒之门外。国防高级研究计划局虽然强调“高风险、高回报”，但从不逃避风险，而是积极主动管控风险。特瑟说：“我们进行的这些项目通常都会产生巨大的效果，但是几乎没有数据证明这些想法一定能实现……DARPA 的角色特性就是我们会在别人不会做的创意上进行博弈。”比如，1982 至 1985 年国防高级研究计划局执行了一个有关超声速燃烧冲压发动机的“铜谷”计划，随后在此基础上提出了空天飞机计划（NASP）的方案，但后来该计划却仍因技术过于超前而被迫取消。然而，国防高级研究计划局却并不气馁，一直将超声速燃烧冲压发动机的研究坚持到现在。

引领未来是科技创新和武器装备发展的长期根本任务。面对科技创新发展新趋势，世界主要国家都在寻找科技创新的突破口，抢占未来经济科技发展的先机。过去 30 多年，我们主要是跟踪发展，好处是决策较容易做、方案较容易定、研发和使用也有参考和借鉴。但是，跟踪发展只能永远跟在他人后面，跟得再好也就是第二，跟不好还有可能拉大差距。经过长期努力，我国在一些领域已接近或达到世界先进水平，某些领域正由“跟跑者”向“并行者”“领跑者”转变。追赶和领跑是有本质区别的，追赶相当于把提出问题和判断可行性这最难的两步跳过去了，引领就是要在没有明确跟踪目标的情况下创新，面临的难度和不确定性同以前相比不

1　魏俊峰等：《DARPA：美国国防高级研究计划局透视》，北京：国防工业出版社，2015 年，第 86 页。

是一个数量级的。我们不能囿于昨天的思维设计明天的战争，只盯着主要对手和当前任务适应需求，而是要用前瞻眼光密切关注世界新军事革命发展态势，瞄准未来可能“打什么仗、和谁打仗、在哪打仗、怎么打仗”，通过设计战争创造需求，真正牵引和驱动军事技术和武器装备创新。以超常的思维、敏锐的眼光，在技术发展战略判断上下功夫，切实增强技术鉴别力，既防治技术欺骗不盲目跟随，又防止技术突袭与军事强国形成技术鸿沟。以先知先觉的“头脑”、自发自觉的行动，洞悉基础科学和前沿技术动向，关注世界专利进展，围绕支撑武器装备和重大技术前沿突破，大力发展改变未来战争“游戏规则”的颠覆性技术。

三、源头活水

科学技术是人类认识自然和改造自然的结晶。现代科学技术日益发展成为一个门类齐全、层次分明、结构严密的庞大体系，各个分支或部门在科学技术整体结构中具有不同的地位和作用（图 4）。一方面，现代科学由基础科学、技术科学和工程科学形成一个既相互独立，又相互联系、相

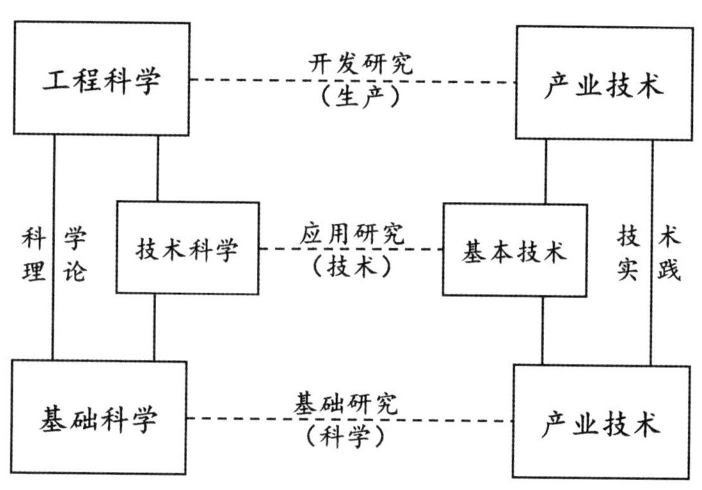

图 4　现代科学技术整体结构图

互促进的结构；另一方面，作为一种重要而复杂的社会活动，当代科学活动是由基础研究、应用研究和开发研究组成的庞大而有机的整体。基础研究以提出和解决科学问题为根本指向，具有鲜明的首创性特征，旨在通过自由探索产出从无到有的原创性成果，即“从 0 到 1”。比如，相对论促进形成了科学的时空观，对现代物理学发展和人类文明进步产生了巨大影响。二战以来，科学技术迅猛发展，科技发展规模越来越大，科研经费投入以指数增长，科技知识的更新速度越来越快，科技成果转化为生产力的周期越来越短。同时，科学与技术由于两者自身发展的逻辑，它们之间的联系日益密切，形成以科学为先导的相互促进、共同发展的良性循环。现代的科学更加技术化，现代的技术更加科学化，科学与技术逐渐一体化。

基础科学是现代科学的基石，是技术科学和工程科学共同的理论基础，其发展水平和状况反映着一个国家的科学水平。基础科学的发展，开辟着新的生产技术领域，产生新的并促进技术科学和工程科学的发展。例如，20 世纪 30 年代，当时物理学的一个重要研究课题是中子与铀核的相互作用，物理学家们原先预料这种相互作用将可能获得更重要的超铀元素，但结果出人意料地发现了铀核裂变反应。正是这一新发现，导致了原子能技术科学和核电工程科学的诞生。技术科学是将基础科学的知识用于解决问题的中间环节。它既带有基础研究的性质（相对工程科学而言），又为基础研究提供新的研究课题和研究手段，从而推动着基础科学的发展。技术科学发展的状况和水平，反映着一个国家的技术水平。基础科学和技术科学的发展状况，同时与经济、社会有着密切联系，作为生产力最重要的组成部分，成为推动经济、社会发展的强大力量。

基础研究是应用开发的前提和基础。当前，传统意义上的基础研究、应用研究、技术开发和成果转化的边界日趋模糊，基础研究与应用开发的关联度日益提高，在科学技术高度一体化的背景下，科技创新活动成为从基础研究经应用研究到开发研究，再到实用技术的连续的整体。如在半导体科学技术中，1927 年发现的“异常霍尔效应”用经典电子学无法解释，英国的威尔逊等提出新的半导体模型——“威尔逊模型”，指出半导体有两类——“电子导电”型和“空穴导电”型。1938 年，达维多夫等人研究了两型半导体相连时的导电，提出了半导体接触整流理论（二极管理论）。第二次世界大战期间雷达的研制过程中，人们受真空二极管发展为三极管后能有电信号放大功能的启示，考虑半导体二极管能否发展为有放大功能的三极管。1945 年美国贝尔实验室开始研制半导体三极管，并于三年后研制成功第一代点接触锗的三极管。之后科学家在研究两个 p-n 结构成面接型三极管时，发现理论储备不足，又掀起了半导体物理的研究高潮，完成了半导体技术的基础理论，为信息技术的蓬勃发展提供了理论基础。

基础研究与产业发展之间的关系日益紧密。基础研究是新技术、新发明的先导，信息技术、生物技术、半导体技术、航空航天技术等，都是基于基础研究的重大突破产生出来的。基础研究的重大进展，往往促进高技术的重大突破，带动新兴产业群的崛起，引发经济社会的重大变革。近年来，在 DNA 结构、纳米效应、诱导多功能干细胞等方面的探索，相继催生了生物经济、纳米产业和再生医学产业的革命式发展。大量新科学原理的应用，成为新技术的源头乃至新的经济增长引擎。它们与 19 世纪兴起的传统产业有很大的差别，没有科学就没有这些产业，因为它们主要依靠走在生产前面的基础科学的支撑。19 世纪那些伟大的发明家，大多数对科学理论、对构成他们发现基础的基本规律不感兴趣。在麦克斯韦看来，发明家贝尔只不过是一个“演说家”。爱迪生发明了电灯，但这项重大的技术突破，与电磁学的理论研究是不相干的。但是，以科学为基础的产业，只有受过正规数学物理等专业训练的人才能开创。没有布洛克在固体物理上开创性工作所提供的知识，就不可能有计算机工业的出现。没有在 20 世纪 40 年代对光学分子束所作的理论研究，就不可能有 60 年代的激光理论和技术。被称为“深度学习教父”的英国数学家辛顿，20 世纪 80 年代提出“人工神经网络理论”，40 年来大多数时间没有科研项目，他就带领学生研究怎么样让学习收敛，几年才发表一篇文章，收敛以后再看怎么能加速，最后提出卷积神经网络理论。谷歌在 2013 年收购了辛顿创立的神经网络公司，从而奠定了其在神经网络领域的霸主地位，成为人工智能领域的领头羊。实际上，科学的基础理论已成为现代社会的战略资源。

从理论上来看，基础研究到应用研究的演进顺序是“基础理论研究—科学产生—技术发明—生产应用—产品开发—占有市场”的过程，完整的科技创新链就是从基础研究、应用研究到技术开发和产业化应用、规模化发展的全过程。实践表明，以科学发现为导向的基础研究是重大的、经济效益高的技术创新不可或缺的基础。基础研究成果是公共产品，具有更广泛的扩散效应和放大作用。尽管基础研究不提供新产品、新工艺和解决技术问题的具体方案，但基础研究向社会提供了新知识、新原理、新方法，其效益不只限于某一领域的应用研究和产品开发，更重要的是，基础研究能以不可预知的方式催生新的产业生态系统。具体来看，技术创造发明根据已有的（包括最新的）基础研究成果做出，即技术进步以科学发明为先导。以激光技术为例。爱因斯坦在 1927 年提出原子系统与辐射相互作用时会产生受激发射的理论。1951 年铂赛尔等做核感应实验时第一次观察到微波的受激发射现象。同年，美国的汤斯研制出第一台微波激射器。1953 年，肖洛和汤斯在一篇论文中提出由微波激射器过渡到激光器所存在的问题及解决问题的建议。1960 年，梅曼制成第一台激光器。激光器制成仅几个月就广泛应用到生产和军事实践中，相继发明了激光测距仪、激光打印机、激光武器等，覆盖军工、航空航天、汽车制造、医疗、电子制造、光伏生产等众多领域。

科学活动作为人类对未知世界的探索，是人类活动中最复杂的，最难以预计的人类活动，充满了不确定性。科技创新的不确定性主要表现在两个方面：一是创新成果的不确定性。即使是著名的科学家也很难对科学发现在未来的发展趋势与应用前景作出准确的预计。比如，著名物理学家卢瑟福 1933 年曾断言：任何希望通过原子的嬗变获得能量的人都是在说梦话，但是 1945 年蘑菇云的升空有力地反驳了卢瑟福的断言。创新成果的不确定在工程、技术与科学领域是不同的，一般来说，科学研究领域的不确定性最大，工程领域的不确定性最小。二是创新过程的不确定性。科技创新是一个复杂过程，涉及自然界、科技人员、社会等多方面大量的影响因子，因而科学发现成果突破的时间、地点、人物、方式及影响，都有巨大的不确定性。相对于技术创新，科学创新的不确定性更大。基础研究点多面广，具有周期长、风险大、难度高的特点，切忌急功近利、急于求成，只有站高谋远、把握方向、精耕细作、持续用力，才有可能在关键领域取得突破。

世界各科技强国都把基础研究作为科技创新战略的重要任务之一，不断推出发展战略，调整科技政策，增加科技投入。美国作为世界科技创新能力最强的国家，一直高度重视基础研究能力建设。二战结束时，扭转了重应用轻基础的价值取向，确立了基础科学引领科技创新的发展模式。2015 年发布的《美国创新战略》指出，联邦研发投资的重点之一是好奇心驱使的基础研究，这一直是美国研究事业的标志，也是技术进步的有力推手，要通过加大基础研究投资，维持美国长远经济竞争力。美国国家科学委员会（NSB）发布《2030 年愿景》，指出要充分利用美国在基础研究上的领先优势，推进把发现转化为创新。自 20 世纪 50 年代以来，美国基础研究投入占国民生产总值的比例几乎翻两番，基础研究在 R&D 经费中的比重也增长了近一倍，2019 年的财政预算中基础研究占到研发总预算的 23.16%。日本二战后经历了很长时间的“技术立国”阶段，通过引进、吸收和消化国外先进技术，一跃成为世界经济实力和科技实力最强的国家之一。1995 年，日本明确提出将“科学技术创造立国”作为基本国策，开始重视基础研究、开放基础技术。日本在第五期科技基本计划中提出，要采取诸多改革和强化措施，推进作为创新源泉的学术研究和基础研究。近年来，日本频出诺贝尔奖得主，与其重视基础研究密不可分。欧盟在当前正在执行的地平线 2020 计划中，把卓越科学、产业技术和社会挑战并列为三大战略优先领域。其中卓越科学部分的资金为 104.6 亿欧元，占全部经费的比例达 1/3 左右，下一期框架计划“地平线欧洲”（2021—2027 年）对基础研究的预算将继续稳定增加。俄罗斯《国家科技发展战略》中明确提出，支持基础研究发展是俄罗斯的首要任务，是保证民族长远发展的基本保障，要继续保持对基础研究领域的投入，使其占全社会研发投入比重不低于 14.4%。由此可见，世界科技竞争的关口已经前移到基础研究领域，对此我们应当有清醒的认识。

四、重点突破

关键核心技术是强国之基、国之重器。核心技术是在基础理论的基础上，在确定技术路线情况下支撑产品实现技术选择中的关键部分，完成这条思路的技术和工艺。关键核心技术在技术生态系统中居于核心地位，影响着一段时期相关领域科技创新整体的走势，对产业的全球竞争力至关重要，主要包括基础技术、通用技术、非对称技术、“撒手锏”技术、前沿技术、颠覆性技术等。工业革命以来，世界科技强国几乎都是通过关键核心技术的群体性重大突破来实现赶超的。比如，英国的蒸汽机，德国和美国的内燃机，美国和日本的半导体等。关键核心技术的孕育形成与发展，遵循科技创新规律，具有以下三个特征：

一是源创性。关键核心技术是创新主体在技术应用开发过程中，形成的具有关键性、独特性的技术产品、核心系统和核心部件等。某种程度上具有不可复制的特点，不容易通过简单的模仿而被窃取或复制，占据着该领域的技术制高点，往往为一家企业所独有。基础研究能力强的企业创新能力就越强，在全球产业链或产品链体系中的控制权以及最大利益的垄断分配权也就越强。一家企业或部门，只要在其中的任何一个产业环节和创新环节掌握关键核心技术，就能够取得技术创新领先优势，在全球产业链或价值链体系中获得独一无二的竞争优势和利益垄断分配权。例如，全球集成电路中关键的光刻机等重要装备和核心关键材料往往是由一两家跨国公司垄断。谷歌公司开发的搜索算法核心技术，具备强大的网络检索能力，使其形成该领域的技术优势。

二是协同性。关键核心技术的突破往往并非依赖某一项单点技术是否先进，也不再是单一领域的突破，而是由各种技术相互作用、相互联系，按一定目的、一定结构方式组成的整体技术突破和梯次合作，取决于其所在相应技术体系和产业基础能力要素的持续优化和整合能力。关键核心技术创新能力包括关键高端生产设备、关键零配件、关键材料以及关键工艺，日益渗透到产业链和创新链中的基础研究、应用开发研究、中间实验研究、工程化研究和产业化商业化这五个环节。比如，“芯片制造核心工艺与装备”就需要光学、数学、物理学、微电子学、材料学与精密机械及控制等多学科领域的交叉协同，在结构、器件、工艺及检测等领域攻克一系列核心科学技术难题。而一部手机所蕴含的知识，就包含了至少 17 位诺奖得主的重要贡献。

三是积累性。关键核心技术具有超高密度科技要素聚集的特点，投入强度大、技术壁垒高、复杂程度高和研发周期长。荷兰阿斯麦最先进的 EUV 光刻机有上万个零部件，需要在产业实践中不断试错和测试，积累大量经验数据来持续提高性能。美国的一位工程师曾这样评价光刻机，“光刻机的一个小零件，工程师就需要调整高达十年之久，就连尺寸的调整就要高达百万次以上。”阿斯麦在 EUV 光刻机技术上投入了数百亿美元，27 年后才真正实现赢利。关键核心技术的突破还需要通过产品转化和大规模应用来实现其产业商用价值。例如，在实验室做出的样品和样机即便某些性能再高，如果缺乏活跃的产业生态支持，也很难形成后续的有效突破。同时，关键核心技术的突破离不开技术领军人才。一款有生命力的操作系统，其经典的版本设计往往凝聚了总设计师深刻独到的设计思想和理念，而不是依靠简单的人海战术和一些所谓“新概念”的堆积。

党的十九届五中全会审议通过了《中共中央关于制定国民经济和社会发展第十四个五年规划和二〇三五年远景目标的建议》，提出到 2035 年基本实现社会主义现代化远景目标，使我国经济实力、科技实力、综合国力等迈上新台阶，关键核心技术实现重大突破，进入创新型国家前列。关键核心技术是要不来、买不来、讨不来的。即使能买来，也会有很大的潜在风险。如果自己的命门掌握在别人手里，平时容易为人所制，战时无法克敌制胜。只有把关键核心技术掌握在自己手中，才能从根本上保障国家经济安全、科技安全、国防安全和其他安全。

一是选准主攻方向和突破口。推进科技创新，首先要把方向搞清楚，否则花了很多钱、投入了很多资源，最后也难以取得好的效果。当今世界科技进步日新月异，技术更替周期越来越短。今天是先进技术，不久可能就不先进了。如果自主创新上不去，一味靠技术引进，就难以摆脱跟着别人后面跑、受制于人的被动局面。同时，我们在创新，人家也在创新，而且人家比我们起点高、投入大、走得快，只有把核心技术掌握在自己手中，才能真正掌握竞争的主动权。比如，现代武器装备十分依赖高端芯片，《简氏防务年鉴》曾称美军的 F-35 战斗机“浑身上下都装有芯片”。我国对于高端芯片的需求也是持续高涨，2017 年全球电子元器件市场总市值 4000 多亿美元，而我国的进口额近 2300 亿美元，接近我国一年的军费支出，其中大部分是高端芯片。其实，早在 20 世纪五六十年代，芯片的研发和生产刚在世界范围内开始，国外也没有高端芯片产业，但我们看到，很多国家通过五六十年的时间发展起来了。而我们因为各种原因造成了高端芯片产业与国外的距离越拉越大，其中一个重要的原因是当时在国家层面没有把微电子技术定位为关键核心技术，有些人认为美国为了巨额利润不会轻易放弃中国这样巨大的市场，提出“用市场换技术”发展模式。结果证明这条路是走不通的，掌握关键核心技术才是唯一正确的道路。因此，只有从实际出发确定正确的跟进和突破策略，按照主动跟进、精心选择、有所为有所不为的方针，把薄弱环节作为主攻方向和突破口，聚焦深刻影响国家安全和军队建设的战略关键技术、长期受制于人的核心关键技术、严重制约战斗力生成提高的瓶颈关键技术，以重大课题、重大项目为牵引，加强前瞻性、先导性、探索性、颠覆性的重大技术研究，努力在关键核心技术领域取得重大突破，才能把“命门”牢牢掌握在自己手中，推动我军科技创新由跟跑并跑向并跑领跑加速发展。

二是在威慑制衡强敌上下功夫。“战势不过奇正，奇正之变，不可胜穷也。”这句出自《孙子兵法》“势篇”中的名言，揭示了战争力量运筹艺术的千古胜律。钱学森早在20世纪70年代末就多次提出，军事技术发展不能满足于“追尾巴”“照镜子”，而是要独辟蹊径地开拓新领域和新方向。所谓“追尾巴”，就是人家有什么就跟着人家搞什么；所谓“照镜子”，就是人家有什么，我们就搞个东西来对付。钱学森在这里提出的“非对称”发展，就是“奇”“正”结合的体现。非对称发展有助于打破先进国家的技术垄断，形成强劲的后发优势。强敌不怕我们跟踪和追赶，就怕我们创新和超越，即使是单项技术的创新和超越，也会对其构成威慑和恐慌。以“两弹一星”为代表的尖端武器装备，是我国站起来、自立于世界民族之林的重要标志和重要支撑。“威慑就是要有遏制能力，让对手不敢轻举妄动。”俄罗斯今天的综合国力虽然较弱，每年的军费开支不足500亿美元，在常规武装力量方面与美国差距不断拉大的情况下，奉行以核威慑为基础、以常规力量为实战手段的积极防御战略，大力发展战略进攻能力和战略威慑能力。俄罗斯非对称发展的思路是，“你没有什么，我一定要有什么。”美国已经建立了世界上最先进的陆基和海基弹道导弹防御系统，俄罗斯要想维持对美国的有效核威慑，就必须寻找新的突破口，于是被称为末日核动力鱼雷的“波塞冬”应运而生。“波塞冬”核鱼雷最大时速200公里，可以在水下1000米深度活动，几乎拥有无限航程、无限动力，在水下美国没有任何能力对它进行侦察、监视和拦截，等于在美国最薄弱的后门悬上了一把“达摩克利斯之剑”。“制衡就是在局部战争中我也未必输给你，就像当年抗美援朝战争那样。”当前，美国凭借其在军事技术方面的主导优势，依靠“前沿部署”“兵力投送”“精确打击”的作战模式，构筑一个攻防兼备的作战体系，该作战体系的关键节点及要害目标主要集中在太空、海洋及网络空间之中。倘若要谋求对其的非对称优势，就必须针对这些关键节点和要害目标，扬长避短，另辟蹊径，善出奇招，发展打击节点、破敌体系的“克星”装备、奇巧装备，以“四两拨千斤”的思路探寻“击节破网、一拳致瘫”的攻击手段，“以能击不能”，达到克敌制胜的目的。

三是建设国家战略科技力量。国家战略科技力量是科技创新的“国家队”，代表了国家科技创新的最高水平，是国家创新体系的中坚力量。近代以来主要科技强国通过培育和发展建制化的国家科研机构、高水平的研究型大学，建立完善支撑科技发展的重要条件平台，组织实施重大科技项目和工程等，快速提升了国家科技创新能力并持续保持竞争优势。美国作为全球军事实力最强大的国家，由政府投资建设了一大批能力水平先进、地位作用突出的国防实验室和重大科研试验设施，为美国保持军事技术优势发挥了重要的战略基石作用。早在 1923 年，在爱迪生的建议下，美国政府组建成立海军研究实验室，专门从事海军军事技术研究。1942 年，美国启动曼哈顿计划，为此建立了橡树岭国家实验室、阿贡国家实验室、洛斯阿拉莫斯国家实验室等。1960 年，美国启动阿波罗计划，建立起包括马歇尔空间飞行中心、肯尼迪航天中心等政府科研机构，以及包括格鲁曼、洛克希德等大型航天企业和麻省理工学院、斯坦福大学等著名高校在内的航天工业体系。美国国防实验室服务国家战略需求，主要从事大规模、高风险、周期长、多学科交叉的基础性、前瞻性研究和高新技术转化工作，覆盖了核、海洋、太空、网络等战略安全领域，以及能源、信息、材料、生物等重大前沿领域。技术链条包括基础研究、应用研究、技术开发、先期样机研发和系统演示验证、研发管理支持和作战系统开发等国防研发活动全流程，为军事技术和高新技术武器装备发展提供完整系统的基础理论和关键技术支撑。因此，必须瞄准国家重大战略需求，发挥我国社会主义制度集中力量办大事的制度优势和超大规模的市场优势，发挥市场在资源配置中决定性作用与更好发挥政府作用，部署一批体现国家战略意图的重大科技项目和科技创新平台，有效激活中央政府、企业、地方政府、高校、科研院所、金融机构等各方力量，构建功能互补、深度融合、良性互动、完备高效的协同创新格局，在国家战略科技领域率先实现跨越。

五、道器并重

所谓“道”，就是规律，是道义、战略、理论、文化；所谓“器”，就是器物，是手段、技术、装备、方法。在人类战争实践的不同时期，两者的发展并不平衡。

中国历来就有重道轻器的文化传统，《周易·系辞》曰：“形而上者谓之道，形而下者谓之器。”《孙子兵法》明确将道、天、地、将、法列为战争五事，却并不言器，绝非偶然。这从一个方面说明，在当时的战争实践中，兵器的进步与创新问题还未进入军事家的视野。随着近代科学技术的进步，武器装备的作用越来越大，尤其是在鸦片战争中，被西方的坚船利炮所震撼，中国古老的重道轻器传统受到根本质疑，工具主义抬头且兴盛。矫枉过正的结果，是逐渐形成重器轻道的思想观念。“师夷长技以制夷”，这种思想主张尽管有开放的、积极的一面，但其潜台词无非是“中体西用”，说明当时的中国作为落后国家，只看到人家的经济和技术进步，试图重视物质手段建设，却忽视了战略，忽视了人文精神，忽视了隐藏在经济技术等物质手段背后的思想价值观念。洋务运动失败，北洋舰队全军覆没，已经表明，重器轻道之路不通，也是形而上学之两极思维在军事技术发展中必然引发的历史悲剧。

人类的思维规律总有类似之处，在西方也存在道器关系问题。近代以来，科学技术狂飙突进，军事技术异军突起，成为殖民者掠夺和征服世界的有力工具。军事技术对于军事理论的决定性作用凸显，军事理论相对滞后，普遍盛行的是技术决定论思想，也就是中国人所说的重器轻道。西方重器轻道观念在 19 世纪得到纠正。19 世纪在社会科学领域诞生了马克思主义，在自然科学领域诞生了麦克斯韦方程。这两大理论都是基于科学技术发展现状与趋势作出的理性判断，指出未来社会和技术发展的走向，促使后来的理论发展和技术进步得以结伴同行。同样的情况也发生在军事领域。如果说马汉的海权理论只是对前人海战实践的经验总结，那么 20 世纪富勒的机械化战争论、杜黑的空权理论就完全不一样了。因为富勒、杜黑的理论不但基于军事技术的先期发明，更促进了后来装甲技术、航空技术的进步。也就是从这时起，军事技术的战斗力倍增作用空前强化，军事理论、军事战略对军事技术的导向作用、牵引作用逐步彰显。

事实上，如何看待武器装备的问题，就是如何看待科学技术价值的问题。科学技术既是工具，又是方法，更是文化。当今时代，人类战争实践已经从自然空间拓展到技术空间、认知空间，理论与技术呼应，战略与工具协同，思想与行动并进，是新军事革命的鲜明特征。谋划和指导战争，既需要军事技术、武器装备等“器”的支撑，更需要军事战略、作战理论等“道”的引领，做到道器并重。

1. 以道驭器

科学的军事理论就是战斗力。一支强大的军队必须有科学理论作指导，这既包括思想政治上的理论指导，也包括军事战略、军事斗争方面的理论指导。国防科技创新同样如此，离不开科学理论指引方向、明确重点、规划路径、提供方法，也就是要注重以道驭器。军事技术引发军事变革并不是自发产生的，而是作战需求、战略思想、军事理论等规划、选择的结果。2015 年，美国确定的五大颠覆性技术领域，就是在“亚洲再平衡”战略和第三次“抵消战略”指导下提出来的，其实质就是要颠覆“信息技术主导下的精确作战能力”，改变“非接触精确作战”的“游戏规则”，揭开了新一轮军事革命的序幕。

设计武器装备就是设计未来战争。今天的武器装备发展，是为了明天的战争，不能用上一代战争的理念去设计下一代战争的武器装备。未来战争研究是武器装备发展的重要牵引。比如，美俄提出的“大纵深突击”“空地一体战”“空海一体战”及其升级版“全球公域介入和机动联合概念”“混合战争”“战略性空天战役”等作战理论和学说。在“空海一体战”理论牵引下，美军发展“致盲”我军反舰弹道导弹信息链的手段，研发高超声速武器对我军远程打击武器发射平台实施快速打击，改装“俄亥俄”级核潜艇具备防区外饱和常规巡航导弹远程打击能力，发展“远程反舰导弹”实施远程自主攻击，发展“海军综合防空火控系统”提高一体化防空反导能力等。长期以来，我军武器装备建设面临的一个突出问题，是对未来作战研究不够深入、不够具体，作战需求提得不清楚、不科学，往往大而化之、笼而统之，还有的生搬硬套外军资料，把别人的需求直接套到我军身上，脱离了我军作战需求实际，导致一些武器装备研制出来后不好用、不实用。因此，我们必须准确把握未来作战需求，实现作战需求与技术驱动有机结合，积极主动地瞄准明天的战争来加快发展武器装备，做到未来打什么仗就发展什么武器装备，确保研发和生产的武器装备适应能打仗、打胜仗要求。

军事理论创新还有助于获取政治支持和社会资源，为武器装备发展和新型作战力量建设扫清道路。比如，20 世纪 50 年代，在战略核力量建设上，美国空军有“战略轰炸”那样现成的理论可以套用，而海军却没有，只能提出全新的理论。于是，海军从核潜艇的发展上看到了希望，大力推进基于“二次打击”核战略的理论研究并广泛宣传，为弹道导弹核潜艇作战力量的发展争取到了政治支持和资源保障。空军在自己的地位受到挑战后迅速做出理论回应，提出了基于“确保摧毁”核打击能力的“先发制人”核战略理论。按照“先发制人”核战略理论，空军拥有从地下发射井中发射的洲际弹道导弹可以打击苏联的导弹发射井，而海军的潜射弹道导弹精度却无法做到这一点，只能用来打击城市目标。海军的回应是发展“星光—惯性”制导技术；空军对此的新回应是倡导“确保生存”，主张发展导弹防御系统和作战力量。结果，洲际弹道导弹和潜射弹道导弹这两种新型作战力量在相互竞争中均得以迅速发展壮大。

2. 以器兴道

武器装备是打赢战争的物质基础，是推动新军事革命发展的重要前提。虽然世界各国新军事变革进展不同、模式不一，但其本质都是要对军队力量、指挥体制、武器装备、后勤保障、组织管理等方面进行全面改革，对战争体系诸要素进行深刻的、创新性的重组，都要遵循从武器装备的器物层面再到体制编制的组织层面，最终到思想理念文化层面的改革重塑。近代以前，科学技术和武器装备对战争胜负影响有限，军事理论更注重韬略、谋略，缺乏对技术的理解和关照。现代科学技术迅速发展并深刻影响军事领域的变革，一支军队对科学技术发展的认知，已经成为一切军事活动的逻辑起点，成为国防和军队建设战略规划的重要前提。只有根据军事技术的不断更新和战争的新变化适时地在军事理论上进行创新，才能产生新的军事理论，并产生新的军队编成，进而才能充分发挥新技术、新武器的作战效能。比如，美军 1982 年提出“空地一体作战”理论时，新型坦克、隐形飞机、精确制导等武器并未大量装备部队，许多甚至还没有投入生产。近年来，无论是“自主战争”“影子战争”“第六代战争”等，还是美军的《2020 联合构想》，抑或俄军的《2020 年前武装力量建设计划》，都是基于科技发展态势，提出的未来作战样式、战争形态及力量建设构想。

军事理论必须主动回应科技创新提出的挑战，源于技术、面向技术、超越技术，从技术的原点上寻找创新的灵感。从某种意义上说，科学技术能走多远，思想认识就一定要走得更远。不了解科学技术的发展特点、规律和趋势，就无法理解社会进步、军事变革的本质，更谈不上提出有效的战略对策。技术路线是战略计划的起点。战略研究已与过去大不相同，光有目标、设想，而无具体的实施步骤，充其量只是权宜的谋略，而非长久的战略。技术路线图作为一种先进的战略规划方法和战略管理工具，既包括对未来的预测，也包括对现实的认知；既包括对目标的确立，也包括对过程的设计；既包括宏观的判断，也包括微观的控制；既包括系统的分解，也包括系统的综合，通过对重大项目、重要领域的发展方向、发展路径、关键事项、时间进程以及资源配置进行科学设计与控制，从而使战略转型有了实实在在的抓手。技术规制是战略操作的方法。“技术规制”，又称“技术导引”或“技术倒逼”，是指预先将某种战略思想内嵌入技术，通过技术设置来迫使人们穿越因习俗、观念及利益造成的现实障碍，最终达到对预设战略思想的主动认知与自觉践行。20 世纪 80 年代，美军针对各军兵种指挥控制系统中“烟囱式”结构的弊端，进行了技术层面的规制化建设，从 C^4ISR 系统到全球信息栅格，通过技术手段强制性地“倒逼”战场上的所有作战单元、作战节点融入网络信息系统，形成体系化作战能力。技术成果是战略实现的手段。如果缺乏对技术的理解，没有技术支撑，战略研究的成果很容易成为纸上谈兵，最后被束之高阁。美军将军事战略优势的获取寄托在技术领先的基础上。新武器装备一经研制成功，就会立即被投入战场。经战争检验过的先进武器装备，很快就会成为实现军事战略意图的新手段，同时为决策者提供新的战略思维空间。二战后，美国军事战略先后经历了数次大调整，从海权战略、空权战略、核战略、“高边疆”战略、有限战争战略到空海一体战等，可以看到这些战略已经深深打上军事技术的烙印。

在我国古代传统技术活动中讲究“制器尚象”。《周易·系辞上》曰：“《易》有圣人之道四焉，以言者尚其辞，以动者尚其变，以制器者尚其象，以卜筮者尚其占。”“制器尚象”的意思就是说，创制人造器物必须崇尚“象”理，引申含义就是器物制造要体现文化底蕴。军事技术作为武器制造的范畴，自然也要遵循“制器尚象”的内在机理，注重器物与文化的交融。事实上，军事技术不仅仅是冷冰冰的钢铁与硅片，从文化的维度审视武器装备，能够让我们看到渗透于钢铁之中的人类科技文明与军事思想，看到深深嵌入在硅片之中的民族“胎记”和文化“烙印”。美军奉行“技术制胜”“零伤亡”等信念，映射在军事技术发展上，就是充分利用科技优势，不惜重金打造“断代优势”的武器装备，极力发展隐身战斗机、无人作战兵器、导弹防御系统等。俄罗斯的大国思想、横跨亚欧、重战尚武等民族特性，深刻地影响其武器装备的发展，打造了自成体系、重视威慑、灵活务实的完备武器装备体系。我国军事技术创新也应秉承“制器尚象”思想，注重武器装备发展的本土化与实效性，从我国博大精深的传统文化土壤中汲取营养，形成民族特有的武器装备文化风格，让冰冷的武器装备坚硬躯体中流淌着文化的血液。

总之，国防科技创新必须坚持道器并重。我们这里所言的“道”，不是传统文化中玄妙的悟道，而是侧指科学的理论规律、前瞻的战略思维；我们这里所言的“器”，也不是日常语言中简单的物体，而是侧指战争的器物、作战的技术。国防科技创新要注重以道驭器，超越实用理性，谋求以器兴道，秉承“制器尚象”。在武器装备与本土文化之间找到契合点，在科学原理与技术开发之间找到链接点，在战略研究与装备创新之间找到平衡点。为此，就要锻造遴选一批懂科学、懂技术，同时也懂哲学、懂政治的人才队伍。这支队伍要深谙传统文化的精髓，善于在装备发展与民族文化之间架设桥梁。要熟悉基础科学的前沿问题，善于根据基础科学的动向和趋势提出国防科技创新的新方向、新需求。要坚持文化与装备交融、战略与技术并行，软硬兼施，道器并重，决不能在道器二极之间震荡，而是要在两者之间保持必要的张力。

第六章　战略抉择

“战略”即“行动的观念”，是主体用以指导客观行动的全局性思想与策略。[1]军事技术发展战略从来不是天才的幻想，它同一般意义上的“战略”一样，“是思考和感觉态度的表示，而几乎从来就不是自由考虑所选择的路线”，它上承国家战略和国家安全战略的整体需求，下启军队备战打仗的具体实践。[2]对任何国家而言，军事技术发展的战略抉择问题，从本质上说，就是军事技术发展目标、原则、方向、路径的选择问题。它一方面源自对技术自身及外部安全环境的宏观预测，另一方面来自战略战役战术等军事层面的现实需求。人类军事史上诸多成败兴衰，皆缘自当初战略抉择的高下之分。

一、战略取向

战略从一开始便是与战争密切关联在一起的。从军事战略到国家安全战略，从经济战略、科技战略、文化战略到国家战略等。战略的内涵逐渐丰富，战略的边界不断拓展。从某种意义上说，军事技术发展战略形成与演进的过程，就是军事科研体制化的过程，也是军事技术对战争影响逐步加深的过程，更是军事技术与国家安全关联日益密切的过程。战争的工业

1　［法］薄富尔：《战略绪论》，钮先钟译，台北：麦田出版社，1996 年，第 15 页。

2　钮先钟：《西方战略思想史》，桂林：广西师范大学出版社，2003 年，第 237 页。

化、“为战争而组织科学研究”、爱因斯坦致信罗斯福催生的“曼哈顿工程”，以及美苏冷战对抗推动的战略研究，都是军事技术发展史上闪亮的拐点与路标。如今，当代军事技术发展成为一个非常庞大而复杂的体系，不仅有着自身的内在发展规律，还受到诸多外部因素的影响和制约。“现代战略家们谋划的领域是广大而复杂的，简单的定义不能说明是什么因素使得战略成为整个军事艺术中最基本和最难以把握的部分。在当今时代，把战略看成是一个既要考虑追求的目的（目标），又要考虑达成目标的途径和手段的复杂的决策过程，则更准确、更能说明问题。”[1]审视军事技术发展战略问题日渐成为科学家、政治家一种自觉的行为、一种共同的关注。制定合理的军事技术发展战略，在确保军事优势的同时，实现与国民经济的良性互动，成为各国富国与强军逻辑链条上的重要一环，而这一切取决于军事技术发展的战略取向。

1. 前瞻性

“火烧眉毛顾眼前”是人类的通病，重视现在，忽视未来，是一般人常有的心态。但战略恰恰要思考如何创造历史、如何驾驭未来。何况，“战略与医理相通，预防重于治疗，尤其是有许多病只能预防而无法治疗。”基于上述认识，我们不难发现，预见未来应该是军事技术发展战略的首要取向。战略的前瞻性就是要能够预测到未来国防安全面临的威胁，提前开展军事技术研究，从而达到领先时代发展的要求。恩格斯对此曾有过精辟的论述：“谁也不会比‘暴力’即国家更感到苦恼，国家现在建造一艘军舰要花费像以前建立整整一支小舰队那样多的金钱；而且它还不能不眼睁睁地看到，这种贵重的军舰甚至还没有下水就已经过时，因而贬值了。”[2]恩格斯做出这种论断是在一百多年前的机器工业时代，在信息化时

1 ［美］丹尼斯·德鲁等：《国家安全战略的制定》，王辉青等译，北京：军事科学出版社，1991 年，第 13 页。

2 《马克思恩格斯文集》（第 9 卷），北京：人民出版社，2009 年，第 180 页。

代的今天，倘若军事技术研究不具有前瞻性，那么就会造成严重的损失，也难以应对国家安全威胁。

在战略研究中，对军事技术未来发展趋势的判断是极为困难。“预测是人类活动中最复杂的行为之一。站在新千年的高度，回首无数代先辈走过的道路，可以看出，要越过多少荆棘和障碍，才能形成未来学方法论的‘积淀’，才能从认识到预见，再从预见到预测，逐步地向前发展。”[1] 在世界军事发展史上，总有一些国家能够前瞻预测未来，并凭此获得军事优势。当然，也不乏失败者。比如，第二次世界大战前，在德国陆军军械部的资助和直接领导下，布劳恩研制出世界上最早的弹道导弹 V2 导弹。然而，希特勒等高层决策者对弹道导弹这一新式武器装备的理解却是一战中的“巴黎大炮”，V2 导弹的作战应用最终也没有突破炮兵战术的范畴。二战结束后，布劳恩被美军俘获，供职于美国陆军红石兵工厂。在他的领导下，研制出“朱庇特 C”导弹，将美国第一颗人造地球卫星送上太空。然而，美国陆军没有认识到弹道导弹这一新型作战力量的政治本质，对作战理论建设没有给予应有的重视，结果在美国国会的政治辩论中败给了对“战略轰炸”理论驾轻就熟的空军，导致花费大量资源研发出的洲际弹道导弹被划归空军管辖。由此可见，军事技术发展取决于政治家、军事家敏锐的前瞻眼光。

2. 总体性

所谓总体取向，就是说当战略家研究其问题时，必须认清问题本身所具有的总体性，同时又必须以总体性的眼光来看问题。美国战略思想家勒特韦克指出：“把问题分开来处理，那只能算是战术思想而不是战略思想。战略思想具有综合性、整合性和全体性。它是一种辩证法，使似乎是

---

1 ［俄］沃罗比约夫：《军事未来学》，黄忠明等译，北京：军事谊文出版社，2002 年，第 8 页。

分离的和矛盾的因素能合而为一。因此，不要单独地只想解决某一问题，或对某一事件作孤立的思考。不要只寻求部分的解决，而不考虑其对于整体的影响。”[1]军事技术发展战略涉及武器装备、国防关键技术、国防科技投资及国防科技人才等诸多方面，是一项上承国家安全发展战略，下启军队建设筹划设计的综合性系统工程。从战略要素来看，包括战略指导思想、战略目标、战略路径、战略重点、战略步骤和战略对策等；从战略的功能来看，包括对国防科技现状和需求的分析，对未来国防关键技术的预测、选择和规划，对武器装备研制、生产和采购的规划论证等诸多内容。因此，制定军事技术发展战略必须遵循总体性原则。

以美国冷战前后的相关战略计划为例。苏联解体前，美国实施“战略防御计划”时，一方面，考虑到了在更高层次上与围堵、瓦解苏联的大战略配合；另一方面，也注意到了该计划本身所具有的科技与经济溢出效应。1981 至 1987 年间担任国防部长的卡斯珀·温伯格就曾谈到过“战略防御计划”的这种溢出效应：“推行‘战略防御计划’得到的‘附带技术’，可非常有效地对付其他类型的核武器，包括战场核导弹，第三世界的核威胁（如叙利亚的导弹），以及巡航核导弹。这里的关键是，天基探测器能发现来袭的导弹，并将数据提供给陆基武器系统。这样，这些武器系统就能够遂行摧毁那些短程、低弹道核武器的任务。特别需要指出的是，我在前面提到的激光系统将为我们提供全球性反飞机能力，因为那些能够击落导弹的激光器同样可以击落来袭的飞机。苏联人之所以如此害怕‘战略防御计划’，部分原因正是我们有这些‘附带技术’，特别是天基系统。”[2]

冷战期间，美国的安全战略主要是对抗苏联的威胁，其军事技术和武器装备发展主要针对的也是这一目标。比如，苏联对美国的威胁主要是核武器及战略运载工具，而美国国防部就重点发展这方面的技术和装备。苏

1　钮先钟：《战略研究》，桂林：广西师范大学出版社，2003 年，第 93 页。

2　［美］卡斯珀·温伯格：《美国前国防部长回忆录：在五角大楼关键的七年》，军事科学院外国军事研究部译，北京：军事科学出版社，1991 年，第 243 页。

联解体后，美国成为世界上唯一的超级军事强国。俄罗斯虽然拥有与美国相当的核武器，但其陆、海、空军在装备和训练上远不如美国，没有任何国家能够在军事上挑战美国的霸权。然而，“9·11”事件使美国感到极大震惊，很快就做出了战略反应：一方面，针对恐怖分子的袭击策略，美国加快战略转型以应付新的威胁，比如，成立了“国土安全部”并对美军的组织、训练、装备和驻地加以调整；另一方面，乘机在全球范围内掀起了“反恐”浪潮，并借机迅速向全球战略要地挺进，对俄罗斯形成了巨大的战略压力。显然，美国在这一战略调整过程中，其军事技术发展、军事战略及国家战略之间有种联动机制，体现了战略的总体性取向，正所谓“牵一发而动全身”。

3. 匹配性

早在19世纪，恩格斯论及欧洲各国的军队时明确指出：“然而民族性格、历史传统，特别是不同的文化水平，却又造成许多差异，并形成了各个国家军队所特有的长处和短处。”[1]也就是说，一个国家的军事技术发展战略既要与其国家战略及军事战略相匹配，也要与经济基础、科技水平和地理环境相适应，这是确保国家有限资源得以最优化配置的基本前提。

一是与战略思想相匹配。冷战期间，美苏两国奉行全球战略思想，这就决定了它们发展的军事技术与其争夺世界霸权相一致，特别是在核军备竞赛上，导致打击能力恶性膨胀，甚至出现了与战争的基本目的严重不相称的态势。而对立足于独立自主的世界其他绝大多数国家来说，它们发展军事技术的目的主要是为了防御，因而不论在数量上，还是在质量上，都不构成对别国的威胁。因此，这些国家即使拥有核武器，也是极少数量的，是用来防御和遏制大国核攻击的。

二是与经济实力相匹配。战争的胜利是以经济实力为后盾，发展军事

1　《马克思恩格斯全集》（第11卷），北京：人民出版社，1962年，第466页。

技术离不开一定的经济基础支撑。当代军事技术向信息化、智能化发展的同时，不可避免地导致其研发费用大幅增加，对一个国家的经济能力提出了更高要求。在这种情况下，只有那些综合国力强的国家才有可能研制并装备那些造价昂贵的高技术武器装备，而其他国家一般都只能发展一些费用低但有一定效能的军事技术，或者象征性地采购一些高技术武器装备。

三是与科技水平相匹配。当代军事技术以现代科学技术发展水平为基础，并且集中了后者的一切先进成果。不言而喻，拥有强大科技实力的国家更能够发展那些具有重大军事应用前景的颠覆性技术和杀手锏武器装备，从而确保在军事技术上处于领先地位。比如，美军的“第三次抵消战略”，旨在谋求技术优势抵消主要对手的战略优势，强调优先发展支撑“反介入 / 区域拒止”能力的所谓颠覆性技术。在“抵消”与“反抵消”对抗博弈中谁能胜出，关键看谁能发挥其战略优势和科技优势，锻造自己的“杀手锏”。

四是与地域环境相匹配。地域环境一直是影响各国军事技术发展的持续稳定的因素。它从一个方面决定了一个国家发展什么样的武器、装备多少武器，及至采用什么战略指导思想。比如，以色列因其独特的地域环境，奉行“进攻型防御战略”和先发制人的威慑战略。为此，以色列十分重视空军建设，以及导弹与核武器的研发。此外，由于情报搜集和处理对以色列这样一个长期被包围、易受攻击的小国来说尤其重要，因此以色列十分重视预警技术的发展。

4. 隐蔽性

战争作为人类互相残杀的怪物，自诞生的那刻起就是一个充满反常逻辑的领域。“攻其不意，击其不备”一直是历代军事家们心中念念不忘的“谋略法宝”。与此相呼应，军事技术发展的隐蔽性就是达到出奇制胜的要诀之一。由于事关国家安全，一般而言，一个国家军事技术发展战略的真实图景往往倾向于保密。不仅如此，有时为了蒙蔽潜在的敌对国家或诱使其走向军备竞赛的深渊，还会故意对外宣传虚假的军事技术发展战略意图。此外，对于核武器、生化武器等与军备控制关联密切的军事技术发展，诸多国家通常采取的策略是，宣称相关研究纯粹是为了民用，毫无军事企图，从而规避全世界的关注。一战中，坦克的问世对此作了恰当的注解。在当时的战场上，机枪、铁丝网和火炮已经使战争陷入僵局。此时，在海军大臣丘吉尔的支持下，英国开始了“机枪破坏机”的秘密研制，很快在英国海军部就诞生了一个“斜方形铁盒”。为了蒙蔽间谍，英国人把它称作“Tank”（箱或匣）。随后，战场指挥官黑格迫不及待地将之投入战场。英军在很短的时间内就占领了正面 5 千米的一块阵地，战场的僵局开始打破。坦克只是一个开端，但却不是一个特例。

军事技术发展的强对抗性，从根本上决定了其战略的隐蔽性。比如，20 世纪 60 年代，苏联的“火箭核战略”主要是对美国“大规模报复战略”的反应，而 70 年代苏联在制定和完善“大纵深立体打击”构想时，美国则以“空地一体战”作出回应。这些充满对抗性的举措注定了相应的战略决策一定是隐蔽的。再比如，美国对核武器的持续关注，尽管没有公开表述，但背后的动作都揭示了这一点。当年，古巴导弹危机的较量虽然证明了美国在导弹数量和质量方面仍保持对苏联的优势，但美国并没有放松继续发展核武器的努力。美国国防部长罗伯特·麦克纳马拉还是组织人力对未来核战争进行了认真研究，提出了相互确保摧毁战略。相应地，从 1961 到 1963 年，美国洲际弹道导弹从 63 枚增至 424 枚。

5. 务实性

由于战略在实施过程中会遇到各种各样的阻力，而且战略本身有时也处在不断认识、调整之中，因此，就决定了战略必须要有一定的弹性。换言之，战略一定要注意适合性、可行性和可受性，战略要不停地从经验世界吸取灵感，时刻保持调整的姿态。这是确保战略成功实施的前提，也是其内在要求。比如，美国 B-1 轰炸机曾被设计为一种超音速洲际侵入式战略轰炸机，其航程可保证往返于攻击目标，并凭借其航行速度和电子对抗系统战胜对手。但后来经过多次测试及评估，卡特政府认为这类轰炸机未必比巡航导弹更有效，并且飞机“隐形”技术的不断发展，更加快了 B-1 轰炸机的淘汰速度。于是，1977 年，卡特政府决定取消 B-1 轰炸机的研发计划。该决策方案一经抛出，即引发军方的一片反对，特别是来自空军的强烈反对。后来，里根政府撤销了该决定，并为军方装备了 100 架 B-1 轰炸机。然而，B-1 轰炸机因设计本身导致的问题不断显现。同时，隐形技术迅猛发展并被配置于 B-2 轰炸机上，最终导致了 B-1 轰炸机的终结。随着冷战的结束及国防预算的紧缩，埋葬 B-1 轰炸机的 B-2 轰炸机在被生产了仅仅 20 架后也走进了历史博物馆。

军事技术发展战略务实性取向还体现在，许多时候出于经费的考虑，既要保持武器装备形成体系，又要遵循武器装备发展渐进性规律，务实性取向就是最好的选择。比如，越南战争后，美国提出要同时打赢一场大战争和一场小战争（即一场半战争）。但是，由于武器装备的研制费用不断攀升，于是美军采用“新旧并用，高低结合、分档配备、梯次换装”的武器装备编配体制和方案，渐进式更替武器装备。以坦克为例，XM-1 型坦克制造费用为 M60 坦克的 3 倍，但性能远较 M60 优异，以一辆 XM-1 替代一辆 M60，以 3 倍购价来算仍属合算。美国政府仍决定保持原装备数量，用 XM-1 逐步替换 M60。[1] 军事技术发展战略的务实性取向还体现在采用先进技术改进现有武器装备方面。比如，美国海军“新泽西”号战列舰的舰体是 20 世纪 40 年代建造的，而舰上搭载的许多武器装备则是 80 年代的。再比如，美制 M41 轻型坦克和 M48 坦克均为 20 世纪 50 年代服役型号，大量出口到国外，通过更换动力装置和新式火炮，采用先进的火控系统和新型炮弹，老型号获得新生。前者的改进型 M41GT1 在泰国成功进行

1 ［美］岳念祖：《美国国防工业与军事力量》，上海：华东工学院，1984 年，第 5—6 页。

了试验，泰国陆军决定把它的 200 辆 M41 坦克都改造成 M41GT1 型；后者的改进型“超级 M48”，作战效能超过 20 世纪 60 年代服役的 M60A1、“豹-A1/A3”和“奇伏坦”MX2/MX3 等主战坦克。[1]

二、技术选择

选择是主客体之间关系的集中体现。选择的本质是取舍，是一种多样性消解的过程，体现事物由可能性向现实性转变的过程。达尔文的《物种起源》提出了生物界自然选择和人工选择的概念，指出人类用有计划的和无意识的选择方法能够影响生物形状的发展方向。这一思想被一些欧洲思想家引入技术层面，认为人类主观意识对于技术发展同样具有选择作用。法国技术哲学家斯蒂格勒指出：“技术现象……的根源和动物学的逻辑是一致的。与达尔文进化论奠定的动物学系谱相似，‘技术学系谱’体现了人和物质之间的关系。”[2] 由于技术客体的现实与潜在的多样性，在发明与需求之间产生矛盾，这就为技术选择提供了可能。技术选择就是确定某种技术作为下一步发展方向的活动。正是由于人类对于技术的不断选择，才使其不断地向着适应人类发展的方向而进步，推动社会生产力不断提高。

技术选择是有基本约束条件的而不是任意的，受到人工物存在的各个社会环境的约束，是一个由不断变化的社会经济、军事因素、文化环境等与人的主观能动性相结合基础上的社会选择。比如，16 世纪末，日本枪炮生产量居世界之冠，但是到了 18 世纪，枪炮被武士们的剑与盾所代替，它们之所以被完全淘汰，不是因为其军事效益不高，而是因为剑与盾是武士道精神和英雄主义的体现，而枪炮与日本文化则不具有明显的丰富

1　蒋宝祺主编：《中国国防经济发展战略研究》，北京：国防大学出版社，1989 年，第 71 页。

2　［法］贝尔纳·斯蒂格勒：《技术与时间》，裴程译，南京：译林出版社，2000 年，第 58 页。

联系。因此，后来在西方火器的压力下，日本又重新开始了火炮和大炮的制造。正如巴萨拉所说："事实一次次地说明，单是生物需要和经济需求都不能决定何物获选。相反，在很大程度上是这两者与意识形态、军事主义、时尚和对好生活的现存看法合起来构成了取舍的基础。"[1]

军事技术是随着国家的出现、常备军的建立而产生的，因而不论在任何时代，军事技术的发展和研究工作，一般总是统一于国家的领导之下，以适应国家安全的需要。任何国家、任何民族，不管是出于侵略的需要，还是防卫的需要，为了达成战争的基本目的，都必须建立和发展自己独立的军事技术力量，否则必然受制于人，在战争中陷入迟疑坐困的境地。然而，清晰地把握军事技术发展的战略方向，并不是一件轻而易举的事，在特定的历史背景下，受传统思维、现实迷雾的影响，有时真正的战略方向往往会隐在常人看不见的深处，有待特别的洞察力去发现。

二战之后，美国国内对于氢弹发展的争论，是军事技术选择的一个典型案例。1945 年，美国率先成功爆炸原子弹之后，围绕是否开展氢弹研究，存在较大分歧。当时，以 V. 布什为代表的一批科学家和科技管理专家认为，原子弹研制难度巨大，依据苏联当时的条件需要至少 20 年时间才能成功，这就导致美国没有抓住研制氢弹的战略机遇期。在苏联爆炸原子弹的消息被确认后，美国加州大学伯克利分校劳伦斯国家实验室副主任特勒倡议加快推进热核聚变武器的研制。但是，以"原子弹之父"奥本海默为代表的一批科学家强烈反对实施这一计划，这些科学家的动因各有差异，有的是基于技术和军事原因，认为氢弹是多余的、不可行的和危险的；有的是出于道德的信念和伦理原因反对研制氢弹；有的担心氢弹研制背后确实存在一个巨大的、曾被艾森豪威尔总统提醒过的军工复合体的利益集团。奥本海默在致科南特的一封信中写道："我们对这种武器的结

1 ［美］乔治·巴萨拉：《技术发展简史》，周光发译，上海：复旦大学出版社，2000 年，第 206 页。

构、耗资、运输和军事价值都不清楚。……我对这可怜东西的效果如何没有绝对把握，……它甚至会使我们目前的国防计划大大失去平衡。使我不安的是，国会议员们和军人们会想要用这件东西来回答俄国原子爆炸所引起的问题。反对研究这种武器是愚蠢的。我们一直认为，应该研究，也必须研究，尽管各种试验看来都失败了。但是把我们和它连在一起，把它作为拯救国家和平的途径，在我看来是太危险了。”[1] 奥本海默的这种忧虑影响了美国原子能委员会的战略抉择，致使特勒、劳伦斯及惠勒等人提出的氢弹研制计划被取消。但是，劳伦斯和特勒他们并没有灰心，继续努力游说。经过多年努力后，当初反对其计划的科学家越来越多地站到了他的一边，包括奥本海默、费米、贝特等。这些科学家转向的动因也各有差异，但共同之处也十分明显，那就是对手苏联的威胁。

由于军事技术选择的主体是具有不完全信息的人，因此选择在特定的国家安全环境与威慑约束条件下给自由意志留下很大的空间，一个国家在对其军事技术选择的认知中往往充满争议，有时甚至需要经过一些“惨痛”的经历才能达成共识。但是，有一点是相同点的，那就是军事技术的选择必须以战略管理思想为指导，深入分析军事技术发展的特点，注重需求牵引、科技推动、综合平衡、军民两用、经济许可等原则在军事技术选择中的应用。

其一，需求牵引原则。从应对军事威胁、提高作战能力、改善作战效果的需求出发，基于作战使命和任务要求来确定军事技术发展和武器装备的研发重点，对军事技术体系研制重点进行分解，分析出需要重点突破的国防关键技术领域和研究方向。美军军事技术的发展就始终坚持需求牵引的原则，在 2000 年出台的《2020 联合构想》中，提出了“主宰机动、精确交战、集中后勤、全维防护和信息优势”的作战能力需求，各军兵种皆

---

1 ［德］约斯特·赫尔比希：《原子物理学家的戏剧》，任立等译，北京：原子能出版社，1983 年，第 348—349 页。

根据《构想》制定了自己的能力建设和武器发展计划，提出了相应的重点发展的关键技术。当然，实现需求牵引的前提是能够明确提出作战需求，这就需要超前的作战理论指导。认真总结现代战争的特点，同时采用计算机模拟、虚拟现实等技术推演未来战争，并以此形成指导未来战争的作战理论，从而明确作战能力需求，才能更好地引导军事技术的发展。

其二，技术推动原则。当代军事技术和武器装备，从结构原理的研究设计到配套生产，都是以现代科技提供的原理和技术成果为基础的。核武器的研发是以核物理学的发展为前提，弹道导弹的研制则是以空气动力学、材料科学、动力技术以及自控技术的发展为基础。技术作为“人类满足自己的需要，创造、控制、改进和利用人工自然系统的过程”[1]，具有作为自然属性的内在规律。任何国家在谋求以技术优势获取战争优势时，首先必须把握技术自身的发展趋势，通过与科技共同体的互动，在技术发展趋势的诸多可能性中选择最有利于转化战争优势的方向。技术推动的军事技术发展必须与战略诉求的变化相匹配，一项军事技术也许在技术层面满足了设计者的原初意向，但如果无法与军事需求相适应，也会成为与战争无涉的“它者”，沦为无法用于军事的“军事技术”。

其三，综合平衡原则。即“军事—技术—费用”综合平衡原则。该原则要求在军事科研计划的制定和武器装备研制项目的选择过程中，除了在总体上考虑军事、政治、经济和科技等方面的制约因素外，还必须满足技战性能突出、生存能力强、费效比高三点要求。鉴于这三点要求是由美国国防科技政策专家保罗·尼采提出来的，所以西方学者称其为“尼采三原则”。战术上有效是指研制的武器要具有特定的作战能力。早年，美军宣布取消已投入巨资的“科曼奇”直升机研发项目，就是因为当前美国可预见的作战环境已经与20多年前大不相同，当初设定的“科曼奇”战术性

1　陈昌曙：《陈昌曙文集·科学技术与社会卷》，北京：科学出版社，2015年，第4页。

能已无法满足当前的实际需要。生存能力是指武器装备在实战条件下不仅能够持续高效地执行作战任务，而且还要具有应对对方打击的技术措施。生存能力是实现战术能力的基础和前提，越是在特殊危险环境下，武器装备的生存能力就越重要。费效比高是指在武器装备的研制、采购和使用维护中应该用最少的投资达到尽可能高的效果。较高的造价和维护费用往往成为限制武器装备大批量生产使用的阻碍因素。一般而言，在 1 比 1 的理想条件下，进攻性武器不仅要具有技战术优势，还要能够以较小的成本摧毁敌方的昂贵装备，或者给敌方造成巨大损失；对于防御武器而言，要能够有效遏制敌方昂贵得多的进攻性武器或使之失效。否则，费效比太低就不适合研制发展。

其四，军民两用原则。随着科学技术快速发展，国家战略竞争力、社会生产力、军队战斗力的耦合关联越来越紧，国防经济与社会经济、军用技术与民用技术的融合度越来越深。世界各主要国家越来越多的利用国家资源和社会力量来发展军事技术。1994 年美国国会技术评估局发布《军民一体化的评估报告》，第一次把军民兼容作为长期发展规划进行总体设计。2003 年出台的《国防工业基础转型路线图》中，明确提出构建全球化、一体化的国防工业基础，并组织实施了国家导弹防御计划、先进概念技术演示计划、两用科学技术计划等一系列具有深厚军事应用潜力或蕴含巨大商业应用价值的规划计划，创新了一批军民两用高技术群。据统计，目前美国军用和民用关键技术有 80% 是相通的，俄罗斯也达到 70% 以上。坚持这一原则，能够使军事技术的研究开发，与国家的经济社会发展在技术方向一致的基础上统一起来，使军事技术研究开发成为国家经济技术进步的重要源泉，同时，军事技术的预研也能获得更为广泛的技术基础。

其五，可行性原则。通常分为政治可行性和经济可行性。一般而言，发展军事技术要遵守一定的国际公约和国际法，不能威胁到他国的安全和利益。比如，对于核武器和化学武器的禁止研制使用都达成了共识，并形成了《不扩散核武器条约》《禁止化学武器公约》等协议。经济可行性是指军事技术的发展要充分考虑国家的经济承受力，在保证性能的同时，最大限度地控制和降低费用。从广义的角度来看，经济可行性不仅是指军事技术发展战略要符合国民经济承受能力和技术研发能力，与国家经济建设协调发展，而且还要确保装备科研经费在军费中占有适当的比例，结构合理，建设均衡，要确保技术发展过程符合费效比最高的原则。

三、技术预见

技术预见是将技术发展预测与规划置身于经济社会大系统的背景中，对未来技术发展进行有步骤探索的过程。第二次世界大战期间，技术预测在美国海军和空军科技计划制定方面得到了广泛的应用。二战的胜利也证明了运筹学和统计规划对于军事发展的重要性，技术预测开始盛行于美国军事领域。二战后，美国空军科学顾问团出版了《迈向新的地平线》的报告，以预见 20 年后的军事技术，这是最早的技术预见活动。兰德公司就是在那个时候成立的。

1. 从预测到预见

预测是指在相对高的可信度上对未来发展做出可能性论断，其中精确性是最重要的参数。预测的目的是预报确切的结果。早期的军事技术预测大多属于探索性预测，只是对已有技术发展轨迹的外推而不考虑未来可能的发展方向和突破，不适用于解释社会现象的复杂性和多样性。由于冷战和国际竞争的需要，科学技术尤其是军事和航天技术领域迅猛发展，日益受到政府的关注和支持，决策中需要确定研究与开发的优先领域、投资规模和时间进度，促进了定量预测方法的发展。日本于 1971 年采用大型德尔菲调查的定量方法开展技术预测调查活动，到 20 世纪 70 年代这些预测方法已经相当成熟。

技术预见是技术预测后研究科技未来的新方法。1984 年，英国苏塞克斯大学科技政策研究所的约翰·欧文和本·马丁最先提出，将“研究预见”作为一种调查科学技术长远发展的工具，目的是确认有可能产生最大经济或社会利益的战略研究领域。技术预见不是简单的技术发展预测，而是要通过系统研究科学、技术、经济和社会未来的发展态势，识别和选择可能给经济社会带来最大化效益的重点领域和新技术，为加强科技战略分析与规划水平、优化资源配置提供有益支撑。

20 世纪 90 年代以来，技术预见已经成为一股世界潮流，无论美国、日本、德国、英国、荷兰等发达国家还是发展中国家都积极酝酿、开展基于德尔菲调查的国家技术预见活动。美国总统科技政策办公室于 1990 年成立“国家关键技术委员会”，从 1991 年开始每两年向总统和国会提交《美国国家关键技术报告》。国家科学基金会也根据美国国会通过的“国家科技政策、组织和优先法”的规定，每 5 年进行“科学技术 5 年展望”，定期向国会报告。联邦政府的许多部门也对预见工作十分重视，如国防部根据现代战争特点，每年拨专款进行相关研究。此外，美国兰德公司等智库也开展科技战略研究和前瞻研究。自 1996 年开始，美国国家情报委员会出资赞助兰德公司针对世界科技领域的重点发展方向进行预测和预见，分别于 1996 年、2001 年和 2006 年出版发布了三次全球技术革命报告《展望 2010 年全球发展趋势》、《生物、纳米、材料及信息技术全球发展趋势 2015》和《全球技术革命深度分析 2020》。其中，《全球技术革命深度分析 2020》报告不仅跟踪了先前趋势预测的进展，并在此基础上寻找新的科技趋势，而且通过描述潜在的技术应用来向大众传达重大技术前沿的潜在影响，以期帮助决策者制定出更好的战略计划。

军事技术预见的主要目的是确定科学技术进步对未来武装力量的战斗力和战争性质的影响。它要求运用有效的预测方法，规划武器和军事技术装备的发展道路，确定新装备研制和现有武器系统现代化改造的可能性，查明影响武器装备发展的因素，揭示武器装备发展的规律性，指出未来军事技术进步的总体方向，为军事技术、武器装备和专业技术的发展提供充分的依据。例如，苏联曾经在莫斯科周围建立造价昂贵的固定式导弹防御系统，结果证明并不完全正确。该系统在核导弹密集突击和受到强大干扰的情况下，拦截复杂弹道目标的可能性极小。同时，大量资金还被浪费在建造大量钢筋混凝土飞机掩体上，而今天这些掩体已无人问津。20 世纪 80 年代末，苏联轻率的防空系统改革也是一个短视而浪费的惊人例子。经常发生这样一些怪事：许多武器和军事技术装备系统虽已交付部队，但始终没有列装。例如，米格-19 型飞机、许多型号的导弹武器、“天空-1C”型防空指挥控制系统、某些型号的驱逐舰和大型导弹舰只、用于莫斯科防御的 C-25 型防空导弹系统等。[1] 由此可见，缺乏远见的军事技术政策会产生严重的后果，导致惊人的资金浪费。

军事技术预见的一项任务是国防关键技术选择，预见可能出现的颠覆性技术突破，并确定其对未来战争的影响。例如，原子能领域的新发展；光学发生器和放大器的运用；用于装备各型导弹和超音速飞机的新一代喷气式发动机的制造；洲际弹道导弹和超音速飞机的新一代喷气式发动机的制造；洲际弹道导弹、潜射弹道导弹和巡航导弹制导系统精确性的提高；新一代高精度武器、“电磁脉冲”武器的制造；飞机、导弹，特别是巡航导弹制造工艺的发展；新型相位天线雷达、光波段雷达、红外波段雷达（超视距雷达系统）的使用；全球监视控制系统的发展；信息获取与处理系统的发展；新信息技术在军队指挥中的运用；军用机器人和“人工智能武器”、心理武器、定向能武器的制造等。[2]

2. 技术预警

“预”为“预先”“事先”之意，“警”为“警报”“警戒”之意，

1　［俄］沃罗比约夫：《军事未来学》，黄忠明等译，北京：军事谊文出版社，2002 年，第 75 页。

2　［俄］沃罗比约夫：《军事未来学》，黄忠明等译，北京：军事谊文出版社，2002 年，第 76 页。

主要是指事物发展过程中极不正常的情况。预警就是指预先或事先对事物不正常的情况发出警报或警戒。美国在技术预测的基础上提出了“技术突袭”和“技术预警”的概念。“技术突袭”是指以独有的技术成果或压倒性技术优势突袭对手，“技术预警”则是指对潜在对手可能形成的“技术突袭”事先发出警报。技术预警不同于一般的技术预见，它是从国家安全的根本利益出发，以保持己方军事优势、防止敌人“技术突袭”为宗旨的技术发展预测。面对可能的技术突袭，能否可靠预警、有效反应，直接影响战争和军事竞争的结果。在二次世界大战期间，爱因斯坦等科学家发现德国正在着手研制原子弹，及时给当时的美国总统罗斯福写信，建议美国制造原子弹，这是历史上针对军事战略威胁的一次技术预警。20 世纪 50 年代末，苏联成功发射人类第一颗人造地球卫星引起美国警觉，自此美国始终高度重视技术预警，凭借战略敏感和雄厚的技术实力，逐步扭转了空间技术竞争的劣势，取得战略主动。2005 年 5 月，美国科学院下属国家研究委员发布《在全球技术进步时代避免技术突袭》的报告，对可能削弱美国军事优势的技术进行预警，并列出了可能挑战美国信息优势、空中优势、探测与识别优势、潜在挑战的生物技术四大技术领域。

技术预警是一种系统的信息反馈机制，能够及时监控事物的状态发展，有效发现评估各种影响因素，及时收集、处理、评价相关信息，并将评价信号提供给管理者以利于作出决策，预防、处理一些将要发生的事件。军事技术预警机制负责对军事技术发展状态进行跟踪监测，及时准确地对技术发展中的偏移以及外部新出现的军事技术威胁发出警报，主要包括以下四项功能：

一是信息探知功能。军事技术预警的前提是进行有效完整的信息探知，通过收集分析与军事技术发展有关的政策、科技、文化、制度等各类信息，来分析判断风险是否已经存在及其程度。信息探知有两个关键领域是必须要重点侦察分析的：一个是科学技术发展的前沿领域，要密切关注基础科学发展的方向和取得的相关进展，并将取得的成果与当前的军事需求相联系，尽早实现军事应用转化，这样才能形成军事技术发展领先优势；另一个是要重点探知相关国家尤其是军事强国的军事技术发展状况，既是为了有效应对安全威胁的需要，也是为了更好地学习以实现赶超。

二是实时监测功能。军事技术发展预警机制是国防力量建设的晴雨表，对军事技术发展进行实时监测、动态监测，能够确保军事技术和武器装备的顺利研发。这就要对军事技术研究各个领域进行跟踪观测，及时了解、发现事件的特征，将研究进展情况和装备成品的性能与预定的目标、计划、标准进行对比，对当前研发计划状况和进展程度进行评测、核算和考核，找出偏差并分析偏差的原因和存在的问题。

三是预报功能。对相关问题的检测及时地反映有问题的状况，根据指标体系中的异常情况，对先兆性问题进行确认，当出现妨碍军事技术发展的因素以及对国防安全产生严重威胁时，预警机制就发出警告，提醒相关部门做好准备或采取措施，避免风险演变成现实，起到未雨绸缪的作用。

四是纠治功能。军事技术发展预警机制通过监测、诊断，分析判断出军事技术研究存在的弊病以及与对手存在的差距，及时找出问题存在的根源所在，采取有效应对措施进行改正补救，确保军事技术发展能够顺利有效进行。对于影响军事技术发展的内部原因，要建立处理反馈和改进建议档案，从根本上弥补军事技术体制问题，确保相似的预警事件不再发生。对于外部的安全威胁，要及时制定相关对策并采取有效行动，包括调整正在运行的军事技术发展战略、重新调配资源等，确保未来的发展能够消除警告危险。

3. 抉择机构

灵活高效的决策机构和运行良好的决策机制，在军事技术发展战略制定中的作用是显而易见的。智库作为军事技术发展战略抉择的重要机构，在军事技术和武器装备发展、战略评估、战争形态和军事变革等方面具有不可替代的智力引领和推动作用。军事强国军事技术和武器装备强劲发展的背后，都有涵盖政府、军方、大学、独立研究机构等各方面的高水平庞大智库群体。它们对技术发展和军事应用有敏锐的洞察，对未来战争和新技术新武器进行预见和预警，支撑着国家安全环境塑造、国防和军队发展决策、装备和技术科学发展。二战期间，“曼哈顿计划”的实施不仅为美国提供了军事技术发展的范本，也对战后美军科技防务智库的建设具有奠基性影响。由此开始，美军在积极探索与民间科研机构合作的同时，相继建立了隶属于军方的科技防务智库，专门针对军方的特定军事需求开展研究。从早期的国家防务研究委员会和科学研究与开发办公室，到后来的海军研究办公室、兰德公司的科技防务部门，以及国防部净评估办公室，美军科技防务智库的日益发展，为其谋求军事优势不断供应着“思想血液”。从早期的遏制战略到劝阻战略，从20世纪90年代的军事事务革命到面向21世纪的军队转型，从“海基能力”作战概念到“空海一体战”作战概念，直至当下的“抵消战略”，无一不是防务智库的具体成果。

例如，作为五角大楼的内部智库，ONA的主要职能是通过对美国和对手在某军事领域的竞争态势进行对比分析，从而辅助决策者制定相关战略决策。具体而言，ONA的影响主要体现在以下三个方面：一是跨越机构障碍，为国防战略规划人员和决策者们提供一个沟通交流的内部平台；二是提供分析框架，对多个相关方进行不偏不倚的客观分析，包括对自我能力和弱点的冷评估；三是构架信息平台，注重问题导向，努力为决策层应对各种复杂挑战提供全面的评估信息。自20世纪70年代初美国国防部净评估办公室主任安德鲁·马歇尔提出“净评估”概念以来，这套评估思想和方法在美军军事力量整合、军事技术预见、战争思想创新等方面扮演了重要角色。马歇尔本人也被誉为“绝地武士”“五角大楼的战略家”。

美国防务智库大多采用商业化运作模式，虽然与政府或军方保持着密切的关系，但强调思维方式和研究方法的独立性，能够排除干扰、独立研究，通过提供高质量的研究成果赢得军方信任。即使是美国军方直属的防务智库，在研究方向与思维方式上也能保持高度独立。2010年美国战略与预算评估中心发布的《空海一体战：初始作战构想》报告，被时任参联会主席迈克·马伦称为“打破军种之间、联邦部门之间……‘烟囱’的范本”。

四、发展路径

军事技术发展的路径受其战略目标、战略环境和国情国力的制约。一般而言，对处于“第一梯队”的军事技术发展水平领先的强国而言，其发展路径所受约束相对较小，通常采用自由型、开放型发展模式。而对于军事技术发展水平较低的国家，或者受特殊限制的国家（如战后日本），其军事技术发展的路径抉择就需要综合权衡资源、威胁和历史机遇等多方面因素，做出适合自身国情的路径抉择。

1. 美国

作为世界科技强国的美国，其实早在 150 多年前并不怎么样，科研创新能力和成果与当时发达的德国、英国和法国相比，尚有较大的差距。但是 20 世纪 40 年代后，美国科学技术的发展堪称世界一流，成为世界科学技术研究的中心。原因有很多，其中国家科技政策正确、发展路径合理，不能不说是一个重要原因。

一是发展政策的“突破口”是从重视、资助“基础研究”开始。美国号称是“自由的市场经济”的资本主义社会，奉行古典主义经济学理论，认为任何经济活动都可以通过市场这个“看不见的手”去解决，政府不必干预，科学技术的 R&D 活动也如此。1945 年，V. 布什给罗斯福总统的报告，标志着政府开始告别了这种“不干预”的政策，对科学的基础研究领域直接进行资助，对企业中的技术研究开发则是间接推动。20 世纪 90 年代后，这种适度干预的政策又延伸到“共性技术和基础技术”领域。因冷战而导致的军事技术优先政策，强化了这种对基础研究重要性的认识。1946 年，美国海军成立了海军研究署，实施了庞大的支持大学进行基础研究的规划。1949 年发布的《海军研究署年度报告》中指出："之所以要实施这个规划是因为，四桩极其重要的事实形成了这个规划的模式，第一，我国的安全与昌盛依赖于自己的科学力量，支持这种科学力量的，是不能预料但必然出现的基础研究的成果。第二，基础研究实质上是和平阶段的一个长期的活动，以战时那种突击发展的气氛是不能有效地进行基础研究的。第三，战争期间，美国的基础知识储备已经被消耗到了入不敷出的地步。第四，海军没有发展常规武器、对抗性武器和急需的先进材料、设备和工艺所必不可少的基础知识。"[1] 高水平的基础研究为美国军事技术发展提供了源泉和动力。

二是发展的目标从军事技术优先转到军民一体。美国既是军事技术最发达的国家，同时也是最早注意到军事技术转移价值的国家。高新技术往往都是先从军事研究上突破，而且 80% 左右很快即可转为民用。在军事技术优先发展的情况下，美国的民用工业技术也获得了长足的进步。比如，冷战期间，美国军方为建立核战争中免受打击的通信系统而研制出阿帕网。为解决用户增加引起的一系列问题，高级研究计划局发明了不同操作系统能够相互通信的关键的传输控制协议（TCP/IP）。1985 年，美国国家科学基金会建立了"国家科学基金网"，使用 TCP/IP 协议，把已经建立的超级计算机站点连接起来，最终取代了阿帕网发展成为互联网。苏联人不得不承认，"美国之所以比其他发达工业国家占有决定性的优势，一方面由于它能以最快的速度掌握自己的与他国的发明；另一方面在于推广最初阶段创新成果时，速度比别的国家快；还在于它在实际上广泛采用了技术转移。"[2] 冷战结束后，在国防投入相对减少的情况下，美国提出了军民一体化发展理念，并将其列入《美国法典》，作为一项长期基本政策确定

---

1 ［美］J. L. 小彭奈克等：《美国的科学政策（1939—1975）》，中国科学院政策研究室编译，中国科学院政策研究室，1983 年，第 118 页。

2 ［苏］B. N. 格罗米卡：《美国的科学技术潜力》，李怀先、骆茹敏、刘泽芬译，北京：科学出版社，1982 年，第 33 页。

下来。比如，美国国家宇航局通过引入私人投资和市场竞争，推动 SpaceX 进行了包括纵向整合产业链、开发通用化部件、沿用重复技术等一系列技术与管理创新，不仅降低了技术开发成本，而且成功地研发了火箭回收技术，大大提升了美国自主太空运输能力。

三是 R&D 布局从重点学科领域突破到全面出击地突破。在科学研究布局上，1940 年前，美国科学只是在遗传学、统计物理学等几个学科上取得突破。从二战到 20 世纪 80 年代末，美国对基础研究支持的项目布局政策特点是“学科领域上重点突破”，这些重点学科是物理学、生物学和医学、数学、工程科学等一级学科，以及理论物理学、原子物理学、核物理学、电学、空气动力学、分子生物学、生物化学、数理统计、算法理论、材料力学、工程力学等二级学科。20 世纪 90 年代，美国采取“全面出击”的政策，“在所有主要的科学前沿领域进行原创性工作，并保持领先地位”。在技术开发的项目布局上，1940 年前美国在技术上的原创性开发主要依赖私人企业。二战期间，在美国政府主导下发展了原子能技术、计算机技术等技术。20 世纪 80 年代，迫于日本技术和经济竞争的压力，美国政府加强了对技术开发的支持力度，将技术原创性研究的重点全面转向高技术领域，甚至不惜向日本学习。20 世纪 90 年代，为了应对冷战后全球化发展带来的竞争，克林顿政府提出全面的技术政策。近十年来，中国科学技术迅速发展，已成为美国技术政策调整的主要考虑因素。

2. 日本

日本是后进赶超先进的典型国家。160 多年前，日本还在西方殖民主义的坚船利炮威胁下徘徊于生与死的边缘，而如今却成为世界经济与科技强国，走出了一条独特的军事技术发展之路。

一是建立“寓军于民”的军事工业体制。二战结束后，日本的军工厂几乎成为废墟，军事工业基础被摧毁。日本想要大规模恢复和发展军事工业，不仅受到“和平宪法”的限制，而且缺乏基本的生产和制造基础，于是实行“先民后军、以民掩军”的政策。将遭到解体的军工企业纷纷转向民用领域，把战争中积累的技术用于民用产品的开发，后来成为汽车、造船、半导体、飞机等领域的主导企业。据瑞典斯德哥尔摩国际和平研究所统计，日本现在有1300家企业从事坦克和其他武器的制造，1100多家从事跟F-15战斗机相关的制造，1200家从事爱国者导弹制造，近2200家从事宙斯盾导弹驱逐舰建造。这些企业尽管许多是民营企业，但其实都是专门搞军工的。比如，三菱重工的前身是日本帝国军队最大的武器供应商，侵华日军所使用的大部分武器弹药就是该公司生产的，战后日本自卫队与海上保安厅的主力装备也是由三菱重工生产。此外，美国授权日本组装生产F-35A战斗机的任务，是由三菱重型小木南工厂承担完成。有资料显示，如果允许出口的话，世界舰艇市场的60%都将会被日本控制。如果解除限制，不到6个月的时间，日本就能够生产出原子弹和氢弹，一年之内就能够生产1000到2000枚中程导弹或远程导弹。

二是在技术和产业布局上注重军民两用性。日本认为，发展军民两用技术可以减少国家投资风险和降低武器装备成本，有益于军工企业本身的稳定发展。为此，日本采取法规制度约束与特殊的合同管理办法，促进技术和产业的军民融合。在国家政策层面加强引导，确保军民融合符合国家战略意图。20世纪70年代初，日本政府加快了推进实现“正常国家”的步伐，提出“自主技术”和武器国产化的方针，以期摆脱对美国的依赖。为此制定《关于装备生产与开发的基本方针》，以法律文件的形式将军民融合战略发展的思想固定下来，强调以国家的工业能力、技术能力为基础，鼓励采购本国生产的武器装备，采取“官研民产”等方式，逐渐建立军工技术基础，并最终实现大量装备的国产化。《防卫计划大纲》明确规定军工生产要基于“基础防卫力量”的需要。2003年，日本开始实施“综合采购改革”，指出未来武器装备发展的方向。2016年，日本发布了《防卫技术战略》，指出拥有先进的技术能力是维护国家安全、成为“正常国家”的重要支柱，应将“技术向交叉融合与军民两用方向发展”看作未来

“制定技术政策时需要重点关注的问题”。2019 年，日本防卫省又发布了《研究开发展望：实现多次元综合防卫能力》，提出要提升自卫队在太空、网络和电磁波等新领域的综合作战能力，而这些新领域都是典型的先进技术军民两用或通用领域。

三是采取技术引进与自主创新相结合的发展模式。二战后日本开展“技术引进”运动，主要采取引进成套的技术设备来实现技术的更新换代。20 世纪 60 年代，日本开始重点引进技术专利、技术情报以及基础性的科研成果，同时在技术选择和吸收基础上的再创新，促进了经济高速增长，同欧美发达国家的技术差距逐渐减小。1980 年日本提出了“技术立国”的口号，1995 年又将“科学技术创造立国”作为基本国策，将发展重点转向“基础性研究”和高新技术。这意味着日本技术发展模式由赶超向领先、由模仿向创新的转变。近年来，日本用于防卫的支出长期突破国民生产总值 1% 的限额，军事科研费用大幅度增加，军事技术发展更加注重基础研究的支撑作用，突出颠覆性、先导性技术研发，强调综合运用高水平尖端科学技术，重点实施军事技术专项攻关，提高军事关键技术研究开发效率，为日本军事技术与武器装备研发提供了强劲动力。如今，日本的军事技术水平和武器装备生产能力处于国际领先地位，美国等发达国家转而利用日本先进的技术。美国前国防部长卡斯珀·温伯格回忆道：“日本先进的半导体，就可以帮助我们改进导弹系统的命中精度，使之优于美国或苏联现有的武器系统。将来，日本的电子技术可能会导致常规武器在瞄准精度方面取得突破，将使我们可以减少对核武器系统的依赖”。[1]

3. 以色列

以色列资源匮乏，强敌环伺。在民族生成、需求和保持竞争优势的双

1　[美] 卡斯珀·温伯格：《美国前国防部长回忆录：在五角大楼关键的七年》，军事科学院外国军事研究部译，北京：军事科学出版社，1991 年，第 167 页。

重驱动下，以色列走出了一条富有特色的军事技术发展路子。

一是军民融合的发展模式。特殊的地缘政治和国家安全环境，使以色列的军事技术和武器装备发展走出了“军民一体，以军带民”的军民融合模式。以色列采取发展军事高技术作为立国之本的战略取向，把军事工业作为本国工业发展的先导，采取“战时为战、平时为出口”的方针，建立了门类比较齐全、高水平的军事工业体系，既保证军事工业的发展，又为国家赚取外汇。目前，以色列位居全球十大武器出口国之列，每年武器装备出口额都在50亿至70亿美元，军事工业已发展成为国民经济的支柱产业，并带动了一批高技术产业的迅速发展。以色列出口的主要武器装备与服务包括：飞机升级与空中平台系统，精确制导武器，指挥、控制与通信系统，雷达，无人机，电子战系统，网络安全产品等。

二是重视武器装备的自主研发。以色列建国初期主要是直接引进国外的军事技术和武器装备。20世纪40年代末，捷克斯洛伐克的“破烂”军火，使以色列建立起一支初具规模的国防军。1948年，借助法国的援助建立了飞机、电子设备等工业基础。第三次中东战争后，美国则成为以色列最亲密的“盟友”。没有这些国家的援助，以色列根本不可能建成一支如此强大的军队。但是，以色列始终要把建立独立自主的武器装备科研生产体系放在重要位置，强调建立独立自主而强大的军事科技工业，以更多地依靠自己的军事技术满足军队对先进武器装备的需要。以色列十分重视国防科研工作，认为“国防考虑具有至高无上的重要性和优先权”，军事科研经费占国内生产总值比例长期高达2%，居世界领先水平，为每项国防科研计划都提供足够资金支持。以色列国防支出占到国民生产总值7%—12%，这不但没有对国民经济带来负面影响，还带动了国民经济的发展，很大程度上是因为政府采取了扩大出口的政策，使国防科技工业与国民经济发展形成良性循环。

三是积极开展国防科研国际合作。以色列政府认为，在军事科研领域开展对外合作是大势所趋，鼓励军工企业与西方国家开展合作。以色列军事工业公司、以色列飞机工业公司、埃尔比特系统公司等军工骨干企业均与美国等西方国家的军工企业建立了密切的合作伙伴关系，包括建立合资子公司、合作开发武器装备、联合销售军工产品等。美国等西方国家军工企业也在以色列拥有多家从事军工产品生产的子公司。在军事技术开发和武器装备的生产上，以色列采取购买专利、获得生产许可证、引进成套设备、共同研制、聘请外国专家等策略，广泛吸收国外先进的军事技术。同时，还通过与工业先进国家开展武器生产合作、争取国外贷款等多种方式来获得武器系统发展的技术和经费。以色列与美国、法国、英国、德国等先进工业国家在武器生产方面广泛开展合作，获取了大量的技术和经费。

五、战略定力

《大学》云："知止而后有定，定而后能静，静而后能安，安而后能虑，虑而后能得。"一个人有定力，才能处变不惊，"泰山崩于前而色不变"；一个国家和民族有战略定力，才能临危不惧，"任尔东西南北风"。"战略是力量的辩证艺术，是两个对立意志使用力量解决其争端时所采用的辩证法艺术。""战略既不是智力竞赛，也不是万应灵丹。战略是一种思想方法，虽然很复杂，但应能指明实际的途径，以达到政策所要求的目标，尤其重要的是要避免发生重大的错误。"[1]这就需要有谋定而后动的战略定力。战略定力，是指在长期错综复杂形势下，把握事物发展的本质规律和基本趋势，克服短期困难、抵御各种诱惑，瞄准长期目标和主要矛盾，为实现战略意图和战略目标所具有的战略自信、意志和毅力。它既是一种冷静睿智的战略思维能力，也是一种坚定沉着的战略行动能力。

如果没有足够战略定力，就容易出现战略上摇摆不定、行动上犹豫不决、心理上患得患失，乃至随波逐流、进退失据，丧失行动能力，错失发

1　［法］薄富尔：《战略绪论》，钮先钟译，台北：麦田出版社，1996 年，第 89 页。

展机遇。当前，世界军事领域正在发生深刻变化，无论从军事技术自身发展规律，抑或其对军事的广泛影响以及两者的交织互动，都远远超出原来的预期，各种作战概念、作战构想、作战理论层出不穷。正如诺贝尔经济学奖得主托马斯·谢林所说："威胁与反威胁、报复与反报复、有限战争、军备竞赛、边缘政策、突袭、攻击与欺诈等一系列行为既可以看作是理性行为，也可看作是一时的非理性行为。尽管为了理论发展的需要，这些行为都被看作是一时的非理性行为，但是实际并非如此，有些仅是一时的头脑发热。"[1]军事技术发展的战略抉择，不仅要有"不到长城非好汉"的进取精神，更要有"乱云飞渡仍从容"的战略定力，对一些所谓的新技术新概念，要注意甄别，增强认知力、鉴别力，不能听风就是雨，被人牵着鼻子走，陷入战略被动局面。

法国唯物主义哲学家爱尔维修曾说："科学允许很多人犯错误，就是为了让更多的人不犯错误。"[2]科学如此，战略亦如此。换句话说，前人的错误犹如后人前行的灯塔，世界不缺灯塔，只缺发现灯塔的眼睛。当年，苏联被美国人大肆渲染的"星球大战计划"牵着鼻子走、弄得晕头转向，就是丧失了战略定力，出现了战略偏差，陷入"被动锁定"陷阱，教训十分深刻。军事技术发展的战略偏差有多种。一个国家的军事技术发展战略一定要与其国家战略及军事战略相匹配，穿越"信息迷雾"看到本质，才能沿着灯塔指引的方向前行，达至胜利的彼岸。

1. 路径依赖

路径依赖原是经济学术语，移用到军事技术发展战略上，旨在强调一种"因循传统"之思维方式导致的战略迷失和偏差。"英国皇家海军在和

1　［美］托马斯·谢林：《冲突的战略》，赵华等译，北京：华夏出版社，2006年，第13页。

2　［俄］沃罗比约夫：《军事未来学》，黄忠明等译，北京：军事谊文出版社，2002年，第84页。

平年代坚持保有 70 艘巡洋舰，这是个不可思议的数目，尽管在和平年代其使命发生了很大变化；美国海军在 1921 年后的几十年内仍坚持大型军舰的标准，尽管在使命和运行环境上发生了很大的变化，第六舰队的结构在 30 年里已经趋于稳定。英国和美国不是特例：没有理由认为军事计划能够摆脱思考的惯性、随意性和非理性。只有那些没有打算去探究其他民族的人才会想象他们的战略政策是由单一和完全理性的意识所指导。”[1]

从历史上看，军事技术发展及应用都具有特定的情景与范式，这种传统所造成的惯性思维可能会导致战略选择的路径依赖。美国由于路径依赖，对未来战争性质的判断失误，导致军事技术和武器装备发展的战略失误，曾不止一次陷入战略迷失的误区。

先说坦克。两次世界大战期间，坦克发展迅速，引发了战争的巨大变革，世界各大国均开始重视坦克的制造、使用和战术问题。但是，美国军界却普遍忽视了坦克在军事上潜在的战略价值。当时美国流行的是美军坦克部队司令罗肯巴克的理论，认为“坦克对每一个兵种都具有重大价值”，“坦克应大量使用，否则就干脆不用”。这是正确的。但他没有看到坦克更强大的突破和机动能力，仅仅认为“坦克是一个计划用于支援步兵前进的活动装甲部队。坦克兵种是步兵的一个分支”。这种看法成了美国军方坦克理论的基础。麦克阿瑟甚至认为，陆军坦克在现代战争中毫无用处。一战中美国曾订购了 23405 辆坦克，但战争结束时仅造了 26 辆。战争结束后，政府便立即取消了订单。1920 年，国会立法还取消了坦克部队，直到 30 年代，美军仍使用一战时老式的法国雷诺型坦克及英国的马克 8 型坦克。这时，美国陆军着重发展半自动步枪、105 毫米榴弹炮以及新型的摩托化运输车辆，却忽视了正在世界各地竞相发展的坦克。美国虽然也研制了轻型坦克和装甲车，但陆军研制的新型坦克只强调速度，不考虑其火

1　［英］肯·布思：《战略与民族优越感》，冉冉译，北京：中央编译出版社，2009 年，第 120 页。

力和装甲防护力，而且大多使用易燃易爆的汽油发动机，根本不是德国坦克的对手。

再说飞机。美国军用飞机的发展同样受制于路径依赖的负面影响。国会曾对将飞机运用于作战领域反应冷淡，1911 年才拨款 12.5 万美元给航空部队。1908 至 1913 年，美国仅用 43 万美元经费研究军用飞机，而其他国家却十分重视发展航空业。同期，德国、法国分别用了 2200 万美元，俄国也用了 1200 万美元，比利时 200 万美元，甚至墨西哥也用了 40 万美元。直到 1914 年 7 月，美国国会才拨款在通信兵中建立了一支正式的飞行部队，拥有 60 名军官和 260 名士兵。由于长期的忽视，到第一次世界大战爆发时，美国仅拥有 6 架飞机和 169 名飞行员。[1]

美军航母技术的发展由于对传统海战技术的路径依赖而导致发展进程滞后。一战后，美国海军一直以日本为假想敌，设想在未来与日本将在太平洋上决战。因此，海军一直遵循马汉的海战理论，强调战列舰的作用，忽视了航空母舰的巨大战略价值。海军战略家小耶茨·斯特林上校在《海上力量的若干基本原理》中鼓吹："如果海军果然折毁战列舰与战列巡洋舰而代之以航空母舰，那么我们将发现航空母舰很快会用重炮把自己装扮起来。"[2] 1929 年海军进行了"舰队问题第 9 号演习"，虽然航空母舰"萨拉托加"号在巴拿马运河作战时发挥了重要作用，但舰队司令亨利·威利海军上将竟说："凡对'舰队问题第 9 号'所做的公正评价，没有一个不把战列舰看作是海军命运的最后主宰。"进入 30 年代，航空母舰被用作战列舰的附属力量，只起掩护战列舰的作用。直到二战爆发后的 1941 年，战略家们仍把战列舰看成是海上的决定性力量，认为"我们的海军主要是一支重炮海军，也就是说，是一支归根结底依赖重炮和出色射击技术的舰

1　陈海宏：《美国军事力量的崛起》，呼和浩特：内蒙古大学出版社，1995 年，第 189 页。

2　［美］拉塞尔·F. 韦格利：《美国军事战略与政策史》，彭光谦等译，北京：解放军出版社，1986 年，第 317 页。

队”。在上述思想主导下，美国在两次世界大战之间一直以建设强大的战列舰队为重点。[1]

由此可见，军事技术的发展战略一定不能陷入“路径依赖”的陷阱，忽视极具发展潜力的颠覆性装备技术，错过制胜未来战争的战略机遇。

2. 盲目跟踪

学习强者是成为强者的必由之路，但如果在学习过程中只是一味地“追尾巴”“照镜子”，盲目跟踪，就会陷入失败的深渊。要切实避免军事技术发展路径的盲目跟踪，就需要对世界各军事强国的战略意图、战略传统等进行深入的剖析，以消除笼罩在“参照物”周围的“迷人”光环。当前，全球军事技术领域最大的“参照物”当然是美国。要了解美国就必须在美国国家安全体系中综合分析其国家战略、军事战略与军事技术之间的复杂关联。

美国执行的是全球主导战略。“每年美国政府花在军队的钱都超过排在美国之后军事开支最多的45个国家军费的总和。”[2]以2020年为例，美国的国防预算为7780亿美元，远高于其他排名前10国家的国防预算总和。在战略与技术关联层面，美军的军事技术研发与其对未来战争的想定密切相关。美军为了实现一体化“联合作战”的战略构想，1996年批准的《2010联合构想》（DTAP）中就包括航空平台、空间平台、地面与海上运载工具、信息技术、材料与工艺、人体与系统、生物医学、核生化防护，以及陆、海、空诸兵种的特殊项目。这些项目涉及相关基础研究，囊括了美国军事技术的所有领域，且相互衔接，互为补充，是一个整体。计划强调“信息系统技术（IST）领域的主要目的在于使国防科技研究战略

1　陈海宏：《美国军事力量的崛起》，呼和浩特：内蒙古大学出版社，1995年，第226—239页。

2　［美］威廉·恩道尔：《霸权背后：美国全方位主导战略》，吕德宏等译，北京：知识产权出版社，2009年，第3页。

的整体化和系统化”，认为先进的信息技术是21世纪战场及时而准确决策的作战能力体现，是实现联合作战能力目标（JWCO）的关键环节。“新军事变革”的核心内容——信息技术的研发和应用，在DTAP中得到了充分展示。在2000年发布的《2020联合构想》中，提出了“优势策略、精确打击、全维防护、集中后勤”的联合作战新理念，战略目标是“在任何军事行动中占据优势地位”。DTAP将信息系统技术与联合构想中的作战新理念有机结合起来，促进了新的作战理论产生与发展，使建立在信息优势基础上的三个主要军事行动能力，即“战场认知能力、有生力量的使用能力以及后勤综合保障能力”得到极大提高，而这些能力的提高又推动联合作战理念的形成和实施。[1]

军事技术发展不能盲目跟踪，要在综合考虑国家战略、军事战略、工业基础和经济实力的前提下，重点关注那些发展潜力极大的基础性、战略性研究领域。如临近空间飞行器的研究，近年来受到广泛关注，但具体到各国而言，是否也要跟进，如何跟进，需要作出战略选择。比如，按照美国空军规划，高速临空器发展要经过三个阶段：首先是发展能打击时间敏感目标的超声速/高超声速导弹；中期目标是发展能快速到达全球的高超声速轰炸机；远期目标是发展可重复使用的、负担得起的且随时可用的空间运输系统。目前，美国仍处于第一阶段的研究进程中。除美国外，俄罗斯、日本及欧洲各国都制订了高超声速技术发展计划。俄罗斯的IGLA高超声速试验飞行器项目、日本的HYFLE高超声速飞行器项目、法国的高超声速技术综合演示与超燃冲压发动机项目，以及印度的小型单级入轨空天飞机项目等。[2]美国目前在低速临空器研制方面处于绝对领先的地位，在高速临空器研制方面，由于面临诸如推进系统技术等许多技术难点，因

1 罗长坤等：《美国国防科学技术计划及其特点分析》，《成都理工大学学报》，2003年第11期。

2 姜浩、丛语：《临近空间的军事应用：访空军工程大学杨建军教授》，《兵工科技》，2009年第8期。

此整体上还处于关键技术研究和演示验证阶段，目前主要集中在平台自身和相关技术的开发上。尽管这样，却并不意味着任何一个国家只要加强重视、积极投入，就一定能在这一领域取得关键技术突破。相反，必须综合考虑自己未来的军事战略、国防工业基础等多方面的因素后再做抉择。

军事领域是充满对抗性的领域，军事技术发展的战略抉择许多时候并不仅仅是个人行为，通常是群体思考“决定”的结果。“群体思考”是指“在具有凝聚力的群体中人们的思考方式，为了达成一致，各成员超越各自动机，寻求现实的替代行动……‘群体思考’是指多方面的妥协，包括精神效率、现实评估和源自内部压力的道德判断。”[1]人们希望通过群体思考，一方面在竞争性博弈中塑造群体的外部形象，另一方面通过群体决策避免出现战略偏差。然而，正确的战略抉择恰恰有时是群体内的少数人做出的，群体决策过程有时甚至可能搅乱最优秀和最聪明的头脑。群体思考的弊端在于：一个无懈可击的幻想，能创造出过度盲目的乐观；为了保护已存在的假设而努力去合理地解释说明不一致的信息（为了保持形象的完整性）；对群体固有的道德规范有一种毋庸置疑的信仰，促使这些成员能不顾他们行为上的道德伦理尺度；对敌人一成不变的看法（基于文化反应的思考）；对不同观点的排斥（加强群体内的规范）；对明显偏离了群体一致性的想法会产生一种自我潜意识的压抑力；有一种共有的幻觉是关于顺应主流意见的判断的一致性；自封的“头脑卫士”的出现是为了保护群体免受敌对信息的扰乱，这种敌对信息可能会粉碎它们对自己作出的决定的有效性和道德性的自满情绪[2]。因此，“群体思考”极易导致战略上的盲目跟踪。为避免这种盲目跟踪，我们需要时刻保持这样一种警醒——战略一定要有对手意识。

1　［英］肯·布思：《战略与民族优越感》，冉冉译，北京：中央编译出版社，2009 年，第 108 页。

2　［英］肯·布思：《战略与民族优越感》，冉冉译，北京：中央编译出版社，2009 年，第 109 页。

3. 单骑突进

军事技术发展中的单骑突进主要表现在两个方面：一方面是只注重武器装备领域的应用开发，而忽视作为其支撑的基础科学研究；另一方面是只关注某种单一军事技术领域的研发，而忽略了相关其他军事技术领域的同步跟进，进而导致协同创新能力不足。

当前，军事技术后进国家有一种强烈的声音，就是要尽量追逐前沿领域的最新进展，着力发展颠覆性武器装备。譬如，发展最新的激光武器用于摧毁敌对国家的导弹攻击；发展超级计算机技术用来可以进行武器装备试验模拟、破译情报密码等领域。显然，这些军事技术的前沿领域当然可以对国家安全产生积极影响，但是我们不能够忽视了基础科学在其中发挥的支撑作用。“回到 20 世纪 20 年代和 30 年代，最纯粹的基础科学即量子理论，导致了首先是晶体管，然后是电路、激光以及接下来的电子战争中的每一件事物。为了追求过分的单纯化，20 世纪 60 年代的基础军事研究导致了 70 年代的新武器系统的萌芽，以及 80 年代这些系统的产生和 90 年代首次在实际中的运用，即沙漠风暴（第一次伊拉克战争）中使用的高精确度制导武器。为了这些技术发展成熟，军事科学家们等待了整整 30 年。”[1] 由此可见，我们不能犯单骑突进的错误，片面忽视基础科学而过度发展颠覆性技术，失去基础科学支撑的军事技术发展，犹如无源之水、无本之木，难以提供可持续的竞争优势。

在冷战期间的美苏军备竞赛中，苏联就采取了另一种“单骑突进”的策略，即过度强调核武器技术的发展，而忽视了当时国际上正在蓬勃兴起的信息科学技术。然而，美军却高度重视军事技术的协调匹配发展。在美军推动下，阿帕网的诞生不仅开启了人类互联网的时代，同时也标志着军事史上一个新纪元，计算机、通信、导航定位与遥感技术的联袂出场，导

---

1 ［美］罗伯特·库恩：《走近真实：科学、意义与未来》，龚勋译，上海：上海人民出版社，2006 年，第 270 页。

致 20 世纪末一场信息化军事革命扑面而来，从而促使美军在军事技术领域全面超越苏联。对于苏军出现的问题，其实早在 20 世纪 70 年代末，苏联军事理论家就已经开始进行反思，特别是到了 20 世纪 80 年代中期，以苏军总参谋长奥加尔科夫元帅为代表的一批军方高层将领开始极力倡导信息化军事变革，并意识到美军在信息技术领域有可能成为日后领先苏联的一大砝码。而这一时期，美军在信息技术领域突飞猛进，直至掀起如今如火如荼的新军事革命浪潮。两个超级大国的军事技术较量在模式上演变为苏联单骑突进与美国协调推进两种模式的对抗，其结果也是显而易见的。

实质上，正是由于军事技术与战争、国家安全之间存在复杂的关联，我们才需要高度重视基础科学研究对军事技术创新发展的支撑作用，高度重视军事技术协调发展的必要性，一旦忽视它，陷入单骑突进的迷途，最后就可能处于战略迷失的危险境地。

第七章 “三理”会聚

在人类战争中，以己方最小的伤亡乃至“零伤亡”取得最大的胜利，一直是所有军事家梦寐以求的事情。正是这一逻辑促使着人们不遗余力地发展武器装备，并运用于战争实践，使人类战争从材料对抗、能量对抗发展到信息对抗阶段。然而，受制于传统军事思维的惯性，人们对信息战的理解总是囿于物理战的一隅，没有充分挖掘“信息”的丰富内涵。如托夫勒所说：“这些非杀伤的科技却游离于传统的军事理论参考框架之外，这个框架还是侧重于消灭敌人的有生力量。”[1]其实，早在1948年，在申农给出信息的数学定义及信息熵的计算方法基础上，一些富有远见的科学家，如惠勒、艾什比等人，很快认识到信息的广泛应用将涉及计算机、生物技术和社会认知等领域。如今，随着新兴交叉技术的不断涌现，新一轮科技革命、产业革命和军事革命的孕育兴起，物理战已不再是信息化战争的唯一指针。心理科学的进步将探寻人类奥秘的触角伸向认知与意识领域，生物科技和脑科学成为人类认识自然和自身的终极疆域，这必将反映到军事领域。由物理、生理、心理“三理”会聚的“融战争”，才真正揭示了信息化战争的本质特征。

一、消失的链接

马克思曾经指出：“一切划时代的体系的真正的内容都是由于产生这

1 ［美］阿尔文·托夫勒：《战争与反战争》，严丽川译，北京：中信出版社，2007年，第105页。

些体系的那个时期的需要而形成起来的。”[1] 作为人类社会发展到一定历史阶段的产物，战争的存在与发展必然与它所处时代的物质基础有着紧密的关系。信息战的发展与人类社会的演进密不可分，是一个完整的逻辑链条。一方面，物质、能量、信息是构成自然界的三大要素，是一个有机整体；另一方面，人类是从自然界进化而来，不仅涉及自然界中有关物质、能量和信息的交换，也涉及社会实践中有关物质、能量和信息的交换。因此，人的存在方式可以认为是在大脑的控制下，自然界与人类社会进行物质、能量、信息交换的过程。

从信息的产生机理来看，信息可以分为物质信息和心理信息两大类，而物质信息又包括物理信息与生理信息。其中，物理信息是目前信息战中占主导地位的信息样式，主要包括声、光、电等信息对抗模式和信息作战方式；生理信息则涉及生物基因等遗传密码，与生物武器和基因武器密切相关。心理信息是人类社会实践的产物，以人的思维为前提，其产生和发展是人类精神活动的成果，主要包括事实信息、理念信息和情感信息等三类。这就意味着，从信息论出发，所谓的信息战，其实存在三种样式，即物理信息战、生理信息战和心理信息战。遵循这一逻辑，我们不难发现，“信息”本是一个链接物理、生理及心理的完整逻辑链条。但不无遗憾的是，由于人类认知水平的偏狭、科技发展的失衡及相关利益的掣肘等众多因素影响，因而未能准确把握信息战的本质。也就是说，在信息化战争的完整逻辑链条中，物理信息战、生理信息战及心理信息战之间的链接出现了断裂。

1. 物理信息战一枝独秀

在科学与战争的历史上，由于“战争比和平发达得早”，科学技术成果总是首先用于战争。军事技术能发展到何种程度，取决于科学的发展程

1 《马克思恩格斯文集》（第 1 卷），北京：人民出版社，2009 年，第 51 页。

度。就科学的发展而言，物理学的地位极其独特。因为科学的认识对象是现象，在各种各样的世界现象中，自然现象比较简单，而在自然现象中，物理现象又是最简单、最直观的。正如 P. W. 乔丹所说："物理学涉及自然界中的最简单的非生物体和非生物过程，以及对于它们所进行的测量和数学描述。"[1] 因此，以物理现象为认识对象的物理学首先得到发展，并作为带头学科一直引领着其他学科的发展，"大部分技术是应用物理学，而且它通常是紧随着物理学前进的步伐而进展的"。[2] 从一定程度说，战争也就理所当然地成了物理战。所谓物理战，主要有三重含义：其一，应用于战争的科学知识主要是物理学；其二，战争研发的手段主要是物理手段；其三，战争对人体造成的创伤主要是物理杀伤。盛行了数千年的物理战符合人类的认识规律，也符合科学的发展规律。

物理战尽管势所必然，但时至今日，在信息技术的催化下，物理战在物理信息战的新阶段下已经开始面临三个困境：一是作战对象偏转。在物理战中，围绕武器杀伤力的提高，人类煞费苦心，最终发明了最具杀伤力的核武器。然而，随着防护力的增强，各种本来是针对人体的武器，被迫发生了作战对象的偏转，即由原来的打击人体变为了打击物体，违背了战争的初衷。即使是现代的隐形飞机、导弹防御系统，也无非是为了抵挡或避开对方物理打击而设计的防御装备而已。二是作战时空受限。由于传统的物理战主要是在物理时空中进行，也必然受到物理时空的局限。并且在物理战的视域下，两支军队一旦交火，就是进入战争状态，而没有硝烟，就是和平，"战""和"界限清晰。这种非此即彼的思维方式是机械唯物论在战争领域的表现。三是作战费用飙升。据统计，一战时美军每天平均消耗费用为 1.94 亿美元，海湾战争时达到 11.2 亿美元。海湾战争中，美军使用的各种高技术武器装备的单价则为：M1A1 坦克 440 万美元，爱国

1　刘大椿：《世界科技思想论库》，北京：华夏出版社，1994 年，第 95 页。

2　［德］M. V. 劳厄：《物理学史》，范岱年、戴念祖译，北京：商务印书馆，1978 年，第 9 页。

者导弹 110 万美元，F-117A 隐形战斗机 1.6 亿美元，航空母舰 30 亿—40 亿美元。此外，武器装备的更新换代速度加快。如此巨大的财力消耗，即使像美国这样的头号经济大国，也难以持久支撑。主导了数千年的物理战在信息化战争遇到瓶颈，物理、生理、心理已然成为现代战场的三大作战维度。

20 世纪下半叶以来，世界科学发展在第二次科学革命的范式下正在寻求新的突破，学科交叉融合成为新的趋势，物理学早已不再是一枝独秀。天文学、地理学、生物学和医学发展迅猛，社会科学领域，经济学、管理学、心理学和法学等社会科学突飞猛进，系统学、信息学、协同学和突变论异军突起。技术革命正在向以信息技术为主导并与物理技术、生物技术等深度融合的方向加速演进，全球科技创新进入活跃期，并向经济、社会和军事领域快速渗透。2001 年，美国商务部、国家科学基金会和国家科技委员会纳米科学工程与技术分委会首次提出了“NBIC 会聚技术”的概念，即纳米、生物、信息、认知科学的交叉与融合将引领未来科学技术的发展。2004 年，生命科学、物质科学、信息科学、认知科学四大学科的融合，被美国自然科学基金会提升为一个方向性的支持重点。当今世界，科学前沿的重大突破，大都是多学科交叉融合的产物。近百年来获得诺贝尔自然科学奖的 380 多项成果中，近一半是由多学科交叉融合取得的，重大原创性实用技术的产生也更多地出现在学科交叉领域。比如，生物芯片是近 20 年来高技术领域极具时代特征的重大进展，是生物学和微电子学、化学、物理学、信息学交叉融合的结晶。可见，打破学科界限，推进知识大融合是科学技术发展的重要趋势，这标志着科学技术发展进入一个前所未有的创新集聚时代。由此可见，如果依旧豪情独钟于物理学及其工程和技术的做法，不过是屈从于思维的习惯和定势，是自牛顿以来机械论在战争领域的翻版。未来战争将从自然空间拓展到认知空间，未来战场的对抗将从重物质转向人本身，从重信息转向重心理、重认知，其实质就是“物理、生理、心理”的“三理”会聚。

2. 生理信息战异军突起

谈及生理信息战，人们很容易将其与20世纪大规模杀伤性的传统生物武器相关联，然而这一观点已严重滞后于科技发展。1953年，DNA双螺旋结构的发现，使得分子生物学的时代到来。1972年，DNA体外重组技术的出现，代表着现代生物技术已经有了雏形。同时，苏联已经开始通过人工合成与基因合成的方法进行细菌菌种的培养，并重点关注那些杀伤力强、易于保存、便于运输的菌种。这一行为随着1979年斯维尔德洛夫斯克市南部的“19号”微生物研究中心的爆炸事故而为外界所知。[1]21世纪后，生物科技异军突起，成果斐然。2002年，人类蛋白质组计划启动，开启了生命奥秘的“金钥匙”。2003年，人类基因组计划完成，人类对自身的认识进入新境界。2007年，干细胞技术取得突破，使得人造器官成为可能。2010年，人造支原体诞生，进入创造生命新时代。2013年，欧美新一轮脑科学计划相继启动，向自然科学终极疆域进军。与此同时，生物技术正加速与其他技术融合，比如纳米、生物、信息、认知技术等加速融合，在这其中生物技术发挥着中心的连接点的作用。在整个物质进化当中，人类是自然界的终极创造者。也正因为如此，军事技术的许多重大发明源于对生物的模仿和利用。生物科技的迅猛发展，为军事技术创新提供无限遐想空间，也为生理信息战的崛起提供了坚实的物质技术基础。

首先，生物科学的发展，不可能不被用于军事领域。战争的基本目的是消灭敌人、保存自己，拼装备、打金钱只是手段。如果某种武器的使用能避开与敌方武器的对抗，而直接造成人体的伤亡，那么拼装备也就失去了任何意义。物理学着眼的是能量的开发，它应用于战争，导致的也只能是能量的抗衡，核武器可谓是这一思路的极致。与之不同的是，生物学着眼的是生命奥秘的解读和破译，它应用于战争，可直接作用于人本身，这就与战争的基本目的能够很好地吻合。

1　廖应昌:《美苏生物武器研究现状及发展趋势》,《现代兵器》, 1986年第2期。

其次，生物技术的军事应用，必然产生基因武器、病毒武器等。与以往人类使用的生物武器相比，基因武器的特点在于：杀伤力大、成本极低，没有辐射难以检测，没有硝烟而被杀时并不知道，没有特殊伤口而极难及时抢救，没有特殊标记而极难隔离，只要战争需要随时都可以使用。因此，国外也有人把基因武器称作“末日武器”“生物原子弹”。当然，生物武器与化学武器一样受到国际公约禁止，但在目前这个世界局势动荡不安、恐怖主义和种族清洗死灰复燃的时代，谁对滥用人类基因组知识的行为都不能掉以轻心。

再次，人是一个生物存在，通过对生物的研究，才有了我们今天的生理学或生物学，而生理学和生物学也为军事斗争增添了新的概念和手段。1996 年，车臣头目杜达耶夫被炸身亡，这一事件被说成是精确制导武器巨大威力的典型案例。但是，目前人们所津津乐道的精确制导，其实都是物理信息制导，根据目标的光、热和外形等物理特性，因而在打击物理目标时是精确的，而用于打击人体目标，特别是当需要把不同的目标如军人和平民区分开来，进行有选择的打击时，就不可能精确。只有生物信息制导，才能确保对不同人群和不同个体的选择性攻击，精确而有效。

最后，人类对脑科学探索正在打开一个黑箱，其军事开发的价值早已被世界各国认识。大脑是最复杂、最高级的器官。人的大脑由上千亿个神经元和其他类型的细胞组成，它们相互连接，构成巨大而高效的网络体系。2014 年，诺贝尔生理学或医学奖获得者发现了大脑里存在空间定位“导航系统”，《自然》杂志刊文称，神经学家发现了控制睡眠、梦境的神经网络。从 19 世纪初的颅相学到 21 世纪的认知神经科学，长达 200 年的时间中，人类对大脑探索的热情愈加痴迷。随着美国、欧盟、日本相继提出了“人脑计划”“人脑工程”“机器人大国”等脑科学发展战略，一大批高新技术如雨后春笋竞相涌现，21 世纪脑科学技术的发展突飞猛进，为人类逐步揭开大脑奥秘奠定了坚实基础。

此外，“运筹帷幄，决胜千里”这句古人对于战争艺术的赞誉之辞，在信息技术高度发达的今天已不再是什么困难的事情。在信息化战争高度发展的今天，人类个体已逐渐从“前线”退离，而进入“后方”的技术堡垒之中，这不仅意味着外在武器装备的改良升级，更意味着士兵认知、生理等内在能力的增强。生物科技的发展及其与信息、纳米、认知等技术的融合，对于提高武器装备性能与增强士兵作战能力起着重要作用，并预示着生物科技必将成为未来军事技术发展的强力“助推器”。

3. 心理信息战焕发生机

人作为一个生物存在，“自由的有意识的活动”是人的“类本质”，因而战争中才有心理和精神领域的种种对抗。人类战争伊始，就存在物理战和心理战两种基本作战样式。与物理战不同，心理战是运用物质手段所承载的精神信息、攻心夺气的一种作战方式，目的是使对方的屈服。正如动物之间为争夺食物、领地，总是先怒吼咆哮，以示警告，万不得已才打斗。心理战从一开始就是一种信息战，可以说，心理战常有，而物理战不常有。

但是，由于技术的发展，是材料技术、能源技术先行，信息技术滞后，所以心理战作为信息战的一种样式，发展极其缓慢。在数千年战争史上，心理战手段一直停留在手工作业的自然状态。直到20世纪，随着信息技术的兴起，这一状况才发生根本改变。由于有了扩音设备，才有心理战喊话器；有了无线电，才有心理战电台；有了电视机、卫星、互联网，才有专用于心理战的插播手段和网络心理战。也就是说，随着信息技术的发展，才有了专门用于心理战的手段，心理战的地位和作用与日俱增。

沉湎于对上次战争的特点、模式、经验的反思，是人类军事史上屡见不鲜的痼疾与通病。以信息战为例，从其概念提出，到今天变得甚嚣尘上，已有近三十年的历史。人们围绕信息战的特点、规律、战法展开了广泛的探讨和研究，却忽视了一个问题：随着现代科学技术的发展，所谓的信息战，是否就是今天人们所津津乐道的物理信息战？对于信息战的理解，是否应该有更宽广的视野？

美国一直把信息化战争看作是物理信息战与心理信息战的叠加。1993年，美军认为信息战有五个要素：计算机网络战、电子战、军事欺骗、作战安全和心理作战。1997年4月，时任美国海军作战部长的J.约翰逊上将首次提出“网络中心战”。2002年8月，美国国防部长拉姆斯菲尔德向国会提交了“网络空间战”报告，认为未来信息化战争将同时发生在物理域、信息域和认知域三个领域。“认知域存在于斗争参与者的思想中。它是知觉、感知、理解、信仰和价值观存在的领域，是通过推理作出决策的领域。它是许多战斗和战争胜负实际发生的领域。这个领域是无形因素存在的领域，这些无形的因素包括：领导才能、士气、凝聚力。训练水平和经验。态势感知和公众舆论。”[1] 从这里可以看出，美军的认知域实际上就是心理战领域，它是反映人的知识、信念和能力的认知空间。“9·11”事件之后，美军又开始整合传统的心理战、战略传播、公共外交等这些不同形态的认知空间作战。2009年6月，美国国防部在“信息协调委员会”的基础上，成立了全球接触战略协调委员会。2009年12月，美国国防部向国会提交了首份《战略传播报告》。2010年12月3日，美军时任国防部长罗伯特·盖茨签署命令，将“心理作战”改为“军事信息支援作战”，这不是简单的改名，而是美军对信息战认识的深化，试图构建一体化的信息战作战框架。

美军虽然已经将心理战纳入信息战的大框架下，并用战略传播统筹认知作战的相关作战行动，但仍然认为在战争实践中，计算机网络攻击、电子攻击和动能攻击等硬手段，与包括心理作战、军事欺骗等软手段的使用是脱节的，需要整合各种信息作战方式和手段。从美军的信息战构想图中，我们可以窥见有关物理信息战与心理信息战融合的动向（图5）。为了有效弥补物理信息战与心理信息战之间的断裂，美军构建了一个新的作

1　《研究信息战离不开人文科学》，《光明日报》，2005年12月20日。

战框架，包括硬工具和软工具两种手段。软工具包括心理作战、军事欺骗、战略传播、公共外交、公共事务等，用来影响敌人的大脑。硬工具包括电子战、计算机网络攻击、动能攻击等，用来摧毁敌人的指控系统，达到使其屈服的目的。最终，他们试图重新在物理信息战与心理信息战之间架起桥梁，即用软工具去影响并用硬工具去摧毁敌人的行为。

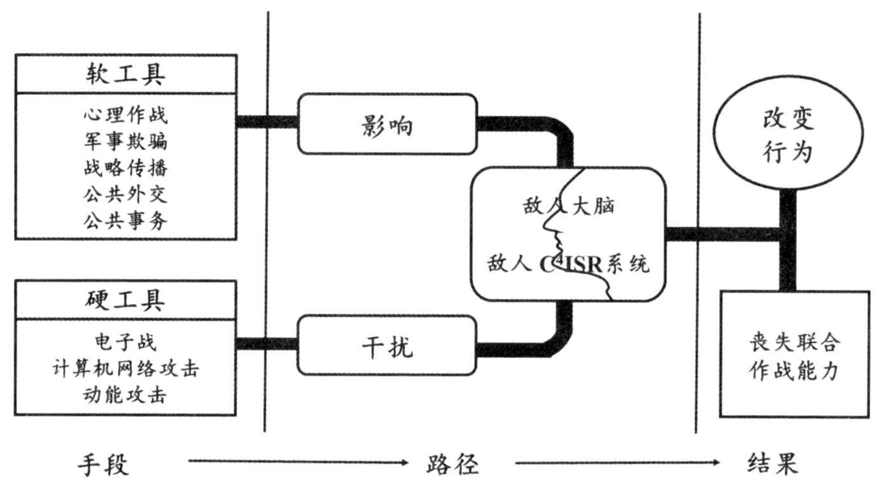

图 5　美军信息战构想图

美军是一面参照的镜子，其有关信息战的理解是极富前瞻性的。但是，我们也不能唯美军是瞻，当我们洞察未来战争向何处去时，我们必须看到，美军对信息战的理解仍有失偏颇，没有将生理信息战纳入信息化战争的大框架中。由此看来，物理战只是初步的、基础的，当然也是必要的。物理信息、生理信息及心理信息会聚的“融战争”，代表着未来战争的发展方向。

二、生物“攻”程

随着生物科技的迅猛发展，特别是基因芯片、蛋白质芯片等技术日臻成熟，酶工程、细胞工程等生物工程层出不穷，生物技术和生物工程的有机“嫁接”，基于 BCI 技术、AI 技术、基因武器、仿生武器、无人武器等不断涌现，未来战争生物化的趋势将日益显现。生物领域作为发展最快、最为前沿的新型军事领域，已成为大国博弈的战略制高点和国家安全的新疆域。

近年来，世界各主要国家高度关注生物领域的安全威胁。美国将生物技术视为未来“改变战争规则、创造战争规则”的颠覆性技术，并作为重点资助的八大领域之一。2001 年，国防高级研究计划局将生物技术列为军事关键技术。2004 年，美国能源部制定的《未来 25 年战略计划》将生物技术列为关键技术。2009 年，国防高级研究计划局将生物技术作为 8 大战略领域和 9 项核心技术之一。2013 年，新美国安全中心的《改变游戏规则：颠覆性技术与美国国防战略》将生物技术列为五大颠覆性技术之一。2014 年，国防高级研究计划局正式成立专门的“生物技术办公室”（BTO），重点开展生物学相关领域的交叉研究，着眼于生物技术推动军事变革。[1] 时任局长阿尔提·普拉巴卡尔说：“生物是大自然的终极创新者，任何指望创新的机构如果不从这位系统复杂的大师身上寻求灵感与解决方案，那将是愚蠢的。”[2] 国防高级研究计划局为一个特定的技术领域设立办公室这是第一次，这一举措极大地推动了生物技术军事化，为其掌握未来生物攻防对抗制高点，实现对潜在对手的生物技术战略威慑，谋夺生物技术及其运用规则、伦理制定话语权，以及在国际竞争博弈中谋求主动权提供有力支撑。2018 年 3 月，美国陆军训练与条令司令部、斯坦福国际研究院围绕“生物会聚与 2050 战士”举办了“疯狂科学家 2018 会议”，探讨新兴生物技术带来的机遇，改进未来战技能，降低潜在威胁，并提出

1 张瑷敏：《生物技术：新一轮军事变革的动力引擎》，《军事文摘》，2019 年第 7 期。

2 吴曙霞、蒋丽勇、刘伟、武士华：《DARPA 生物技术研究进展与启示》，《军事医学》，2016 年第 6 期。

影响未来作战环境的10大生物会聚趋势：（1）万物互联；（2）从与AI共生到被AI超越；（3）超级互联；（4）认知潜能；（5）神经可塑性；（6）人类增强基因组解密、AI改进；（7）非对称伦理；（8）认知增强与人类大脑攻击；（9）化学与生物防御更加复杂化；（10）正在错失生物技术在各种新兴趋势方面的机遇。俄罗斯把生、化、医三大学科列为科研的重中之重，力图通过三者结合解决资源、医疗、信息等问题，此外还开展了“未来保卫者”等计划，对生物系统和仿生等进行创新研究。欧盟的“地平线2020计划”中，生物科学也占有重要地位，主要解决生物和信息技术的融合发展问题。

托夫勒在《战争与反战争》中说：“这个世界缺少的不是更多的情感表达，而是对战争和一个快速转变的社会间关系的一种崭新认知。”[1] 生物科技将使生物体武器化成为现实，生物毁损、生态调控等非传统对抗方式将成为可能，“生物疆域”将突破传统的国家安全和军事界限，成为继陆、海、空、天、电、网、核之后新的国家安全疆域，催生生命世界的“制生权”。

1. 生物武器

生物科技应用于军事领域便产生了生物武器。生物武器是以生物战剂杀伤有生力量和破坏植物生长的各种武器和器材的总称。它的杀伤破坏作用不是靠炸药爆炸所产生的杀伤力，而是靠其中装载的细菌、病毒、立克次体、病原体、毒素等为主的生物战剂，使人员、牲畜等致病或死亡。

出于军事目的，蓄意使用病原体和毒素的行为古已有之。1346年，鞑靼人围攻热那亚的卡法城时，将染鼠疫病死的尸体投入城内，使热那亚人大量感染鼠疫死亡，并使鼠疫在整个欧洲蔓延。19世纪末，巴斯德为现代

1 ［美］阿尔文·托夫勒：《战争与反战争》，严丽川译，北京：中信出版社，2007年，“序言”第2页。

微生物学奠定了基础，生物武器由此进入实验室研发阶段。这个时期主要是致病细菌、毒素及其他生物活性物质等传统生物武器。一战期间，德国首先研制和使用细菌武器。仅一年半的时间内，交战双方患病毒性流感人数就达5亿之众，导致2000多万人死亡，比战死人数高出3倍。二战期间，日本大规模研制生物武器，并成立专门研制细菌武器的731部队，对我国广大地区施放鼠疫、霍乱、伤寒和炭疽杆菌等10余种生物战剂，造成疫病流行，致使我大量无辜平民死亡。

20世纪中叶，随着遗传学的发展，人类对生命本质的探索，从细胞、亚细胞进入核酸、蛋白质等分子水平。70年代，以基因嫁接技术为标志的遗传工程进入实用阶段，使人们可以在生物细胞中随意接入所需基因，创造出新的有用物种。例如，在普通大肠杆菌DNA中接入产生胰岛素的基因，可以使大肠杆菌大量产生廉价的胰岛素，供给糖尿病人。然而，任何新技术的出现都是一把双刃剑。一方面，遗传工程可以用来生产各种有用的生物产品；另一方面，也可用来制造前所未有的新武器——基因武器。

基因武器是采用先进的遗传工程技术，用类似工程设计的办法，按人们的需要通过基因重组，在一些致病细菌或病毒中接入能对抗普通疫苗或药物的基因，或者在一些本来不会致病的微生物体内接入致病基因而制造成生物武器。尤其是合成生物学的发展，可实现人工设计与合成自然界并不存在的生物或病毒等。基因武器能改变非致病微生物的遗传物质，使其产生具有显著抗药性的致病菌，利用人种生化特征上的差异，使这种致病菌只对特定遗传特征的人们产生致病作用，从而有选择地对敌方进行杀伤。目前，主要的基因武器有两种：一种是针对某个种族的基因密码特征实现选择性杀伤，即“人种武器”或称“种族基因武器”。另一种是利用基因工程制造某种新生物战剂去破坏人体的免疫系统，即“人造细菌”或“生物调节器”，包括基因植物、基因动物等。目前，美国已经研制出一些具有实战价值的基因武器，如在普通酿酒菌中植入一种在非洲和中东引起可怕的裂谷热细菌的基因，可使酿酒菌传播裂谷热病。

生物武器与常规武器、核武器相比，具有以下三个特征：

一是杀伤力强。生物武器同其他大规模杀伤性武器相比，具有更强的杀伤力。从杀伤规模看，一枚携带炭疽菌的“飞毛腿”导弹，可夺去10万人的生命，相当于核武器的杀伤力。从杀伤面积看，100万吨TNT当量的核武器，杀伤面积是300平方公里。15吨神经性化学毒剂，是60平方公里。10吨生物制剂，则可达到10万平方公里，生物武器的杀伤面积远远大于化学武器和核武器。从成本看，以1969年为例，每平方公里50%致死率的成本分别是：传统武器2000美元，核武器800美元，化学武器600美元，而生物武器则仅仅只要1美元，所以生物武器的俗称又叫“穷人的核武器”。

二是隐蔽性。生物武器使用方法简单，释放手段多样，可用飞机、火炮、导弹等将带菌的昆虫或有致病基因的微生物投入敌方的河流、城市、居民地等，具有极强的隐蔽性，被攻击的地区难以在第一时间觉察到这种攻击。等攻击开始生效后，被攻击的地区很难查找出攻击来自何方、由什么人、如何实施。

三是难防御。生物武器与其他武器一样，以人为作战目标和对象，攻击一旦成功，极容易迅速扩大影响范围，造成灾难性后果。同时，生物武器可利用的生物体种类繁多、数量巨大，被改造和操控的基因序列或蛋白质结构就像一把密码锁，只有研制者才知道它的遗传密码，其他人很难破译。而且，人类基因或蛋白质可被攻击的靶点十分繁多，被攻击后难以迅速明确诊断和及早治疗，因而难以有效防御。

2. 武器生物化

现代生物技术自诞生之日起，就逐步渗透到军事技术和武器装备研制中，并与信息技术、材料技术和制造技术等交叉融合，形成军用生物技术这一新兴领域，出现了武器装备生物化，并不断催生新的作战样式和作战理念，深刻影响未来新军事革命进程。

21世纪初，基因组学等前沿生物技术初露端倪的时候，国防高级研究计划局就开展了军用生物技术的研究，超前部署了一批重要研究项目，其目标就是开发基于生物学的材料和装备，实现武器装备工程技术的优化，提高武器装备作战效能。2016年5月，国防高级研究计划局又启动了一批新的生物技术探索项目，包括“系统性神经技术新疗法”“超脑芯片”“革命性义肢”“手本体与触觉接口”“电子处方”“病毒预测”“类透析治疗”“生命代工厂”“微生理系统”等。

武器装备生物化，主要表现在以下五个领域：

一是仿生材料。自然界的生物在“物竞天择、适者生存”的进化规律下，展现出非凡的结构和功能，在一定程度上成为科学家们进行技术创新的“灵感来源”。仿生材料是针对武器装备中的特殊需要，制备新型生物大分子材料和具有仿生结构的化学材料。仿生已成为新装备研发的重要基础，美军将生物和仿生材料列入了“下一代国防”优先发展的五大类材料之一，重点开发仿珍珠母硬装甲、基于DNA的电路和信息贮存材料等。特别是微制造技术的突飞猛进使仿生机械在尺度上大大缩小，微型飞行器，微水下航行器将在战场上担负起侦察、目标指示、通信中继等角色，填补卫星和侦察机的盲区。美国陆军研究发展与工程中心已经从织网蜘蛛中分离出合成蜘蛛丝的基因，从而能够生产蛛丝，还将基因转移到细菌中生产可溶性丝蛋白，经浓缩后可纺成一种特殊的纤维，其强度超过钢丝，可用于生产防弹背心、防弹头盔、降落伞绳索和其他高强度的轻型装备。

二是武器装备人机结合。随着科学技术的发展，武器装备各项战技指标在理论上不断提高，但受到人的体力、智力等生物局限性制约，实际效能很难同步提升。认知神经科学的飞速发展模糊了人与武器装备的界限，脑机接口、动力外骨骼等技术正在使武器装备成为作战人员身体的一部分，人和武器形成一个紧密融合的系统，推动武器装备从“人机一体”向着“脑—机结合”方向发展，极大地提高了武器装备的战技性能。2011年3月，美国华盛顿大学研制出思维控制鼠标，可以根据试验者的意念移动显示器上的指针。同年10月，德国马普协会采用新型大脑扫描器成功提取到人类梦境信息，并进行了可视化展示，未来这种“读心术”可能被用于侦察、反恐等诸多领域。“脑—脑接口技术”一方面实现作战人员对战场态势的实时掌握，作战人员认知状态实时评估技术将使指挥员能够及时了解作战单元的战斗力，合理部署兵力。另一方面使控制意识成为可能。各类脑机技术，开辟出完全独立于物质战场的认知战场。2014年，欧洲专家首次通过大脑远距离（8000公里）发、收信息，利用脑机接口技术提取与解析指令，经编码后通过互联网传输，再经颅磁刺激技术实现接受者的信息感知，使人脑—脑直接通信成功实现。2015年，杜克大学成功构建“脑网”，即由多个动物大脑构成的网络，能让动物们实时交换感觉和运动信息。利用脑机接口技术实现生物体之间脑电信号的互联、共享，从而实现动物行为的协同。2020年，马斯克旗下Neuralink公司发布的脑机接口技术证明，相关领域的技术距离我们的现实生活已逐步趋近。随着相关科学的逐步完善，未来，针对脑控技术的各类战略，不仅可能实现记忆修改、情绪干扰、意识分散等能力，甚至还可直接对对手实现“心灵控制”。

三是生物传感与计算。军事生物传感器把生物活性物质，如受体、酶、细胞等，与信号转换电子装置结合成生物传感器，不但能准确识别各种生物战剂，而且探测速度快、判断准确，与计算机配合可及时提出最佳防护和治疗方案。生物传感器还可通过测定炸药、火箭推进剂的降解情况来发现敌人库存弹药的数量和位置，成为战场侦察的有效手段。生物计算是生物技术与信息技术融合的产物。目前，计算机普遍存在能耗高、数据密度低等问题，成为计算机技术发展瓶颈。生物计算机能够使计算机的能耗降低至少2个量级，储存数据能力提高12个量级，并行度也将提高10个量级，在信息通信、信息存储、信息保密方面都具有巨大的潜力。2011年8月，IBM公司研发出可模拟人脑处理信息方式的认知计算机芯片，称为神经突触芯片，具有极强的信息处理能力。

四是增强技术。随着生物、信息、机械等领域的技术进展，人们不再局限于利用一些自然的方法来循序渐进式地提高自身的能力，而是通过更直接和快速的方法来提高和完善人类的技能和能力，打造能够超越身体极限的“超人”。美国科学院、英国皇家学会等机构发表一系列报告，对人体效能改造，特别是人体增强给予高度关注，并预言人类即将迎来人体增强新时代。国防高级研究计划局开始研究使士兵保持最佳战斗力以及迅速、全面恢复战斗力的新技术，主要包括视网膜植入、人工耳蜗等视听增强技术，药物、大脑植入、脑机接口等脑力增强技术，外骨骼等体力增强技术等。比如，可持续辅助计划（CAP）项目，通过药物和训练，能够使战士 96 小时甚至超过 168 小时无须睡眠，实现个体认知能力的拓展，从而将从根本上重新定义“行动节奏”等军事概念。2018 年，国防高级研究计划局推出“生物停滞”计划，用生化技术降低细胞活性，为战伤救治赢得时间。2019 年初，国防高级研究计划局公布“生物电子组织再生”项目，计划对战伤人员采取针对性生物刺激措施，调节其免疫系统反应，以促进伤损组织快速再生和恢复。除了增强人自身的生理及应激免疫外，还可以利用特殊生物技术，生产出具有生物体自我恢复、记忆、判断、更新功能的产品，运用于军事装备、指挥信息系统等，以辅助增强战场监测、控制、决策和指挥功能。

五是生物能源。目前，各主战武器装备大多以汽油、柴油为燃料，跟踪补给任务重、要求高。生物技术可利用红极毛杆菌和淀粉制成氢，每消耗 1 克淀粉，就可以产生 1 毫升氢。氢和少量燃料混合即可替代汽油、柴油。只需要带少量淀粉，就能保障长时间远距离机动作战，大大减少对石油类燃料的依赖。另外，各种生物电池可利用生物体本身的特性，与传统供电技术紧密结合，在战场上为各种信息化装备提供便携、持久的电力。

3. 战法想定

托夫勒认为：“人们生产的方式，就是军队作战的方式。每一次军事技术变革，总会强制性地给战争样式、作战方式、武器装备、编制体制带来全新的变化。”[1]随着生物武器的研发和武器装备生物化，将有可能颠覆传统武器装备的打击方式，催生出全新的作战思想，从根本上改变现有的战争模式，推动信息化战争迈向新的发展阶段。

传统战争的攻防对抗，都是在肉眼能够看得见的宏观世界展开，利用枪弹、炮弹、导弹等武器毁伤目标，通过铠甲、掩体、隧道等进行防御。使用生物武器进行的攻防对抗由宏观延伸至微观，依靠对生命结构功能的调控毁伤目标，在攻防、制导、毁伤等环节呈现出全新的作战模式。概括而言，生物信息战的制胜机理与传统物理信息战的区别主要有三方面：

一是威慑。随着现代生物技术的发展，基因武器、脑控武器、“分子点穴”武器等，突破了原有的武器进化之路，从而使国家安全疆域向生物领域拓展。近年来，世界各主要国家高度关注生物领域的安全威胁，纷纷出台生物领域军事战略或举措。美国连续出台了多项国家层面的战略性文件已经形成了较为系统的国家战略与生物国防部署。2009年11月，出台《应对生物威胁国家战略》。2012年6月，美国国防部发布了《化学与生物防御计划战略规划》，详细阐述了生物防御计划的战略构想、使命与目标，认为强有力的生物防御既可以显著提高生物威慑能力，又可以阻止对手对美国军事力量、盟国或合作伙伴实施生物攻击。2018年6月，美国国家科学院受国防部委托，对合成生物学可能引发的生物威胁进行了评估，并发布了《合成生物学时代的生物防御》报告，内容提及“制造病原体生物武器”“制造化学品或生物化学品”“制造可改变人类宿主的生物武器”等3大类、11种合成生物学能力。报告强调近年来迅速崛起的合成生物学正在带来新一代生物武器威胁，其中基因编辑技术的发展使恶意的生物信息编辑变得更为容易、快捷以及隐蔽，呼吁美国政府“应该密切关注合成生物学这个高速发展的领域，就像在冷战时期对化学和物理学的密切关注一

1 ［美］阿尔文·托夫勒、海迪·托夫勒：《未来的战争》，阿笛、马季芳译，北京：新华出版社，1996年，第214页。

样”。

生物武器不仅可以直接杀伤人员，大规模削弱或瘫痪敌方的战斗力，而且可以在心理和经济上给敌方以沉重打击，具有极强的威慑作用。即使像“9·11”那样最可怕的袭击，也只是局限于特定时间和地点。相反，如果空气中到处弥漫着看不见的不明病原体，所产生的社会和心理恐惧效应将是十分巨大的。2020 年开始流行的新冠肺炎疫情，对世界政治、经济的摧毁作用和造成的心理影响远远大于一场中等规模的战争。正如美军参联会所说的，使用生物武器所“产生的最大的影响并不是其单纯的杀伤力，而是所造成的在战略行动上、心理上和政治上的巨大冲击力，从而能够影响我们战略和作战的决心”。

随着生物技术门槛和成本不断降低，恐怖组织获得生物材料及相关技术的可能性增大，利用生物武器制造恐怖活动的意图更加明显。国际刑警组织认为，生物恐怖主义已经成为全球最大的安全威胁。2014 年 10 月，美国海关截获了一名“伊斯兰国”成员，该成员试图通过自身感染埃博拉病毒，对美国本土实施生物恐怖袭击。传统意义上，生物恐怖的行为主体是个人或团体，随着大国竞争博弈的日趋激烈，掌握生物技术优势的国家也可能发动国家生物恐怖袭击，这种袭击可以是隐蔽进行，也可以伪装成商业行为。

二是精准。物理战对能量杀伤的极致追求，使它逐渐偏离战争的目的。即便是人们津津乐道的精确制导武器，依据目标的光、热、外形等物理特性实施打击，该打击或许是精确的，然而一旦将目标对象换为人体目标，让其针对不同类型的人进行攻击时，则攻击的精准性就将大打折扣，主要原因是所攻击对象的生理信息差异无法通过物理特性来判断。生物武器不同于传统武器杀伤，一方面，它既可以针对整个作战人群，也可以针对某一人种、团体和个体的某些生物特征；另一方面，它可以根据作战目的精确到基因调控的功能性状单元，致伤只作用于某种基因的特定序列或某种蛋白质的某种结构局域，只针对目标的特种生理功能，从而使目标丧失战斗能力。

当今，最具杀伤效果的生物武器是种族基因武器。人类不同种群的遗传基因是不一样的，根据人类基因的这一特征选择某一种族群体作为杀伤对象也就成为可能。由多国联合开展的“人类基因组计划”，已于2003年完成，不同种群的DNA被排列出来。这样，在理论上就可以设计出针对某一特定种族或民族的基因武器，它们只对某些特定遗传型的敌方人群有毁灭性的杀伤力，而对同一环境下的其他人群则毫无影响。种族基因武器，就是根据种族基因的极其微小差异来进行“对人下药”，使特定种族患病，如免疫缺失、智力丧失、绝育，甚至死亡，而对于其他种族则毫发无损。也可以把对人类健康有巨大威胁的病毒（例如艾滋病毒）改造成易传播的病毒，如人类抗力较弱的肝炎病毒、感冒病毒，培育出“杂种病毒”。大量克隆对人类生命有巨大威胁的昆虫、动物，如杀人蚁、杀人蛙等，也是基因武器的一种。

近年来，美国等西方发达国家都在加速研发基因武器。2016年2月，据美国《华尔街日报》报道，欧洲雅利安人、中东阿拉伯人的基因均属美军搜集范围，大量非军方机构，如美国孟山都（全球最大的种子公司）、杜邦公司（全球第二大化工公司）、MCRIC公司（合成核酸、制造基因结构）、国家医药总局，以及负责专业疾病研究的组织等，也参与了基因战项目研究。美国情报机构已将“基因编辑”列入了“大规模杀伤性与防扩散武器”威胁清单，其目的就是限制其他国家发展此类武器。据报道，一些西方国家正以研制疫苗的名义秘密地进行着有关人类基因攻击的生物技术研制。2015年，美国受理的基因测序相关专利达4万余件。

三是微创。传统的物理杀伤手段都以一个人为最小攻击单位，很难想象传统武器装备可以杀伤半个人或一个人的几分之几。生命科学与生物技术的发展，使人类进入分子水平研究生命活动过程以及生命体与环境相互作用规律的新时代，从而能够以单个人体为最大攻击单位，对人类基因组30亿个碱基之中少数基因进行毁伤，这是人类战争史上划时代的变革。

生物武器以对基因或蛋白质等损伤作为攻击目的，通过对生物体结构蕴藏的生物语言和遗传信息的解读，使探索生物分子结构与功能相联系的全新作战机理成为可能。生物科技既可以通过改变生物体微观结构，实现生物体功能的自我恢复和提高，也可以通过改变生物体微观结构使生命功能受到损伤，从而突破传统战争毁伤机理和瓶颈，达到提高战斗力生成的目的。例如，人们通过研究核酸结构与功能的联系，能够进一步认识生物个体之间的差异，以及可能致病的分子的活动机理，进而根据作战目的选择合适的生理打击方式。

微观毁伤已不再着眼于毁伤作战人员整体结构，而是从个体微观结构与功能层面考虑攻防方式，减少对人员的滥杀行为。传统生物武器追求的是大规模杀伤，杀伤效应缺乏选择性，一般都造成不可逆损伤，非死即残，救治十分困难，所以被列为大规模杀伤性武器。现代生物技术的发展完全可以克服这些弊端，通过调控基因或蛋白质表达，影响其相关的重要生理功能，从而可以不同程度地致敌损伤，包括非致命性损伤。同时，致伤手段丰富多样，可根据作战目的需要，选择对敌致伤类型以及致伤程度，并且在作战目的完成后可向被攻击方提供疫苗药物或“致病因子”及攻击靶点的生物信息资料等“解药”。比如，在一些致病细菌或病毒中，接种人能对抗普通疫苗或药物的基因，以产生具有显著抗药性的致病菌，或在一些本来不会致病的微生物体内接种人致病基因，制造出新的生物制剂。这类武器的特点是，只有武器的设计者才能知道它的遗传密码，因而也只有武器设计者才能解救受害者。据报道，英国早在 1997 年就成立了由生物技术、医学等专家组成的小组，专门致力于研究本民族的特异性和易感性基因，研制有效的疫苗并提出防范对策。

现代生物科技是多学科交叉的产物，如 DNA 芯片技术便融合了生物技术、信息技术、物理学、组织化学、数学等学科的最新成果。反过来，生物科技的交叉学科属性又将促进与之相关的技术发展，提升微观空间的作战能力。可以设想：未来的生理信息战场，将按照预先的设定精准攻击人体内的分子结构，从而开启生命微观空间的“制生权”争夺。

三、攻心为上

心理战是“运用心理学的原理，通过宣传和其他活动从精神上瓦解敌方的一种作战。又称心理作战”。[1]美国陆军1982年发布的《作战纲要》中，关于心理战的定义为：“心理战是为了达到长远的和当前的目的而采取的政治、军事、经济和意识形态行动的重要组成部分。旨在改变心理战对象的态度和举止的宣传活动和其他心理战方法，是指挥官向敌方军队和民众做工作的重要手段。若与其他行动有效地结合起来，心理战就可以相对地提高部队的战斗力。”[2]由此可见，心理战作为一种特殊的作战样式，它的着眼点不是从肉体上消灭敌人，或从物质上彻底摧毁敌人，而是从精神、情感、意志上征服敌对方，通过实施心理作战，瓦解敌方的士气，弱化其抵抗意志，使其消极抵抗以至放弃抵抗，使己方能够小战大胜或“不战而屈人之兵”。因此，心理战符合战争的最终目的。

追踪传统心理战的发展轨迹，可以看到，一方面，传播技术的演进，书信、传单、报刊、无线电、电视、网络等信息传媒，一次次给心理战插上了飞翔的翅膀；另一方面，心理科学的发展，冯特、特饮纳、托尔曼、塞尔等专家学者，一次次给心理战奠定了理论的根基。二战后，美国在国内外建立了庞大的宣传机构。美国前总统艾森豪威尔曾指出，战争期间军事科学发生的巨大变化之一就是心理战的发展，充分肯定了心理战的重要作用，认为心理战“应该有权在我们的军事武库中享有荣誉地位”。1949年8月，美国武装力量通过的《实施心理战战役》特别条令中，明确了心理战概念：“心理作战包括思想宣传和传递消息等措施，通过这些措施影

1　《中国军事百科全书·军事学术》，北京：军事科学出版社，1997年，第648页。

2　李显尧、周碧松：《信息战争》，北京：解放军出版社，1998年，第211页。

响敌人的意识、感情和行动。它由指挥部在战时为动摇敌人的士气而组织实施。”1953 年，美国参谋长联席会议认为：“心理战是有计划地利用宣传和类似宣传的通报手段，以期影响帝国和其他外国人的观点、情感、关系和行为，旨在促进实现民族政策和军事计划。”

随着科学技术的飞速发展，尤其是新媒体的崛起，人们对心理战的认识广度和深度不断拓展，心理战逐渐作为一种新的信息化战争样式进入人们视野，世界各国积极探索，并提出一系列心理信息战的理论。如美军近年来提出的“战略传播”“公共外交”“思想战”“认知战”等概念，俄罗斯军队提出的“战略心理战”“信息心理战”“媒体战”等概念。此外，英、法、日、德等国军队也在不断整合有关认知空间对抗的心理战理论。以心理制胜为目标的心理信息战价值逐渐凸显出来，它已不再单纯是军事领域运用的作战样式，也不仅仅是军事领导人考虑的问题，而是被纳入国家安全战略，打破平时战时界限，以各种方式向目标国家和目标人施加心理影响，从而超越了传统意义上的“工具”功能，演变成为一种战略手段和新的信息化作战样式。苏联学者 B. A. 利西奇金等在《第三次世界大战：信息心理战》一书中，分析了苏联解体的主要原因，指出“信息心理战的后果可能比生态危机具有更大的危险性”。

心理信息战实质上是以精神信息为武器，在认知空间展开的攻防对抗。对抗一方制造出心理战杀伤的武器——信息，并通过一定的载体或方式将信息传送出去，另一方的感官或意识接收到这一信息。整个过程主要有三个环节，即信息生成、信息传送及信息影响，相应地以信息生成技术、信息传送技术和信息影响技术为支撑。探索当代心理信息战的发展态势，就是要把握心理战信息生成的新特征，心理战信息传送的新趋势及心理战信息影响的新指向。

1. 信息生成虚假化

倘若我们翻开成语词典，历数那些古哲先贤们留下的智慧结晶，可以看到：隐真示假、虚张声势、煽风点火、无中生有。数千年来，古今中外无数成功战例对此做了精彩的诠释：二战中，希特勒为了迷惑斯大林，与之签订了苏德互不侵犯条约，而后，苏联间谍向莫斯科密报了德军将发动军事进攻的重大情报，但由于斯大林相信条约的可靠性，致使苏军备战不足，最终在战争初期被动挨打。再如，朝鲜战争中，美军在仁川登陆前，麦克阿瑟一边制造种种假象掩盖其真实企图，一边还故意通过报纸和广播，透露其登陆点可能选择在仁川，所谓“实而实之，使敌转疑以我为虚”。最终诱使朝方误判战事，美军得以在仁川成功登陆。多少年来，这些战例一次次被收录在心理战研究书籍之中，以期警醒后人、启迪未来。然而，时至今日，如果我们的心理战研究还一味沉浸在古人创造的种种战例中由衷赞叹而不能自拔，如果我们的心理战运用还一味津津乐道于如何撒布谣言混淆视听而不能创新，那么我们的心理战必将走进死胡同，只能是自欺欺人。这是因为在今天的战争中，由于现代侦察技术的发展，对抗双方获取情报的手段早已今非昔比。如此直接而公开的心理战信息，如此简单而熟知的心理战手法将不再神秘，误己都难，何况误人。

信息网络时代，信息传递就是制造舆论，谁控制了信息源和话语的流向，谁就能随意制造和传播虚假新闻。西方新闻媒体、网络平台都受资本巨头掌控，在他们国内，这些媒体、平台也多有狗咬狗的新闻骂战，显示出所谓的新闻自由。但在国际舆论战中他们都无一例外地成为国家媒体，为国家服务，为政治服务，为利益集团服务，政治立场高度一致。近年来，西方国家制造大量的虚假新闻攻击中国，妖魔化中国，参与制造大量虚假新闻的不是那些小媒体，而是像 BBC、CNN 这样的大媒体。这些虚假新闻已经具有了心理战武器的典型特征。

现代科学技术特别是合成技术、写作机器人、深度伪造、全息投影、虚拟现实等信息技术的发展，为心理信息战提供了信息包装、信息加工、信息插入等信息生成新手段。比如，“眼见为实，耳听为虚”，作为民间俗语，早已在普通大众心底深深扎根。然而，令人遗憾的是，现代电脑合成技术和影像投射技术，可以制作真假难辨的影像，眼见不一定为实。电影《盗梦空间》中，主人公多姆·柯布能够潜入人们的梦境中，窃取潜意识中有价值的秘密。影片中不同梦境间切换应用的就是一种信息合成技术，它通过剪辑、拼凑、篡改、合成影像资料，使已有的信息虚假化或干脆直接制造虚假信息。当这种技术用于心理战攻击时，就成了感知操纵武器。这时，谎言与歪曲可以使携带虚假信息的媒体的信息完整性大大降低，进而指向性地影响受众的心理结构，最终实现心理战的攻击目的。

写作机器人是抓取并利用大数据中的特定信息，进行自动文本生成或判定的计算机程序。相较于传统的人力写作方式，写作机器人最大的优势在其高产的特点，就如同工厂流水线相较于传统手工作坊。如美联社的 Wordsmith 可在 1 分钟内生成最多 2000 篇报道。自动文本生成主要依靠的是自然语言生成技术（NLG），包括模板生成技术和模式生成技术。模板生成技术是在系统内部事先设置好情景和对应语句模板，将采集的数据进行归类，根据对应的情景填入相应模板中生成语句，具有高效简洁的优点，主要应用于警报信息等简单语句的生成。模式生成技术以语言学中的修辞谓词为基础进行文本生成。写作机器人最早被应用于商业营销、新闻写作，此后逐步被政治团体利用于操纵社会舆情，一些技术嗅觉敏锐的政治团体开始采用这项技术，将其运用在政治宣传中以影响现实舆论场。[1] 从传播角度看，一方面，写作机器人有利于信息的大范围传播。以为美联社制作自动新闻生成平台 Wordsmith 的 Automated Insight 公司为例，该公司研发的新闻写作机器人 2013 年自动化生产的高度个性化新闻内容有 3.5 亿条，2014 年该数字跃升至 10 亿条。在辅助鉴别方面，目前已知的相关应用有《华盛顿邮报》研发使用的 Truth Tell，该写作机器人可以用于监测政客的演说、电视广告和实时采访的出处真伪。它通过数据转换进行对

1 Samuel C. Woolley. "Automating Power: Social Bot Interference In Global Politics". *First Monday*, 2016, 21（4）.

比分析，得出算法的初步检测，最后协助新闻工作人员去伪存真，及时发现新闻人物的失实言论。另一方面，写作机器人也会影响正常的公众网络舆论表达。西方一些政府和媒体，采用这项新的数字技术，启用政治机器人模仿人类用户以混淆舆论视听，并通过对公民信息进行自动化抓取和分析，操纵公共舆论，扰乱正常的组织信息交流。同时，反华势力于各类社交媒体中组织起了规模庞大的机器人水军，主要针对历史、民族、宗教、人权问题和舆情热点事件等，发布倾向性言论，营造舆论假象和虚假共识，高调宣扬“疆独”“藏独”“台独”“港独”等分裂思想，为抹黑中国国际形象，分裂中国制造舆情氛围。

深度伪造技术最早专指基于深度学习的人像合成技术，即“人工智能换脸术”。目前，深度伪造技术已经扩展到包括图像伪造、音频伪造、文本伪造和微表情合成等多模态视频欺骗技术。深度伪造背后的支撑技术是深度学习，具体来说主要是“生成性对抗网络”和卷积神经网络。用于深度学习算法的真实数据或模拟数据越多，合成的视、音频等深度伪造产品的逼真程度就越高，在这些假视频和音频中能够让人说现实中没有说过的话、做现实中没有做过的事，甚至达到以假乱真的程度，冲击着人们对“眼见为实”的传统认知。深度伪造技术现已在社交网站上被广泛用于制作娱乐视频。比如，脸书（Facebook）上已有各类美国前总统特朗普和奥巴马的换脸视频，美国演员乔丹·皮尔就曾将奥巴马的面部映射到自己脸上并以此制作出的一段虚假视频，在美国国内引发大量关注。该视频中奥巴马警告说，深度伪造技术将在几年内挑战人们对真相的认知。

深度伪造技术为传播虚假信息提供了新的强大工具，让假消息以更加可信的方式呈现在社会公众面前，引发公众对于政府的信任赤字。一方面，不法分子借助深度伪造技术，可能散布虚假视频，激化社会矛盾，煽动暴力和恐怖行动，也可能用于干扰竞争国家的情报机构，甚至因此设定限制其行动范围的条件。2018 年 5 月，美国总统特朗普宣布中止全球气候变化协议，随后被比利时某政党利用“深度伪造”技术篡改，做出一个“特朗普宣告比利时政府也应退出”的假视频，引起比利时民众的公愤。另一方面，深度伪造技术会加深公众对政府的不信任感。随着公众意识到“深度伪造”的危害，他们会对一般的真实视频产生怀疑，更容易把真实视频当作虚假视频，迷失在真假信息之中，对官方澄清也会持有怀疑态度。深度伪造技术在选举中可被用于制作虚假视频来对候选人进行政治原则、生活作风等方面的抹黑，破坏被选举人形象和选举制度的公正性，从而威胁国内政治制度的合法性。正因如此，美国佛罗里达州候选人、共和党参议员卢比奥将这一技术的威力与核武器相提并论，美国国会也在 2020 大选前对深度伪造技术进行调查，并展开相关立法行动。

2. 信息传送精确化

一部心理战发展演变的历史，也是一部心理战信息传送技术不断创新的历史。传统心理战信息的传送是粗放、发散的，不具备将精神信息精确地传送至具体特定接收者头脑中的能力。信息网络技术的飞速发展，打破了世界各国之间地理疆域界限，每一个电脑终端都可能成为信息源，每一个网络系统都可能成为没有硝烟的战场。利比亚战争中，西方国家的心理战专家，利用情报机构掌握的利比亚军事将领们的手机号码及电子邮箱，向他们发送具有威胁性的信息，如“我们有你们指挥所的 GPS 坐标，也能跟踪锁定你的手机位置，巡航导弹已经对这些坐标设定了程序，你们打算怎么办？”。此举对利比亚高官产生了极大威慑作用，迫使他们不断变换手机号码，不仅有效瓦解了敌人士气，而且干扰和破坏了利比亚的通讯和指挥系统，起到了一箭双雕的作用。同时，北约心理战部队利用 EC-130J 心理战飞机的“信息插入”功能，通过利比亚政府和军队使用的频率，进行“信息插入”式的广播宣传，有时候利比亚老百姓在家里听广播、看电视的时候，能收听、收看到联军的宣传节目，屏幕上有时会突然出现利比亚政府军节节败退的画面，这种强制性宣传，具有强烈的震慑作用。

在乌克兰危机中，社交媒体成为相关各方博弈的重要工具。危机初期，乌克兰政府利用社交媒体发布了大量俄罗斯军队出现在乌克兰东部的“确凿证据”。在推特（Twitter）、脸书等网站上，大量手持武器、着迷彩服的士兵照片被乌克兰媒体发布——他们是谁？实施破坏行动还是激起骚乱？为什么出现在克里米亚？照片反映出他们可能不仅是俄罗斯人，而且是俄罗斯军人。这些照片通过社交媒体广泛传播，在乌克兰民众中描绘出“来自俄罗斯的破坏者”形象，成功培植了乌克兰民众的反俄情绪。随着乌克兰冲突的不断升级，亲俄罗斯和亲乌克兰的社交媒体用户，发生了明显分化。2014 年 10 月 24 日，在乌克兰议会选举前，“CyberBerkut”等亲俄罗斯组织通过乌克兰社交媒体在俄罗斯族裔中散布恐惧、焦虑和憎恨情绪。比如，大量散发关于乌克兰军队残暴行径的照片，为遭受酷刑折磨的人准备的大坟墓，平民器官被非法交易，焚烧庄稼来制造饥荒，招募儿童士兵，以及对平民使用重型武器等行径。由此可见，通过社交媒体，这类心理战信息——无论是有一定证据或只是谣言——都会在数分钟内传遍全球，可以轻而易举地对目标人群施加影响，为地面军事行动提供强劲支持。

社交网站、微博、微信等社交媒体，成为心理战信息传送的新平台。从理论上说，互联网普及以后，我们能够做到人人上网发布信息，人人可以发表评论。但是，信息的自由传播如果仅仅解释为信息可以自由发布，是没有任何意义的。即便在非信息时代，信息的自由发布仍然是可能的。关键问题在于你发布的信息如何传播到接受者那里。1999 年，美国科学家巴拉巴西在《科学》杂志上发表《因特网是无尺度的》一文，揭示了网络的“无尺度”性质：在网络中，大部分节点只和很少节点连接，有极少的节点却与非常多的节点连接。也就是说，网络的访问链接符合幂律规则，即主要集中在少数几个大网站，如美国的谷歌、中国的百度等，网络上的大部分访问都是被少数大网站所吸引。一些明星大 V 的粉丝数量动辄上百万甚至上千万，其受众大大超出一些主流媒体的读者数量。这就说明，信息网络物理结构上的去中心并不等于信息传播的去中心，它恰恰隐藏着中心节点的内在机理。信息传播并不完全是自由的，可以被高度商业化、垄断化的网络媒体所操控，一般网络媒体的信息大多被湮没、被稀释。

另一方面，搜索引擎和数据库可以通过人为干预和控制搜索结果的方式，操控网络信息传播导向。搜索引擎主要提供两项服务：一是通过对信息和信息源的分类、遴选、甄别，向用户提供现成或准现成的信息。二是通过网络自动搜索技术，用户通过输入关键词，就可以找到他们感兴趣和需要的信息。从表面上看，搜索引擎只是为查找信息提供路径指引，其实在这种貌似“客观”的背后是搜索结果的可操控性。通过并不复杂的技术手段，就可以将受制于政治意识形态和商业利益的偏见和导向不动声色地掺入搜索结果中，以看似中立的方式“在0.01秒中自动生成”并呈现出来，它对用户思想的操控力和渗透力是传统媒体所无法比拟的。同时，搜索引擎还对用户具有强大的锁定效应和“成瘾性”，用户在长期使用一种搜索引擎的过程中，某种看不见的立场、观点和方法就会以难以觉察的方式“年年讲、月月讲、天天讲”，其效果是不言而喻的。

智能推送技术的发展，可以通过智能手机上的社交媒体、网购平台等各类应用软件收集信息数据，并利用这些数据建立模型，用算法分析出用户的阅读习惯、兴趣爱好、价值取向等，向用户推荐个性化的特定信息。智能推送以数据挖掘技术与算法分发技术为基础。数据挖掘是指系统从网络平台中通过模型与算法，从海量的网络数据中攫取所需的信息，主要包括两个方面：一是挖掘客户数据，通过数据挖掘算法，对平台中客户的搜索、浏览历史进行统计学分析，从而选出该客户所重点关注的信息类型。然后分析其搜索和浏览过程中的兴趣偏好，再对其潜在关注点进行预测，将平台系统的内外数据库中的针对性信息主动推送给客户，进而满足客户的个性化需求。这一过程中挖掘的数据以客户的个人数据为主，包括客户的姓名、性别、年龄、职业等特征数据和点赞、转发、浏览等使用数据；二是挖掘平台数据，面向平台内部所有用户群体，通过智能学习和数据系统进行数据记录，当平台中遇到相似用户群体时可以对照记录的数据进行智能推送。

当前，主流社交媒体脸书、推特、微博、微信等，以及资讯类平台Youtube、抖音、快手等都采用基于用户画像的个性化定制内容精准推送。用户画像的描绘主要通过三种方式进行数据采集：一是用户信息登记。在进行社交媒体或资讯类平台账户申请注册时，平台方通常会要求用户填写许多个人相关信息，当需要用到支付转账功能时，还会要求用户提供姓名、身份证号、照片等真实信息。在进行信息登记后，后台便可对这些用户信息进行归类、分层，形成初步的用户画像描绘。二是用户行为统计。当用户在使用社交媒体或资讯类平台时，其每一条点击都会在程序内部生成使用记录。通过对使用记录进行统计分析，可以对用户偏好进行推测。例如，某用户在视频App中经常搜索“篮球”相关视频，可以得出他可能是一名篮球爱好者的结论，随后可以在资讯平台中继续推送篮球视频、在购物平台上推送篮球装备等，诱导其进一步观看和消费。三是价值取向分析。价值取向是一定主体基于自己的价值观，在面对或处理各种事务、关系时所持的基本价值立场和态度。智能传媒平台用户在观看视频、浏览文章、发表评论时都会留下一些表现出价值取向的痕迹，这些痕迹也会被后台记录，并纳入大数据分析。例如，某微博账号频繁点击出现“女权”这一关键词的热搜条目、微博内容，或者在撰写的微博评论中出现了“女性”“权益”“平权”之类的词汇，大数据分析后可以得出该用户可能有“女权主义”的价值倾向。通过三种方式进行数据采集后，大数据在后台将用户画像描绘出来，尔后根据用户偏向、喜好进行内容推送。根据拉扎斯菲尔德的选择性接触假说，人们心中存在着的政治倾向不仅对其政治选择有着决定性影响，而且对其在宣传平台上的内容选择也有着导向作用。当人们面对着宣传平台上展示的各种各样信息时，通常他们更可能选择那些接近或相同于自己政治立场的内容，而对于那些带有相异甚至对立立场的内容则倾向于选择忽略或避开。基于用户画像的选择性智能推送使得宣传的效果更令人易于接受和喜爱，从抖音、今日头条等智能传媒平台的大热就可见一斑。截至2020年9月，苹果应用商店App Store中抖音短视频的累计评论数已达2913万，今日头条的累计评论数达到262万，而一些传统报纸的电子报App用户评论数仅在千余条。

3. 信息影响隐蔽化

随着高技术战争的发展，心理战信息影响技术越来越受到世界各国的重视。信息影响技术是指通过信息场（文字、图片、音视频等）和能量场（声、光、电、磁等）改变个体和群体的知情意的技术手段和方法。主要研究各种影响人的认知空间的作用机理及其神经机制，并充分利用各种方法手段，突破意识屏障，有效地影响敌方或己方的心理加工过程，进而改变其行为，实现从精神上瓦解敌方或激励己方的目标。信息影响技术可广泛运用于政治、经济、外交、文化、宗教、商业、体育等多个领域。既可用于军事活动，又可用于非军事活动；既可用于战时，又可用于平时；既可用于敌方首脑人物、决策者、指挥人员，又可用于普通士兵和民众。

阈下信息是信息的一种特殊形式。阈下信息中的“阈”是指感觉的阈限，人的感官只对一定范围内的信息刺激做出反应，这个信息刺激范围及相应的感觉能力，心理学称之为感觉阈限。对于超出感觉阈限之外一定范围内的信息刺激，人则会产生阈下知觉。研究表明，阈下信息无法被主观感知，却能对人的心理与行为产生重要影响。阈下信息影响技术是以心理学为基础，以信息技术为手段，通过信息的阈下植入对人的心理施加影响，进而实现对人的认知、情感、意志的全面操控。从阈下信息的作用机理来看，其传播具有高度的隐蔽性，阈下信息影响技术是一种“不被觉察”的感知操纵技术。一些发达国家将阈下信息技术应用于商业广告、政治宣传、信息化武器装备设计和心理作战等领域。

阈下信息影响技术的理论基础是第25镜头隐性刺激原理。也就是说，人的知觉器官，有能感觉（意识）到的范围，也有感觉不到的范围。在知觉器官里，阈下信息可以绕开人的自觉意识去操控人的心理。我们日常所看的电影，24 个镜头。一部影片在放映 24 个镜头的过程中，一秒钟可补充插进一个镜头，即第 25 个镜头。观众不会发现新插进去的这个镜头，甚至连闪一闪的感觉都没有，但是插进去的这个镜头，却能对观众的思想、情感、行为产生明显的影响。专家多次试验证明，在一秒钟内，观众的大脑完全来得及接受和处理第 25 个信号。心理学研究表明，一般人约 97% 的心理活动属于非自觉意识活动，而自觉意识活动只占 3%。阈下信息影响技术能够针对特定心理战对象设计和制作阈下信息，以此潜移默化地影响人的心理过程，包括认知、情绪和决策，从而为心理战提供更加隐蔽的认知操控手段。阈下信息种类繁多，目前主要应用的是阈下视觉和听觉信息。阈下视觉信息通过技术手段处理后，既可以蕴含在公开销售的书籍、报纸、音像制品中，也可以隐藏在广播电视以及其他各类数字图片和视频中。

20 世纪 50 年代，美国开展了阈下启动效应在商业领域的应用研究。威尔逊在《阈下的诱惑》中指出，阈下启动效应已经大范围的运用到商业广告领域中，并对阈下情绪启动的应用前景作出了正面预期。施莱斯认为，虽然阈下呈现的刺激并不能够瞬间改变人们对某件事物的已有态度，但是它可以在人们形成态度前，设置预先的态度。这表明，阈下信息影响技术将成为传播领域内的一项重要的技术。1957 年，心理学家詹姆斯·维卡里在新泽西的一家电影院做过一个投影实验，他使用一种特殊的投影机，每隔 5 秒钟就将写有“吃爆米花”和“喝可口可乐”的阈下信息与电影信息投放到同一电影银幕上，每则信息在银幕上闪烁的时间只有 1/3000 秒。测试结果表明，爆米花的销售因此增加了 57.5%，可口可乐的销售增长了 18.1%。后来，有人又精心选择一组彩色图案，通过“第 25 格”隐藏在电视剧中，结果使看该电视的人陷入一种催眠的恍惚状态。插入的这些图案能通过非自觉意识引起人的内心活动变化，严重者能使大脑血管出现过载，有些实验人员或微机操作人员，在实验中被致伤甚至致死。在计算机网络中，阈下信息技术首先被广泛应用于网络广告。网络广告利用“嵌入”技术，即运用一定的技术手段（如高速摄影或喷墨）在某个画面上插入微小的图像，比如在网页上嵌入大小不等的广告、广告窗口自动弹出等。这种广告形式虽然令人厌烦，但还是在无形中刺激了网民的视觉，起到很大的视觉冲击作用。如果这些广告符合网民的兴趣或需求，就会引起他们有意识地注意，从而达到一定的宣传效果。阈下信息技术在网络媒介中的应用，可以提升网络的宣传效果。例如，阈下信息应用于思想政治工作网站，将会拓展传统思想政治工作网站对受众的影响途径，加强网络思想政治工作的先进性、实效性和针对性。

20 世纪 90 年代以后，阈下信息技术迅速应用于政治和军事领域。1991 年 3 月 26 日，美军在“沙漠风暴”行动的心理战中，就使用了阈下信息影响技术。在利雅得美军行动中，有一个“令人难以置信的高度机密”计划，该计划由一整套系统来完成，系统中的标准无线电频率广播承载了潜意识的听觉信息，以达到心理操控的作战目的。1996 年，叶利钦和俄罗斯共产党中央主席久加诺夫竞选总统时，叶利钦竞选团针对本国女选民多的情况，在讲话视频中植入了阈下信息来拉票，结果险胜对手。2000 年，美国总统大选时，小布什的广告策划专家在竞选对手戈尔陈述医疗制度改革方案的电视录像中植入了一个极短的、人们无法察觉到的镜头，上面写着一个很大的单词“RATS”（胡扯），这段录像在全美 33 个州播放了 4400 余次。以此来影射戈尔的医疗政策是欺骗民众，实际上也是利用阈下信息影响技术来操纵选民的潜意识。阈下听觉信息通过技术手段处理后，可以隐藏在广播音频、公开销售的音频制品以及其他各类数字音频中。2003 年，美军制定了“心理战、生物战系统结构图”，组织全美著名大学和研究机构中的心理学、生物学、药理学、信息科学等多学科专家，将语言模拟技术、虚拟现实技术、激光技术、现代仿声技术及生物技术引入心理战，从心理行为科学、脑科学及信息科学等领域，对心理战、生物战与信息战进行整合性研究。视速仪、心理声音发射器、阈下发射装置的相继问世，标志着阈下信息技术由理论研究向军事实践转化。

在科学技术的不断催化下，心理战早已今非昔比，传统心理战走向高技术化。伊拉克战争后，美军相继抛出了“基于效果作战”“震慑论”“战略瘫痪论”等一批崭新作战理论。尽管这些作战理论视角各异，但皆不约而同地聚焦在一点上，这就是“希望从网络中心战当中获取的基于效果作战和非线性成果工作概念的关键是人的心理过程”。美军认为，人类认识和决策的认知过程显然是战争中最核心的领域，对认知过程的了解就是希望通过说服敌人屈服从而缩短战斗进程，达到不战而屈人之兵的目的。可以说，伴随着军事技术的进步，在信息化战争时代，军事力量形态发生了重大变化，大规模地消灭敌人的有生力量已不再是作战的主要目的，取而代之的将是在物理域、信息域及认知域同时展开攻防对抗，进而剥夺敌人的整体作战能力。

第八章　智胜未来

过去 30 年，信息领域发生了巨大变化：CPU 计算速度提高了 100 万倍，内存容量提升了 100 万倍，通信速度提升了 100 万倍，这三个 100 万倍使得人类进入信息时代。[1] 下一个时代将是智能时代。当前，世界正处在新科技革命和产业革命的交汇点上，人工智能是引领这一轮科技革命和产业革命的战略性技术，具有溢出带动性很强的“头雁”效应。人工智能在大数据、云计算及资本市场等多重因素推动下，呈现出跃迁发展、全面渗透的态势，正深刻改变着人们的生产、生活、学习方式，推动人类社会迎来人机协同、跨界融合、全维渗透、共创分享的智能时代。人工智能发展取得突破性重大进展，并加速向军事领域渗透与应用，这必将对战争形态产生冲击甚至“颠覆性”影响，催生军事智能化的快速发展，使人类战争由信息化战争向智能化战争演进。

一、军事智能化

早在第一台计算机问世后不久，就有科学家预言，人工智能时代必将来临。维纳在《控制论》一书中设想了机器智能的三个发展阶段：用人类思维改造机器，即拟人化机器；用机械理论重塑人，即把思维过程进行机械化改造，形成半机器人；人机融合，生成没有生物组织，却有多种人格

1　［美］威廉·恩道尔：《目标中国：华盛顿的“屠龙”战略》，戴健等译，北京：中国民主法制出版社，2013 年，第 74 页。

特征的机器，即超越人类的电子人、合成人。1950 年，图灵出版《机器人与智能》一书，认为机器能像人类一样“思考”和下棋，并提出了著名的图灵测试，作为判断一个机器是不是有智能的准则。1956 年夏天，约翰·麦肯锡、赫伯特·西蒙、马文·明斯基、艾伦·纽厄尔等 10 多名年轻科学家，在美国达特茅斯学院举办的研讨会上，讨论了什么是人工智能、人工智能该做什么、人工智能的终极目标是什么、人工智能应该分哪些领域等问题。约翰·麦肯锡在会议上正式提出了“人工智能”（缩写为 AI）术语，最初的含义是指依托计算机运用数学算法模仿人类智力，让机器“学会”人类的分析、推理和思维能力，标志着人工智能作为一门独立的学科正式登上历史舞台。因此，有人把 1956 年称为人工智能元年。60 多年来，人工智能发展大致经历了三个阶段：

1956 至 1976 年是第一阶段，即基于符号逻辑的推理证明阶段。为什么要从逻辑推理入手？因为人和动物的最大区别就是人有逻辑思维能力，如果实现了逻辑思维，或者说你能进行逻辑推理，基本上就可以实现智能。因此，这一阶段主要是使用逻辑推理的方法来做一些数学定理证明的工作。开始时，人们非常乐观。著名计算机专家西蒙和纽厄尔在 1958 年给出了非常令人鼓舞的四个预测：十年之内，计算机将成为国际象棋冠军；计算机不仅是能证明，还能发现有意义的数学定理；计算机能谱写优美的乐曲；计算机能实现大多数的心理学理论。但十年之后，这四条预言没有一条实现。当时的人工智能除了能证明一些数学定理以外别的都做不了。这时，社会上对人工智能的批判声、怀疑声越来越多。德雷福斯在《计算机不能做什么》中对人工智能的编程方式进行了批判，并指出了背景知识、监督学习、汇编决策等因素在获得技艺过程中的重要性。1973 年，英国著名应用数学家詹姆斯·莱特希尔在书面报告和电视节目中，两度用“海市蜃楼”来表达对人工智能前景的悲观，在他的报告结论中，虽然支持人工智能研究自动化和极端及模拟神经和心理过程，但对机器人和自然语言处理等子领域的基础研究提出了严重质疑。1974 年，从英国到美国都大幅削减了有关人工智能的研究经费，人工智能发展第一次从波峰跌到低谷。

1977 至 2006 年是第二阶段，即基于人工规则的专家系统阶段。随着符号主义学派复兴，“专家系统”盛行，在医疗、化学、地质等领域取得成功，推动人工智能走入应用发展的新高潮。日本第五代计算机的大规模逻辑推理和斯坦福大学的知识图谱建设，是这一阶段人工智能发展的典型代表。从 1982 年开始，日本通产省开始主持第五代计算机的研制工作，目标是要构建一个具有 1000 个处理单元的并行推理机，推理速度提高 1000 倍，连接 10 亿信息组的数据库和知识库，具备听说能力。斯坦福大学从 1984 年开始把百科全书输进计算机，通过专家建立知识图谱，可以非常快速找到答案。到 2015 年 11 月，这个知识库已经包括 23 万多个概念、实体和 200 多万个三元组。但到 20 世纪 90 年代后期，随着网络搜索引擎的崛起，互联网和大数据的威力开始显现出来，再到后来百科全书也开始链接外部的知识库。随着人工智能的应用规模不断扩大，“专家系统”应用领域狭窄、缺乏常识性知识、知识获取困难、推理方法单一、缺乏分布式功能、难以与现有数据库兼容等问题逐渐暴露出来。随着轰动一时的“第五代计算机”计划于 1992 年草草收场，“专家系统”风光不再，人工智能迎来了第二次寒冬。科学家们认为，知识不能靠专家手工表达，这个系统必须能够自主学习，这样不至于挂一漏万。

2006 年至今是第三阶段，即大数据驱动的人工智能阶段。随着计算机处理速度和训练数据的急剧增加，联结主义再次复兴，认为人脑不同于电脑，神经网络的功能、结构与智能行为是密切相关的，不同的神经网络结构表现出不同的智能行为，主张人工智能研究应采用结构模拟的方法，即着重于模拟人的生物神经网络结构。神经网络模型和参数调整的进步，引发了深度学习技术的广泛应用，强化学习、决策树、迁移学习、深度学习、非监督学习等一系列经典算法喷涌而出，为人工智能的再次复兴奠定了扎实的理论基础。2006 年，加拿大科学家杰弗里·辛顿（Geoffrey Hinton）提出了利用大数据神经网络降低数据维度的方法，加快了机器学习和训练的速度。之后，蒙特利尔大学教授约书亚·本吉奥（Yoshua Bengio）、纽约大学教授扬恩·莱昆（Yann LeCun）也发表论文，分别从算法角度和稀疏表达方式，提高了机器学习的效率。这三位科学家共同获得了2018年图灵奖。2016年，阿尔法狗战胜了人类围棋冠军李世石。与此同时，美国空军的智能空战系统在特定任务场景下打败了人类飞行员。这些标志着人工智能发展到了一个新阶段。从2000年科学家提出神经网络，到今天在各个领域广泛应用的基于大数据的深度学习，这一阶段的人工智能主要由大数据、算法及算力共同发力，由科学家奠定理论、引领方向，产业界与学术界深度合作，融资机构介入，开放开源的创新架构，这些都使得人工智能发展呈现出崭新的特征。

智能化是一个逐步发展的过程，从计算智能、感知智能到认知智能。就目前阶段来看，得益于算法的优化、算力的提升，以及计算机硬件水平的提高，计算智能已经发展非常充分，感知智能日益成熟，认知智能也在持续突破。但是，当前我们还处在“弱人工智能”阶段。弱人工智能的自身是客体，作为主体的软件工程师会根据应用需求，设计出相应的处理逻辑，并写成程序，直接灌注到系统当中，形成系统的处理逻辑。当环境稍微发生改变，也就是说输入、输出不再契合时，那么处理逻辑的改变就只能依靠软件工程师手动更新迭代。弱人工智能虽然具备了一些专用或特定技能的智能，如语音识别、人脸识别、机器翻译，下国际象棋的“深蓝”，下围棋的AlphaGo等都属于这一类，这种智能只不过看起来像有“智能”而已，但是它没有自我意识，它不知道自己是谁，说到底只是人类的工具。由“弱人工智能”到“强人工智能”是智能化发展的趋势和方向。美国哲学家约翰·罗杰斯·希尔勒认为，在“强人工智能”发展阶段，“计算机不仅是用来研究人的思维的一种工具；相反，只要运行适当的程序，计算机本身就是有思维的”。“强人工智能”被认为自身是有知觉、有自我意识的，能够以自身为主体，通过观察、总结、尝试、验证等一系列学习活动，主动从环境中抽象出合适的处理逻辑，来解决相似的输入、输出问题，同时对处理结果进行评估，修正原有的处理逻辑。强人工智能不仅可以向他人学习，还可以直接向大自然学习，拥有独立发展的能力。美国科学家雷·库兹韦尔预言：2045年将是人工智能超越人类智慧的“奇点”。

当前，随着新一代人工智能的链式突破和加速发展，人工智能技术加速向军事领域渗透，必将催生军事智能的快速发展，引发指挥决策、武器装备、军事训练、作战方式、后勤保障和组织形态等领域的巨大变革。

一是战场态势向“认知智能”发展。机械化战争中的战场态势感知主要依靠指挥员的经验和直觉，而现代战争的博弈空间十分巨大，时空压缩的趋势愈发突出，快速识别海量信息，快速响应战场态势、快速制定决策方案，已远非人力所能。以一场中等规模的战役，200个作战实体为例，博弈空间状态复杂度约为1086082109，态势表示和感知十分复杂。面对战场环境高复杂、高动态、强实时的挑战，由智能感知与认知技术赋能的智能化作战系统能够根据任务目标、敌方情况、战场环境、自身状态的实时变化，自主判断情况，选择和执行优选行动方案，同时又具有较强的容错性、生存力和弹性。全球布局、全域布控的无人侦察网络将陆、海、空、天、电、网、核等多维空间传感器快速虚拟化协同组网、自动组织动态调度、完成多源异构情报自动挖掘并按需推送，整体提升战场感知能力。

二是指挥控制向“决策智能”发展。军事智能技术将彻底改变以人为主的指挥控制和决策模式，将由单纯人脑决策发展为人机混合决策。智能决策辅助系统根据战场获取的数据进行自主学习，不断提升判断的准确度，实现自主处理情报、自主融合态势、自主制定预案，从而在海量数据和不完整的信息中，为指挥员提供可选方案和最优选择，并给出支撑性解释数据。一些低层次的工作可以由智能系统代劳，将指挥员从事务性工作中解放出来，专注于最关键的思考和决策。比如，美军曾经需要40至50人耗费20分钟完成的作战行动，现在仅需一小时就可以完成。美国密苏里大学利用人工智能技术和卫星技术，分析东亚某国沿海地区防空导弹阵地，采用深度卷积神经网络，即大数据情报挖掘技术，40分钟找到90个阵地，准确率 98.2%，比人工提高效率 81 倍，它是通过 440 万个样本完成的，大大提高了指挥员的科学决策水平。

三是武器装备向“自主智能”发展。军事智能技术最先运用的领域就是武器装备制造。随着智能化水平的不断提升，武器平台和作战体系不仅能够被动、机械地执行人的指令，而且在深度理解和预测的基础上，能够根据实际战场环境和态势变化，实施自主化、无人化作战行动。传统意义上人与武器装备的关系将在此基础上进行重构，从而丰富和改变了战斗力的内涵。武器装备智能化的实质是提高武器系统的自主学习、自主思考能力，算法成为武器装备的控制中枢。比如，美军为了增强导弹的自主识别能力，在导弹上使用“图像理解”等技术，以提高导弹的目标识别精度。通过芯片级高精度惯性导航技术及其他多模复合制导技术，提升导弹的自主导航能力，从而使导弹具备一定的“智能”，在攻击过程中能够感知敌方电子干扰、自主规划路径、自主寻的、自主攻击。

四是作战体系向“全维智能”发展。“阿尔法星”在人机对抗中充分体现了“大数据 + 高性能计算 + 神经网络算法”的“全维智能”的体系作战思维。美军人工智能战略的基本做法是将大数据汇聚到“作战云”，用“作战云”支撑数据分析和算法比对，最终建立人工智能作战体系。“作战云”主要由云计算和云存储两个部分构成，以网络、云计算等技术为支撑，核心是作战空间所有可能信息的快速集聚、即时响应、智能调试，实质是对己方透明的一种战场网络。作战云具有“自组织、自愈合、逐步降级和冗余”特性，实现战场信息联合与共享，部分平台同时担负作战、监视、网节点等多重角色，作战方式也由固定计划模式向网络化、随机化、自主化打击模式转变，将给未来一体化联合作战样式带来深刻变革。目前，美军已经对外发布价值 100 亿美元的首个“作战云”系统招标项目，吸引了亚马逊和微软等科技巨头参与竞争。

在此背景下，世界主要国家和组织相继发布了人工智能发展战略，从宏观层面进行人工智能战略布局，从顶层系统推进相关技术和产业规划。

2015 年，美国国防部将人工智能作为第三次“抵消战略”的关键技术，推动人工智能在军事领域的应用和发展。同年，新美国安全中心对机器人技术的发展与未来战争变革进行了系统研究，发布了《20YY：机器人时代的战争》报告，认为以智能化、自主化和无人化为标志的军事变革风暴正在来临，美军应通过发展智能化作战平台、信息系统和决策支持系统，以及定向能、高超声速、仿生、基因、纳米等新型武器，到 2035 年前初步建成智能化作战体系，对主要对手形成新的军事“代差”。至 2050 年前智能化作战体系将发展到高级阶段，作战平台、信息系统、指挥控制全面实现智能化甚至无人化，更加多样的仿生、基因、纳米等新型武器可能走上战场，作战空间进一步向生物空间、纳米空间、智能空间拓展，实现真正的“机器人战争”。2016 年 10 月，美国发布了《为人工智能的未来做好准备》《国家人工智能研究与发展战略规划》，详细阐述了人工智能的发展现状、规划、影响及具体举措。2017 年，新美国安全中心又发布《人工智能与国家安全报告》，详细分析和评估了人工智能在军事优势、信息优势和经济优势三方面对国家安全的影响，认为人工智能未来会像核、航天、网络、生物技术一样，成为深刻影响国家安全的重要技术。2019 年，特朗普签署行政命令，实施“美国 AI 计划”，这是一项指导美国人工智能发展的高层战略。同年，俄罗斯通过了《2030 年前国家人工智能发展战略》，提出了优先发展方向、重点任务及机制举措，提升俄罗斯在世界人工智能领域的独立性和竞争力。

有专家预测，未来 15 年左右，智能化装备将成为世界军事强国战场运用的主体，到 2050 年，将实现人在回路外的授权自主或完全自主式作战。美军计划到 2030 年将其 60% 的地面作战平台实现智能化。俄军预计到 2025 年，其智能化武器装备占比将超过 30%。2020 年，苏莱曼尼被 MQ-9 无人机斩首，标志着基于大数据的人类计算模型与无人化作战系统的深度融合，已逐渐完善并具备了实战能力，拉开了智能化战争的序幕。伴随着军事智能系统的自生成性、自组织性、自演化性不断发展，战争对垒双方已不再是用“能量杀伤”以消灭敌人“有生力量”，而是通过“脑”控武器来控制敌人的思想和行动。作战主体由“知识战士”向“超级战士”转化，作战平台由信息化“低智”向类脑化“高智”发展，作战样式由“体系作战”向“开源作战”演进。由此，智能战也将超越“信息主导、体系对抗、精确打击、联合制胜”的传统制胜机理，开启未来之“智能主导、自主对抗、溯源打击、云脑制胜”的崭新攻防模式。谁掌握“制智权”，谁就将掌握未来战争的主动权。

二、超级战士

19 世纪末，尼采面对工业社会下宗教与传统伦理的失势与沦丧，发出了“上帝死了”的呐喊，并由此提出了“超人”概念。尼采认为人的价值可以通过对自我的超越得到最完美的体现，并且这种价值具有某种绝对的意义。“超人”并非是对“人”的取缔，而是在人类发展历程中培育出的“具有更高价值的人”，是人的主体性的极大发挥。在海德格尔看来，“超人”是经过科学技术赋能后的“未来人”，能够通过技术将自身的主体性发挥到极致，在更高端的意义上掌管着权力，实现对万物的统治。“超人是这样一种人……那是未来的人基于对地球和人类行为的技术性改造本质而分得的权力可能性。”[1] 在长期的实践活动中，人类制造了各式工具，从而增强了劳动器官、延长了感觉器官、扩展了思维器官。人工智能的出现既是人类智力解放的重大标志，也是人类能力提升的伟大转折。作为主体能力的“扩充器”和“放大器”，人工智能可以极大提升主体的各项能力。而一旦人类能力获得提升，则又可以将其作用于机器，制造出更为先进的人工智能。在如此反复循环中，通过人工智能与人类智能的协作，不断提升人类的智能水平和认识能力，从而实现主体能力的复合式增长，现代意

---

1 ［德］马丁·海德格尔：《什么叫思想？》，孙周兴译，北京：商务印书馆，2017 年，第 69 页。

义上的“超人”成为可能。

以智能模拟和提升为核心的智能化革命，向着两个向度发展：一个向度是人的智能的物化。将人脑的思维功能逐渐外化、物化到机器上，人类智能活动中的记忆、推理、计算、判断等功能，被形式化为机器能够处理的机器语言和程序算法，实现人脑可量化、可物化、可模拟那部分功能的延伸和增强。另一个向度是人的主体性解放。当人脑部分功能被物化到人工智能中之后，人脑剩下的无法物化和模拟的那部分功能就获得了空前地解放，这些功能包括主观性、创造性、情感性、非逻辑性等。智能主体化的结果是人类的智能被分为两种：一种是被物化到人工智能中的机器智能，另一种是无法物化的主体性智能。两种智能互相联系、互相促进、互相补充，最终实现人类能力的复合化全面提升。这种提升集中体现在人工智能对于人类认知水平和生理水平的增强，以及随之而来的人类认识能力的不断提升上。

在科幻电影中，我们经常看到各种“超级战士”的身影：《机械战警》中人类头脑和机械身体完美结合，身上配备各式武器，能应付各种暴力活动的机械警察。《阿凡达》中用人类的基因与潘多拉星球上的纳美人基因相结合，让人类的意识进驻其中，从而成为供星球上自由活动的“化身”。作为作战链条上的信息终端与执行终端，世界各国军队无不重视单兵作战系统的技术革新与发展。无论是美军的“陆地勇士”，还是法军的“未来步兵”，抑或以色列国防军的“阿诺格”计划，都旨在打造新一代“未来战士”，将传统的作战单兵，从功能简单的指令接受与执行者，转变为集信息感知、传递及处理于一体的智能机器人。随着聚合科技的迅猛发展及其在军事上的广泛应用，人类将在纳米的物质层面上重新认识和改造世界以及人类本身。聚合科技与人类以往所有科技不同之处就在于，它把提升人类自身能力作为最终目标，而不是扩展人类某种器官的能力。人类将拥有大量成本低廉的各种量级的传感器网络和实时信息系统，机器人和软件将实现个性化，所有的器件均由新型智能材料构成。由此，真正打造科幻电影中的“超级战士”。

1. 突破生理极限

追溯远古时期，以部落为主体的“战争”发端，人体器官遂成为制服对手的最原始“武器”。随着人类社会生产实践经验的累积，人们逐渐意识到身边拾起的石块、木棍可以作为打击工具，从而弥补人的生理缺陷。但人的生理机能终究有限，存有诸多不可逾越的瓶颈，在作战中承受的痛苦逼近生理极限时，就会出现诸如精神疲倦、情绪波动、判断失误等应急反应，从而影响继续参加战斗。面对瞬息万变的战争对垒，极端残酷的战场环境，无论是攻防对抗的战术行动，抑或军事谋略的制胜法则，皆需要“参战者”在任何时候都能摆脱个体生理因素的限制，这一点是任何传统的“士兵”或“指挥官”无法做到的。长期以来，打造“超级士兵”一直是主要国家增强作战人员能力、提升部队综合战力的重要目标。近年来，仿生技术、信息技术、生物医学、人工智能技术等的发展融合与应用，推动了人效增强技术的快速发展，增进了人体不同方面能力的延伸和扩展，使“超级士兵”距离现实越来越近。代谢工程、外骨骼增强技术、脑机接口技术及人工智能等，可以为超级战士提供强大的身体素质和认知能力，使其既不会受时间所限，也不会被情感左右，极大地弥补生理缺陷，以应对复杂战场挑战。

人体增强技术可以通过使用可穿戴装置、药剂、生物医学或其他技术，增强人体机能、智能或弥补人体某些缺失能力。人体增强技术主要应用于单兵，可以大幅提升作战人员的感知、体力、耐力、速度和认知力，主要包括四个方面：一是增强感知。通过运用视听、信息、通信等技术，使作战人员的战场态势感知能力突破人眼可视范围或瞄具作用距离。美国“奈特勇士”、俄罗斯“战士-3”、法国“菲林”V2 等士兵系统配有智能手机或类似智能终端，能实现语音通信、数据和视频图像传输。二是增强认知。采用药剂、神经假肢、脑刺激技术及其他生物医学手段，保持或加快恢复作战人员身体机能，提高学习效率与记忆力，帮助提升认知与决策能力。美国的“不夜神”增强药剂已在20多个国家上市，该药剂可刺激脑部神经，士兵服用后，能在数天不睡觉的情况下保持头脑清醒和作战体能。三是增强体能。通过机械、人因工程、动力等技术，增强作战人员的体力、速度、耐力等，提升携行与机动能力。目前，美国、俄罗斯、法国等在人体外骨骼研究上走在前列，美国陆军“人体负重”外骨骼可使士兵最大负重从目前的45千克提升到90千克，行进速度达16—18千米/小时。法国“大力神”外骨骼是一种组合式全身外骨骼，士兵穿戴后可轻松提起40千克重物。四是增强防护力。通过运用材料、生理、信息等技术，在传统作战服/防弹衣功能基础上，集成多种小型传感器，集防护、温度调节、伪装、生命体征监测等功能于一体，提升作战人员的防护与生存能力。国防高级研究计划局于2011年启动“勇士织衣”智能作战服项目，通过功能结构件、致动器等将负重分布于士兵全身，能减轻负重对士兵关节的损伤。

随着人工智能、生命科学、新型材料、先进能源等领域技术的发展，人体增强技术呈现出以增“智”为核心的新趋向。在人脑智能方面，通过先进生物医学技术，不断提升人的智力，比如国防高级研究计划局“主动恢复记忆”项目可提高战斗人员的反应速度和瞬间记忆能力，美国空军研究实验室正开发经颅直流电刺激技术，通过向脑部通电，提高注意力和学习能力。在机器智能方面，通过机器学习、智能仿生等技术使人体机能辅助装置更加智能化，更好地配合人的意志和行为。2018年1月，美国陆军测试的“强音”外骨骼系统能利用人工智能技术分析和感知人的行走模式，不断提高使用效率。未来的外骨骼还能预判使用者的下一个动作，学习其步法和肌肉运动，在其受伤或行动受限时协助移动。在人机融合方面，脑机接口、脑与认知神经科学等领域的技术发展，将有效提高作战人员与半自主、自主武器装备的交互融合能力，有效实现作战人员的超级认知、快速决策和脑控作业等能力。

2. 消除认知偏差

克劳塞维茨认为，战争是一个“充满不确定性的领域”。研究表明，人类做决策的满意点，是在一系列进化尝试和自然选择过程中形成的，即个体基于过去的数据和经验进行学习、推理、预测并做出选择。一旦环境改变，这种基于过去的经验型认知模式，就有可能出现认知偏差，进而造成行为偏差。当前，世界各国研制的无人机、无人舰艇、无人战车及作战机器人，其核心还是计算机编程，所有作战任务都通过计算机程序来进行固化。也就是说，根据任务需要进行前期设定，尤其是攻击无人机，实施攻击还离不开远程遥控，这仅是人工智能的初级阶段。人工智能系统有智能没智慧、有智商没情商、会计算不会“算计”、有专能无全能。未来的人工智能是具有类脑特性的人工智能体，在信息处理机制上类脑，在认知行为和智能水平上类人，能像人类一样实现“自我学习”，并不断积累经验提升“自我”，实现人脑被模拟与被超越，人类将迎来人脑智能时代。

“类脑”主要是通过借鉴人脑运行机理及人类智能的研究，研发在信息处理机制上“类脑”，认知行为和智能水平上“类人”的高智能机器人，其目标是使机器以类脑的方式实现人类具有的认知能力及其协同机制，最终达到或超越人类智能水平。近年来，随着大脑成像、脑机交互、生物传感、大数据处理等新技术不断涌现，脑科学与计算技术、人工智能、纳米材料、认知心理等学科的交叉融合，大国间竞争博弈日趋激烈，“类脑”智能的研究已经成为主要发达国家的军事战略行为。欧盟“人脑计划”重点开展人脑模拟、神经形态计算、神经机器人等领域的研究，其中的“BRAIN 计划”针对构建大脑结构图、神经回路操作工具开发等七大领域进行研发布局。美国主导类脑智能的基础与应用研究，知名大学、私营机构和工业企业等根据自身优势开展跨学科、跨部门、跨领域合作。日本类脑智能研究以国际电器通信基础技术研究所、国家级技术研究所和各大学相互协作的模式来开展跨学科研发，其“脑科学战略研究项目”重点开展脑机接口、脑计算机研发和神经信息相关的科研攻关，按照科研路线图，该项目旨在15年内开发出各层次脑功能的超大规模模拟技术，并开展神经科学与数学、物理等基础科学的前沿交叉研究。

类脑智能是人工智能研发的终极方向，无论是语音交互还是图像识别，抑或无人驾驶等，人工智能研发者无疑希望通过“复制”的方式让机器成为近似于人的存在或者创造出能够承载人类智慧的“超人”。类脑芯片采用人脑神经元结构设计芯片提升计算能力，以完全拟人化为目标，模拟人脑神经突触传递的结构。类脑芯片的工作方式正在不断接近人脑，相较于传统的芯片而言，具有运行效率高、架构设计精、学习能力强等特点，这也是人工智能未来的突破点。国防高级研究计划局自2008年起就开始资助IBM公司研制面向智能处理的脉冲神经网络芯片；IBM公司在2014年发布了名为“真北”的第二代类脑芯片，其神经元数量多达100万个，每秒可执行460亿次突触运算。“真北”类脑芯片可以实时高效地将不同来源的图像、视频、音频和文字等数据转换为符号，因而在模式识别处理和集成传感处理上比由传统芯片构成的系统更高效。2017年，美国空军研究实验室宣布将与美国IBM公司合作研发一个全新类脑超级计算机系统，该系统基于由64个“真北”类脑芯片组成的芯片阵列。伴随着人工智能研发热度的持续升温，类脑芯片日益受到国际学术界、产业界及军方关注。如欧盟支持的高通公司研究的“认知计算平台”，可以融入其量产的Snapdragon处理器芯片中，并以协同处理的方式提升系统的认知计算性能。

美国、德国、日本等军事强国已经在研发类脑处理器、类脑计算芯片等方向取得了重大进展，逐步形成以加速发展智能化武器装备为核心的竞争态势。目前，这类装备已经从实验室走上军事应用，如防恐防暴机器人、应急救援机器人、侦察机器人、作战机器人以及战场运输机器人等。不难设想，倘若未来作战系统应用了更成熟的人工智能，由于其具有类似于神经网络的学习进化功能，就可以通过深度学习形成足以超越对手的经验智慧，带动作战决策全过程进入一个主观与客观相结合、定性与定量相统一、推测与实证相辅佐、艺术与科学相辉映的崭新阶段，这将在很大程度上消除人在作战指挥中的认知偏差。

3. 实现人机融合

纵观人类社会发展，有一条清晰的演进脉络。在人类社会进入区域性帝国之前（如古罗马、阿拉伯帝国等），国家与国家、人与物、人与人、物与物是弱关联的。1500 年前后的地理大发现，拉开了不同国家相互对话和竞争的历史大幕，开启了全球经贸互联互通的新时代。1969 年“阿帕网”诞生，人类社会进入“万物相联”的互联网、物联网时代，整个世界逐渐成为一个“地球村”。生物交叉技术尤其是脑机接口技术的发展，实现了人或动物的大脑与外界的直接信息交流和控制。人类社会发展由此来到了一个新的转折点，未来人与人、物与物、人与物充分互联互通。但是，此物非彼物，此时的“物”是人大脑的延伸，智力的延伸，更是智慧的延伸，人类社会进入“脑联网”的智能时代。在脑联网中，“脑”是最核心、最根本的构成要素，体现了脑联网的高端智慧属性。不同于“互联网”和“物联网”，“脑联网”中的“脑”具有极强的主观能动性，具有自我保护功能、能力再生功能、主动学习功能、模拟演化功能、指挥控制功能等生物特性。

电影《超验骇客》中，一个科学家把他自己的意识上传到了互联网，由此拥有了整个互联网世界的全部信息。他不仅能获得各个网络中的信息、知识，还能操纵信息，不断学习进化，并影响现实世界。以色列历史学家尤瓦尔·赫拉利在《人类简史》一书中指出，人机融合的过程已经开始，智能手机、社交网络已经不像过去的传统工具，它们是智能机器。2100 年将完全实现人机融合。到那时，我们看到的将不只是人类精神的延伸，还有精神与机器的统一：神经网和互联网这两个网络合二为一，形成“云大脑”。“云大脑”是所有智能终端包括人与人工智能体的“智慧存储器”“信息库”“决策库”，智能机器人可以将自己的“记忆”“感知”“经验”上传给“云大脑”，也可从“云大脑”中下载他者的“智慧”。

脑机接口技术是实现人机融合的关键。脑机接口是大脑和外部设备之间的一种信息交流和控制通道。通过这个通道，可以将大脑活动的信息直接采集和提取，并由此实现与外部设备的联通，也可以让外界信息直接传入大脑或直接刺激大脑的特定部位来调控其行为。随着脑机接口技术的日益成熟，未来各类军事装备的操控、信息技术的交互，将因“人机直连”变得简便、高效。21世纪初，美国开始探讨“脑机接口”技术的军事应用，投入资金研究武器与人相互作用机理。2006年，国防高级研究计划局启动了“革命性假肢”项目尝试研发意念控制的仿生手臂。2015年，国防高级研究计划局在一名55岁四肢瘫痪的妇女詹·苏伊尔曼的大脑内植入电极，实现了大脑与机器的双向通信，使她可以通过意念控制机械手臂，从而实现对F-35飞行模拟器的操控。2021年4月，马斯克的脑机接口公司通过植入脑机接口技术，将接口硬件嵌入猴子大脑的神经线，使猴子能够在没有游戏操纵杆的情况下，仅仅用大脑意念能够操作一款模拟两个人玩乒乓球的电子游戏。随着脑机接口技术的发展和应用，未来战场上将出现各种脑控装备。作战人员只需通过意念就能对武器装备进行操作控制形成人与装备的有机融合，实现“人机合一”，做到感知即决策、决策即打击。

人类战争的历史就是人与武器不断内嵌融合的历史。从冷兵器战争到信息化战争，武器是人体器官的自然延伸，人与武器的界限尚比较清晰。随着聚合科技的发展与应用，特别是大数据、传感器、可穿戴设备、人体植入及基因编辑等人机结合技术不断突破，人与技术之间的隔阂进一步缩小，人与武器之间的传统界限趋于模糊化，人的“武器”化及武器的“人”化趋势越发明显。一方面，利用生物交叉技术提高和促进人的能力成为可能，可以攻克战士自身体能和智能的缺陷，使武器装备成为人体的一部分，甚至未来用意念远程控制“机械战士”作战，将大大推进人的“武器化”；另一方面，武器装备的打击范围拓展到人类的认知过程和行为，并且可能成为战场上受人意识控制的“超级战士”，促使武器的“人”化。当人机充分实现融合的时候，人类将真正彻底告别作为战争终端的惨烈角色，而是作为“云大脑”的神经系统控制者，远离血雨腥风的战场，安身于舒适的环境，用自己的智慧与“云大脑”交互，遥控着前线无人机、无人装甲车、超级战士等作战主体展开生死搏杀。

三、算法制胜

如果说信息化战争的核心是以“信息 + 传感器”构建起作战系统的神经网络，那么智能化战争的核心则是以“算法 + 数据”构建起作战系统的灵魂大脑。事实上，算法在军事领域的应用由来已久。从我国古代的各类兵法、阵法，到一战前德军的数学公式推演和图上作业，从 1914 年提出的兰彻斯特方程到美军在海湾战争前的兵棋推演，战争始终既需要计算也需要“算计”，只是在各个历史时期的形式与载体不同。随着现代科技的发展，军用软件成了“战争算法”的载体，利用计算机对战场问题进行准确完整的描述并产生清晰简明的作战指令和策略机制，是信息化战争算法的新形式。制导武器出现以来，算法一直发挥着关键性赋能作用。从坦克装甲车辆的主动防护系统到军用飞机的自主控制系统，再到“爱国者”防空导弹的防空反导系统，算法如今已成为大国主战装备的标配。严格地说，算法本身的使用价值有限，只有与超算能力和大数据技术相结合才能产生魔力。

算法、数据和算力是当前主流人工智能的三大要素。算法战的实质是基于人工智能的“智能 +”战争。因此，未来战争掌握算法优势的一方，能快速准确预测战场态势，创新最优作战方法，实现“未战而先胜”的战争目的。2013 年 4 月，詹森 · 希利在《震网事件预示算法战时代来临》一文中指出，震网病毒是首个用算法取代人手来扣动扳机的自主武器，这预示着算法战的时代或将来临。2016 年 9 月，哈佛大学法学院发布了《战争算法问责》报告，将“战争算法”定义为“通过电脑代码表达、利用构建系统实现以及能在战争行动中运作的算法”。2017 年，随着美军正式提出“算法战”概念并组建机构开展相关研究，美军提出“算法战”，组建“算法战跨功能小组”，推动人工智能、大数据及机器学习等“战争算法”关键技术的研究，与现代战争的需求相契合。算法战以数据为血液，以软件为大脑，以算法为灵魂，以智能化为方向，可以演化为情报算法战、网络算法战、电磁频谱算法战、无人系统算法战、指控算法战等多种作战样式。从发展趋势看，战争算法有望改变未来战争游戏规则，重塑未来战争新图景。

1. 算法

算法是算法制胜的核心，算法的能力高低和安全与否是战争胜负的关键。“算法”是“一种有限、确定、有效并适合用计算机程序来实现的解决问题的方法，是计算机科学的基础”[1]。算法也是求解问题的策略机制，代表着用系统的方法解决问题的清晰指令和策略机制，常用于计算、数据处理和自动推理。随着人工智能技术的不断突破，尤其是随着类脑芯片的发展，算法将在处理数据、计算能力等方面发生跃迁，并与兵棋推演、人工智能和指控系统相融合，成为未来战前预演、战时感知与智能决策的关键。掌握更强算法的一方，能够快速准确预测战场态势，创造出最优战法，实现“未战而先胜”。

第一，算法优势主导认知优势。算法的本质就是知识积累和优化，缩短个体“学习曲线”，充分体现“众智成城”，加速知识迭代。如谷歌公司通用棋类人工智能“阿尔法·零”，通过优化算法和提升计算能力，约 2 小时击败日本将棋顶级人工智能程序，4 小时击败国际象棋顶级人工智

1　［美］塞奇威克、韦恩：《算法》（第 4 版），谢路云译，北京：人民邮电出版社，2012 年。

能程序，8 小时击败战胜韩国棋手李世石的“阿尔法围棋 · 李”，并在 24 小时内战胜了通过 72 小时自我学习训练称王围棋的“阿尔法围棋 · 零”。随着现代战场在空间上的拓展，复杂多样的战场信息传感器遍布陆、海、空、外层空间和网络电磁空间，各类情报侦察与监视预警信息呈爆炸式增长，由此产生的海量数据使情报分析员面临信息过载问题，进而导致战场信息收集不及时、有效信息产出时效性低、反馈失误等系列问题。与此同时，无人机蜂群等新式智能化武器装备与新型作战样式的提出，对指挥员决策的时效性、准确性、灵敏性又提出了更高要求。

算力的显著提升及机器学习算法的进步，为快速而准确地分析大数据提供了有效手段。算法的快速、准确、无疲劳等特征使之在大数据分析领域大展身手，展现出远超人类的能力。人工智能不受生理机能限制，可连续执行重复性、机械性任务。2016 年 9 月，一架 F-16 战机在训练中达到 8 倍重力过载，导致飞行员失去知觉，然而，在飞机撞击地面前，机载“自动防撞系统”自动将飞机拉起，避免了悲剧发生。依托战争算法建立起数据自主分析系统，能够缩短观察、判断、决策、行动环（OODA）的反应时间，节省数据带宽，有效提升数据处理和挖掘效率，从而减少战场态势感知的不确定性，在智能决策、指挥协同、情报分析、战法验证以及网络电磁攻防等作战流程中发挥作用。正因如此，美国防部联合人工职能中心主任约翰 · 杰克 · 沙纳汉中将甚至称算法是“世界上最优秀、训练最有素的数据分析师”。

第二，算法优势主导速度优势。现代战争的战场态势日趋复杂，有大的战役态势，也有小的战术态势。有地域态势，也有行动态势等。同时，战场态势又拓展到虚拟空间，有虚有实。战场态势感知的关键在于对敌意识的判断和对战场变化的迅速理解，从而形成准确的预测和决策，并规划和实施有效的作战行动。在这里，态势感知的速度就成了战争制胜的关键，速度是第一位的、决定性的，是与时间赛跑的过程。在算法的支撑下，人工智能的反应速度是人类的成百上千倍。2016 年，美国研发的“阿尔法”智能软件，反应速度比人类快 250 倍，在模拟空战中操控三代机击败了有人驾驶的四代机。

作为人工智能的“枢纽”，算法是用于决策、指挥和协同的核心。比如，机器学习、迁移学习等智能算法可以解决战场对抗条件下态势目标的自主认知问题，帮助指挥员快速定位、识别目标并判断其威胁程度。无人机蜂群作战中的算法运用可管理并帮助无人僚机感知战场态势，自主生成作战方案。当前，美军正致力于利用算法提升无人机战场态势自主化处理能力。以往，无人机传感器获取的全动态高清态势视频由数据分析师通过人工模式进行解析，数据分析师难以及时处理爆炸式增长的战场态势数据。解决该难题的出路在于利用自主化传感器处理和智能化信息生成，从而有效减少通信带宽和人工负担。2016 年 8 月，美国防科学委员会向国防部建议设立专门的“机载自主传感系统”项目，以解决无人机全动态高分辨率视频数据的搜集和处理需求。为了赋予无人机动态视频态势处理的自主性，美军利用先进算法推进人机结合，建立起自主性态势模型的认知启发型构架，从简单的计算逻辑演化到能够进行自主推理的系统，从而降低全动态视频数据人力解析负担，提升决策速度。这一全动态视频数据的算法包含一整套具有人工智能特征的深度学习模型，包括了目标确认模型、情景确认模型与威胁确认模型，有力推动了人工智能算法成为未来战争的技术支撑。

第三，算法优势主导决策优势。算法以其高速、精确的计算，代替人的“冥思苦想”和反复探索，从而加速知识迭代。掌握超强算法能够针对敌情变化快速提出灵活多样的作战方案与应对之策，不断打乱敌既定企图和部署。借助人工智能算法，美军“算法战跨职能小组”的任务在于研制快速处理数据的软件，实现对目标的高效探测、分类和预警计算，收集提供高质高量高时效性的国防情报，并推进与情报领域相关的机器学习、深度学习和视觉算法等先进算法的研究，用以辅助军事决策。人类情报分析师在面对海量视频数据时，将大量时间用在观察视频、寻找异常点等低效活动上，难以应付实时传输、多方来源、体量庞大的数据信息，与之形成鲜明对比的是，运用算法收集情报高速高效且结果精确，能够为战场决策提供及时且优质的参考，并且通过实时战场的反馈算法能够不断得到修正更新。

当前，美军通过发展模拟人脑神经元信息处理机制的深度神经网络技术，不断增强融合了深度神经网络技术与计算机的“类脑计算”能力，即类似于人脑的新型计算系统。从 20 世纪 80 年代开始，美国国家宇航局、国防高级研究计划局相继资助与神经网络计算相关的项目，其中包括计算机芯片“真北”的研发，该芯片采用了类脑神经网络设计，能够实现快速的运算、通信、存储，在实现图像识别与综合感官处理等复杂功能方面的效率远高于传统计算机芯片，军事应用潜力巨大。嵌入了算法的“类脑”计算系统在未来战争中有望成为增强现有作战系统对抗能力的关键，在人机协同作战中促进机器学习人类经验，为指挥员选择战争时机、计算战争规模、预测战争进程、谋划战争布局等助力。

第四，算法优势主导制胜优势。“算法战”预示着未来战争的变革，谁能抢占智能算法制高点，谁就能抢占先机。为未来设计战争，为未来设计部队。作战任务规划和兵棋推演等战争预实践，既是打通军事智能“研试训用”一体化能力的有效途径，也是促进军事智能科技真正走上战场的大势所趋。自 20 世纪 90 年代始，美国陆军就已开始研发“战术地面报告系统”地图规划软件，并由此发展出已纳入美陆军作战指挥系统的战术地面报告系统，通过运用算法实现巡逻队级别作战单元的信息共享与有效协同，成为美军在非洲与中东战场作战行动中不可或缺的工具。在“沙漠风暴”行动之前，美军利用计算机兵棋推演系统寻找作战计划中的漏洞，后来的实际作战结果与模拟推演结果高度相似，充分体现出美军推演系统的价值。

目前，美军已将战争算法与兵棋推演系统深度融合，系统能够基于一系列算法公式测试作战计划，预测未来战争走势。比如，美军拓展防空兵棋系统的视线算法公式。该系统由美国特利丹布朗工程公司公司开发研制，是一个集分析、训练及作战规划于一体的专业化多功能防空兵棋系统，其强项在于能够对导弹预警、拦截及打击进行较精细的模拟。该系统的描述能够达到武器平台层次（如单架战机），同时还具有较详细的指挥自动化功能模型以及灵活的想定管理，能够实施双边或多边对抗推演。目前，EADSIM 系统在国防分析与训练领域得到广泛应用，全球用户超过 390 个。美国 EADSIM 系统的成功应用充分体现出算法支撑下的兵棋推演和作战实验，通过验证已有战法和实验作战计划，能够为最终的实际行动提供理论支撑。而在实战对抗之中，具有高质量算法支撑的一方，在战前就能通过实验获取最优战法，并准确预测战场局势，从而实现未战先胜。

2. 数据

自人类开始使用文字和数字，数据就开始产生。数据是对客观世界最直接的记载，以数字的形式出现，是原始资料。从最初的数据开始，我们手中的数据源越来越多，包括自然界数据、生命数据、社交数据等，测量工具越来越丰富，使得刻画事物的层次和尺度更加深刻，获取数据的途径也越来越多，人类社会和物质世界不断“被数据化”，最终导致了大数据的诞生。2020 年以前全球数据量大约每两年就翻一倍，这与摩尔定律极为相似，称为“大数据爆炸定律”。

无论是人工智能或超人工智能，都是以数据为母体而存在。由于数据是对客观世界的记录，当我们赋予数据背景时，它就成为信息；当从信息中提炼出规律时，它就上升为知识；知识是智能的基础，当计算机、互联网及机器能够利用某种知识进行自动判别并采取行动为人类服务的时候，人工智能便应运而生。可见，“数据”始终是人工智能发展的一条主线，而随着大数据时代的到来，大数据已然成为人工智能技术的母体。正如谷歌首席科学家诺维格所说：“我们没有更好的算法，谷歌有的，只是更多的数据。”这从一定程度上揭示了大数据对于人工智能的基础性作用。

一方面，大数据是军事智能化的关键要素，正引发新一轮技术革命，不仅改变了人们的生活和工作，而且催生战争形态发生根本性变化。从人类战争史演进来看，没有数据就没有情报，没有情报就没有决策，没有决策就没有指挥。数据经过处理能够成为作战所需要的信息和情报，它已经渗透到战争发展预测、军事斗争准备、武器装备研制和作战指挥决策等领域。将获得数据、分析数据和运用数据寓于战争中，既是衡量部队作战能力的标尺，也是提升部队战斗力的新引擎。比如，从前的战争是从“发现目标”到“语言或文字”表述，再到“重现目标”，而现在“语言或文字表述目标”这个环节取消，战场目标被数据化后通过模型被描述和重现。美军要求在战场上每小时传输 2000 个目标数据，并提供 500 个打击目标的情报信息，10 秒钟内将特定目标数据和己方部队的配置数据传输给 10 万平方公里范围内的用户。在短短数十年间，军事变革已经在使用“数据”语言说话。因此，可以说，谁掌握了数据谁就掌握了战争资源，谁就能掌握战争的主动权和胜利的筹码。

另一方面，大数据使人类的思维方式发生重大改变。过去是从个别推论整体、从小概率事件中推理必然性。随着人类对世界认识得越来越深入，人们发现世界本身存在着很大的不确定性，如果仅从传统的机械思维寻找因果关系，难度将非常巨大。大数据思维能够在不追究原因的情况下，分析与某事物相关的总体数据，而不是抽取少量的数据样本。关注事物的混杂性，而不追求确定性。从事物的关联关系中找出具体事物的内在规律，而不探究其间的因果关系。维克托·迈尔·舍恩伯格在《大数据时代》中认为，“大数据思维”就是“需要全部数据样本而不是抽样”，“关注效率而不是精确度”，“关注相关性而不是因果关系”。大数据分析成为继实验科学、理论科学和计算科学之后人类探索未知、求解问题的“第四范式”。人们可以有效利用大数据，探寻现代战争的内在规律，而不会被淹没在海量数据中一筹莫展。美军击毙本·拉登，就是在对十年来海量数据进行相关性分析的基础上实现的。

大数据能否改变战争规则、作战方式、指挥手段和战争形态，关键不在数据本身，而在于对数据的挖掘开发。如何在全域联合作战、全维军事行动中链接数据、激活数据并创造数据，日益成为制胜未来战争的要害。而这一切的秘诀就在于那只“看不见的手”——算法。

一是算法链接数据。佩德罗·多明戈斯指出：“所有知识，无论是过去的、现在的还是未来的，都有可能通过单个通用学习算法来从数据中获得。”[1]在信息化战争风靡全球之前，人们从来都没有对数据、信息如此倚重。而如今，“除了等待变的，一切都已变了”。未来战争将是联合作战、全域作战，各军兵种的作战体系独立运转必然产生大量分散数据，形成的“数据孤岛”倘若无法连通，势必无法提炼信息，创造价值。因此，如何让各军兵种作战体系产生的数据汇聚起来、链接起来、流通起来，通过大交融、大分析、大关联，以此来支撑全域作战行动，这显然是一个重要的科学问题。

二是算法激活数据。在全域作战、联合作战的大框架下，未来战场将密布各类实时数据、侦察数据、指控数据、传感数据等。大数据的全域分布显然给作战行动带来前所未有的复杂性、不确定性，如何将数据优势、信息优势转化为决策优势、制胜优势，考验着算法这一幕后英雄。正是算法这只“看不见的手”，使战场数据、信息变得有序、有谱、有效。尤其是网络空间的对抗，特殊的信息规律决定了算法的绝对价值，好的算法能够激活数据，使之产生真正的作战价值。应该说，在科技主导的战争中，几乎所有的军事运行流程，都是由算法在幕后建立一种秩序。恰如主导社会经济领域运行的推荐算法、分配算法、匹配算法、区块链技术及相关算法、大数据处理算法及数据交易算法等一样，在军事领域的算法也将使数据产生价值，并贯穿于作战各领域、全过程。

---

1 ［美］佩德罗·多明戈斯：《终极算法：机器学习和人工智能如何重塑世界》，黄芳萍译，北京：中信出版社，2017 年，第 32—33 页。

三是算法创造数据。在传统的战争中，战争主要汇聚、流通及利用的是物质与能量，这两个基本范畴都有一个共性，那就是零和性。而数据和信息最典型的特点之一就是非零和性，尤其是在一个开放体系中，如何收集数据、挖掘数据、开发数据的价值，在信息化战争或智能化战争中，显得尤为重要。算法由于自身所具有的独特性，使其定义的军事系统也具有高自主性、高扩展性及高鲁棒性等特点，由算法掌控的军事智能系统，高效运转、适时扩展、相对稳定。在这个过程中，完全可以通过创造新的数据和信息来优化军事指控系统。而且，由于算法不会停止进化的脚步，随着算法的崛起与驱动，未来的作战模式也将会不断升级。

先进的数据与计算平台是一个完备的生态系统，其建设是一项综合性工程，需要国家的顶层设计和纲领性文件引领与推动。美国 2012 年出台《大数据研究与发展计划倡议》，将大数据上升至国家战略高度，提出“通过收集、处理庞大而复杂的数据信息，从中获得知识和洞见，提升能力，加快科学、工程领域的创新步伐，强化美国国土安全，转变教育和思维模式”。联邦各机构纷纷响应，例如，国立卫生研究院启动“从大数据到知识发现”项目，国家科学基金会投资建设“大数据区域创新中心”，覆盖全美的大数据创新生态系统逐渐成形。此后，以国防高级研究计划局为主导，美军启动了一系列大数据研发项目，计划每年投入 2500 万美元，着手研发大数据处理分析所必要的硬件与智能化分析软件，以解决非结构化数据的组织积累、数据库关联等问题。在美国“大数据研发计划”的牵引和刺激下，全球各国与地区也纷出台大数据规划。欧盟于 2014 年联合产学界共建“大数据价值公私合作伙伴关系”，促进大数据研究与创新。英国于 2015 年正式成立国家级数据科学研究所——阿兰·图灵研究所。瑞士于 2017 年启动国家科研计划大数据专项。日本则确立了以实用为主的大数据战略。由此可见，大数据正在成为创新竞争、生产力提高的新前沿，数据密集型科学正在成为科学研究的新范式，“数据主权”成为各国国家战略博弈的新高地。在未来，当大数据成为军事智能系统的枢纽之时，或许将开启一种新的作战样式——“数据智能战”。它通过掠夺、破坏和摧毁对方数据资源来建立己方的数据优势，达成作战决策及行动优势，并最终转化为战争优势。

3. 算力

算力，也称计算能力，指数据的处理能力。从远古时期的手动式计算到古代的机械式计算，从近现代的电子计算到现在的数字计算，算力指代了人类对数据的处理能力，也集中反映了人类智慧的发展水平。算力伴随着计算机的出现一直在提升和发展。1965 年戈登·摩尔提出“摩尔定律”，即集成电路上可容纳的元器件数目每隔 18 至 24 个月便增加一倍，性能也会提升一倍。而集成电路直接影响到中央处理器（CPU）的性能，进而影响计算机的计算能力。然而，摩尔定律最近几年已经放缓，算力需求却每三到四个月翻一番。2020 年全球数据总量达到 47ZB，预计到 2025 年，全球数据总量预计将达到 180ZB。如果把 180ZB 全部存在 DVD 光盘中，这些光盘叠起来可以绕地球 222 圈。人工智能的蓬勃发展带来了算力需求的指数增长。“新摩尔定律”指出，每 18 个月，人类新增数据量是计算机有史以来数据量的总和。超大规模的数据量对算力的需求也达到了前所未有的高度和强度。

算力、数据和算法是推动人工智能发展的三大要素。算力由数据的计算、存储及传输三项指标决定。大至超级计算机，小到手机、个人电脑，算力存在于各种硬件设备之中，没有算力就没有各种软硬件的正常应用。以手机为例，算力高的手机更流畅，算力低的手机就会卡顿，而这取决于手机搭载的 CPU、显卡及内存。20 世纪 80 年代，所有的运算都是控制为主的运算或者文本处理，主要由 CPU 承担。90 年代，出现了专门针对图形界面和图像渲染的图形处理器 GPU。人工智能运用的深度学习框架，多数依赖大数据形成有效模型，现在最先进的自然语言处理模型 XLNet 约有 4 亿模型参数。据估算，人脑中细胞间互联轴突个数在百万亿到千万亿数量级，人工智能在认知问题上离所谓通用人工智能还有巨大差距。在数据量和算法模型的双层叠加下，人工智能对计算的需求越来越大。因此，人工智能要进一步突破，必须采用新的计算架构，解决存储单元和计算单元分离带来的算力瓶颈。目前，计算科学正在从传统的计算模拟和数字仿真走向基于高性能计算与科学大数据、深度学习深度融合的第四范式。算力也形成了计算速度、算法、大数据存储量、通讯能力、云计算服务能力等多个衡量指标，通过人工智能、大数据、卫星网、光纤网、物联网、云平台、近地通信等一系列数字化软硬件基础设施，赋能各行各业的数字化转型升级。

“算力”，一方面作为计算机科学领域的概念是指一种运算能力，另一方面也可以依托于这种运算能力而产生一种关联性存在，即“算法权力”。尼葛洛庞帝在《数字化生存》中指出：“计算不再只是与计算机有关，它决定我们的生存。”[1]算力作为生产力的一种形式，无论是内涵还是外延均有较大的扩展。伴随着大数据、云计算、人工智能等新一代信息技术走进千家万户，算力就像一张大网，将生活在这个世界中的所有人和物紧密联结在一起，形成与人如影随形乃至共存共生的存在方式，改变着生产关系和人们的交往方式。技术作为一种征服自然和改造自然的力量，本身没有价值取向，也不具有权力的属性。但是，如果技术对人的利益能够直接形成影响和控制，技术便失去纯粹性而具有权力属性。随着国家、社会和个人对于算法的依赖逐渐加深，一种新型的权力形态——算法权力也随之出现。算法权力是指利用自身在数据处理和深度学习算法等技术，对政府、社会组织、个人等对象产生的影响力和控制力。

海德格尔认为，所有的存在者都是通过“上手事物”操作与周围世界建立联系。人在通过“上手事物”与世界相连的同时，人的知觉结构也将

---

1 ［美］尼古拉·尼葛洛庞蒂：《数字化生存》，胡泳、范海燕译，北京：电子工业出版社，2021 年，“前言”第 61 页。

受到“上手事物”的影响和操控。人工智能时代，人们的生活轨迹都可以转化为数据被存储、被处理、被利用、被分析，通过计算机程序和算力所赋予的算法而成为“量化存在”。我们不仅生活在算法程序推荐的环境中，更生活在被算力构建的“算法世界”中，成为被算法定义的人。算法权力来自算法的机器优势、架构优势和嵌入优势。一是机器优势。机器优势体现在算法对大数据资源的计算能力与深度自主学习能力上，一方面通过算法可以帮助人们应对海量数据计算任务，另一方面从既往数据中自主测试和自我改善，甚至可以“生产”知识，最终操纵人类获取的“知识”。二是架构优势。架构优势指算法通过搭建复杂生态系统而对人类行为进行支配。比如，在进入算法搭建的电商平台、社交媒体后，人的行为就受到算法支配。同时，算法可以进一步通过架构收集用户数据，并在多个生态系统之间共享数据以持续对用户产生影响。三是嵌入优势。嵌入优势指算法结构性嵌入社会权力运行系统，借助经济与政治权力实时干预人的行为，从而对社会进行无孔不入地构建、干预、引导和改造。比如，算法嵌入平台后可以重构消费者、平台与服务提供者之间的关系。通过算法下探至每笔交易贯彻平台交易规则，并对违约者予以即时处罚。由此可见，算法通过机器优势僭越人类的决策权，基于架构优势框定人的认知和行为模式，并借助嵌入优势指数级的扩张其影响，从而反过来塑造社会运行方式和人的生存方式。

算法权力，从表面上看是一种技术权力，但背后却潜藏着控制算法设计与研发的资本权力，普通民众被资本控制却浑然不知也无力抵抗。一方面，由于算法的设计和研发过程是封闭的，存在暗箱操作的可能性，研发者可以将其价值导向和利益诉求植入到算法中去；另一方面，算法的运行具有天然的不透明性和不可解释性，算法拥有者可以通过算法对用户进行调控，以奖励、惩罚或者其他更难以察觉的方法影响用户的行为，帮助资本实现利润最大化。比如，算法通过对消费者浏览网页或者购买行为所留下的庞大数据进行分析，所得到的信息可以创造出惊人的商业价值。以

“用户画像”为例，算法通过数据分析描述用户的各类行为信息和性格特点，对不同群体进行分类与身份建构，从而量身定制反映其支付意愿的价格，实施“一人一价”的价格歧视。在线旅游平台多次被爆出“大数据杀熟”，针对使用不同手机、不同消费习惯的用户实施差异化定价。同时，算法技术和数据优势的叠加更加强化了资本对于国家、政府、社会和个人的控制力和影响力，不仅对国家的数据安全产生影响，诱发数据霸权和算法独裁等问题，甚至危及民族国家的主权，对全球治理秩序和治理格局产生重大影响。

四、开源作战

信息化战争是体系与体系的对抗。作为“体系”概念运用于作战领域的产物，作战体系是一个庞大、复杂和多层次的综合系统，由相互关联的若干作战要素、作战单元，按照一定的结构综合集成，并按照相应机理运行的有机整体。在该作战体系中，一方面，不同的作战要素和作战单元在力量强弱方面存在差异，恰如“木桶理论”中有长板与短板之别；另一方面，不同作战要素和作战单元的权重也有区别，有的是整个作战体系的中枢神经，有的只是整个作战体系的局部节点。正是由于该作战体系结构具有非均衡性，从而为实施体系破击战提供了可能，比如通过切断敌方作战体系运行中的关键信息链，就可能达到瘫痪敌方整个作战体系的目的。

未来的“智能战”将是开源作战。所谓“开源”，就是网络空间中的“开放资源”，来自计算机软件领域的“开放源代码”。计算机发展早期，软件几乎都是开放的，任何人使用软件的同时都可以查看软件的源代码，或者根据自己的需要去修改它。程序员可以在开源社区中相互分享软件，共同提高知识水平。这是一种合作的开发过程和机制，提倡和鼓励所有人的参与以及成果共享。“共享和自由”是开源的核心理念。网络空间是一个万物互联、资源共享的广阔场域，“国家已经不再能够有效地控制信息流的进出。信息到处都是，触手可及”[1]。军事智能系统将不再是一个独立的、封闭的军事信息网络，而是一个基于全球战场空间“万物互联”的、开源的复杂系统，所有的智能机器人通过军事智能系统所构建的“云大脑”实现无缝连接。开源作战就是以军事智能系统为支撑，以人机一体、自由交互的智能机器人等为主要作战单元的集群作战，具有一定自主性的各作战平台、作战单元之间通过相互协作、互相适应形成一个连贯紧密的有机整体，并根据作战环境、对象及任务的动态变化，适时集聚智慧、实现协同作战。

1. 集群

自然界中，蜜蜂、蚂蚁、白蚁等单个个体并不强大，但它们通过简单的规则形成集群，就能够展现非常复杂的群体行为，整体实力却大大增强。比如，蚂蚁可以通过合作杀死非常大的猎物，并确定从食物源至巢穴的最佳路径。蜜蜂可以通过“投票”来共同决定筑巢地点的最佳位置。自然界中，动物的集群行为是长期进化而来的，而智能机器人集群行为是设计出来的。大量没有协同能力的机器人并不是“集群”，它们只是数量大的群体而已。智能机器人集群具有无中心化和高度的自主性，能够针对战场上瞬息万变的情况，自主协同，配合行动，同步攻防。所有的个体自然形成一个稳定的集群结构，一旦有任何一个个体因丧失功能脱离群体或因任何原因改变群体的结构位置，新的集群结构排列会快速自动形成并保持稳定。没有一个个体处于中心控制的主导地位，一旦有任何一个个体消失或丧失功能，整个集群依然能够有序行动。

人工智能技术将推动未来战争进入集群作战时代，同信息化战争的体系对抗相比，其在规模、速度、协同和智能化方面将更胜一筹。大批量生

1　［美］阿尔文·托夫勒：《战争与反战争》，严丽川译，北京：中信出版社，2007 年，第 166 页。

产的低成本小尺寸智能机器人，一方面，无人作战平台的超量化运用，可以形成数量优势，实现“区域全覆盖”，并以数量优势突破敌人的防御，实施“饱和”式攻击。美军曾经做过一个无人机突破宙斯盾的实验，当使用8架的时候可能有1架成功，当使用10架的时候，会有3架成功，成功率就高很多。如果实施饱和式突防，使用成千上万架无人机的时候，它的效果肯定会更好。另一方面，智能机器人集群能够根据战场形势及时改变群体位置和结构，围绕“侦、控、打、评、保”各个环节进行专业化分工，链接为一个有机整体，只要数量足够，个体的生存能力也就变得无关紧要，即使部分平台受损，还能保持其他平台继续协同作战，实现作战效能的最大化。同时，智能化的“感知—决策—行动”模式可以快速处理大量信息，帮助作战人员掌控战况，缩短决策周期，提高军事行动的速度。正如约翰·阿奎拉和戴维·伦菲尔德在《蜂群与网络作战》中所描述的，集群作战将单兵格斗的高度分散性、机动作战的灵活性和体系作战的组织性及凝聚力结合在一起，实现各作战要素、作战单元协同的目的。实施“集群”作战，通过隐蔽、突然、难以侦测和对抗的智能机器人集群，对对方传统武器系统，包括雷达、防空火力、各种作战与保障平台等，构成致命威胁，将颠覆传统作战方式。

目前，美国海、空军正在着力打造这一作战方式。根据构想，为突破中国等“反介入 / 区域拒止”能力，美军计划在我国南海从空中、水面和水下三个维度，投入以无人机为主的“机器人集群”，实施立体打击。2017年1月10日，美国国防部公布了一段视频，3架F/A-18战斗机释放了103架“灰山鹑”小型无人机，这些无人机集群演示了集体决策、自修正和自适应编队飞行，它们根据任务要求一起协作控制、导航、聚集、解散。据美国国防部战略能力办公室主任威廉·罗珀尔称，“这些‘灰山鹑’小型无人机并不是经过预设程序的协调行动的个体，而是像自然界中类似鸟群的动物群体那样共享一个分布式大脑，相互协调行动。”“每一架无人机都可以和另一架通信联络，所以机群没有领袖，可以非常顺利地允许每一架无人机进入或离开这个群体。”[1] 由此可见，未来战争所面对的很可能不再是有血有肉的士兵，而是成群结队的智能机器人集群。

2. 涌现

涌现是非线性复杂系统的典型特征。也就是说，当系统各要素组合成体系时，发生突变并产生出新性质的过程。事物的涌现大都依赖一定数量的群体的聚集。科学研究表明，任何事物随着成员数量的增加，他们之间的相互作用呈现出指数增长的趋势，聚集到一定程度就会产生整体的“涌现效应”，也就是量变到质变。实际上，匈奴人、蒙古人和其他游牧民族的大规模骑兵作战，都采用了集群攻击方式。他们在宽阔的地域分散开来，一旦发现敌人就集中优势兵力实施攻击。同样，第二次世界大战时，德国人对潜艇的运用也采用了“狼群”战术。

集群作战是一个非线性的复杂系统，并不是简单无序的集中兵力突袭，也不是所有武器系统均从同一方向对敌人发起攻击，而是在收到不同等级的作战指令后，各集群自主采取行动，并与其他集群保持协同，从而涌现出一种整体作战能力。自组织性是整个集群释放作战效能的关键，每个个体只需遵循一些简单的原则，这个集群就能完成令人难以置信的复杂作战任务。它们或如同“乌云蔽日”集中涌入战场，或化整为零分散自动搜寻目标，对大片区域实施有效监控。不需要地面人员的任何操控，它们就能够自行在战场上巡逻游弋，一旦集群中某个智能机器人发现目标，它们就会从四面八方对目标形成包围，确认哪些目标需要攻击，哪些目标已被摧毁而不再需要更多的火力支援，哪些未击中的目标尚需火力增援。所有这一切都由具有自主性的机器人集群自动完成。此外，智能机器人集群还可以对敌方展开“间歇性攻击”，攻击，疏散，再攻击，直到消灭敌人。

1　石海明、贾珍珍：《人工智能颠覆未来战争》，北京：人民出版社，2019 年，第 156 页。

当集群达到一定数量规模的时候，指挥控制模式也将发生根本性变化。它不同于信息化战争中对各作战要素、作战单元实施的集中统一控制，而是对集群整体实施的多平台任务协同式控制，通过指挥员操控一组平台，平台之间相互协调，以集群为单位完成作战任务。在瞬息万变的战场上，即使最详细的任务规划也会发生变化。因此，指挥员应先拟定一份详细作战计划，然后指挥集群去具体执行，各集群能够根据战场形势的变化进行调整。或者，指挥员只分配高级别的任务，各集群根据作战任务优先等级的清单，比如目标名单、每个目标不同的价值等级等，在自主采取行动的同时与其他集群保持协同，通过集中协同或分散协同的方式自动确定最佳解决方案。或者，指挥员可以仅仅改变集群的目标或参数设置来诱导集群自行调整其行为。如果控制集群的数量超过了个体的认知能力，指挥员可以把集群划分成更小的群体，或按照功能划分相关任务，以分解自己的任务。

美军进行了大型集群的多平台任务协同式指挥控制的演练。美国海军研究生院研究了由各 50 架无人机组成的两个集群对抗，哈佛大学建立了由 1000 个简易机器人组成的集群，通过相互协同进行简单的编队。2014 年夏天，美国海军演示了由 13 艘无人驾驶自控船组成的集群在一个人的控制下，护送 1 艘巨轮穿过模拟海峡的行动。当发现可疑船只时，指挥员向无人自控船集群分派了拦截和包抄的任务，集群成功自主处理可疑船只，展示了集群的指挥控制能力。据参加试验的美国海军研究人员称，单人同时指挥控制的船只数量可达 20 至 30 艘，由此，不仅节约了大量人力，也大大降低了风险。

3. 反制

智能机器人集群颠覆了传统的作战方式。一是目标小、难发现。智能机器人大都由复合材料制造，其中许多还采用小型化甚至微型化设计，并应用隐身技术，从而使得传统雷达、声呐等侦察探测手段很难以及时发现。比如，美国麻省理工学院在动物蜻蜓中嵌入了一种“光极”芯片，研制出一种比任何人造无人机更小、更轻且更具隐秘性的混合无人机系统，续航时间高达几个月。二是造价低、破坏大。机器人制造成本低，可以大批量生产，只要花费几百美元就可以在网上购买到可编程的、GPS 导航的全自主无人机，这些无人机可以组成一个能自主行动且抗干扰能力强的作战集群，如果携带炸药或者生物武器投入战场，具有巨大的破坏性。三是对抗难，代价高。现有武器装备不适宜于应对智能机器人集群，特别是缺乏应对小微型无人系统的有效手段，用价值 100 万美元的导弹去击落价值 1000 美元的无人机，防御的代价太大，甚至可以说是“大炮打蚊子”。

针对智能机器人集群，传统的作战方式难以奏效。因此，必须考虑如何以低成本、高效益的方式，来反制智能机器人集群的威胁。一是以集群对抗集群。只要对抗的集群比敌方的集群成本更低，而且拥有更好的算法、更好的协调性和更快的反应能力，就可以实现低成本反集群作战。二是以代码武器溯源攻击集群。智能机器人集群高度依赖“脑联网”来获取、传递和共享信息，因此，可以插入恶意代码突破敌方的“防火墙”，对智能战的中枢神经系统“云大脑”进行溯源攻击，也可以通过电子欺骗向集群发送虚假数据，直接控制或瘫痪敌方集群。三是以新概念武器摧毁或瘫痪集群。只要集群依赖通信手段来实现指挥控制和协调作用，就能够通过激光武器、电磁脉冲武器等实施攻击。这些武器并不只针对集群中的单个个体，可以覆盖更大的范围，因而是集群的“克星”。美国海军正在开发的激光武器和电磁轨道炮，就是一种低成本的反集群作战武器。

“胜利总向那些预见战争特性变化的人微笑，而不会向那些等待变化发生后才去适应的人微笑。在战争样式迅速变化的时代，谁敢于先走新路，谁就能获得用新战争手段克服旧战争手段所带来的无可估量的利益。”当人类战争演进到智能战时代，我们需要新视野、新思维、新范式，超越牛顿机械论及奠基其上的物理战理论，运用整体观、联系观、演化观等参悟现代战争、智胜未来。

参考书目

《毛泽东选集》（第三卷），人民出版社，1991 年

《邓小平文选》（第三卷），人民出版社，2001 年

《改革开放三十年重要文献选编》（下册），中央文献出版社，2008 年

《习近平关于科技创新论述摘编》，中央文献出版社，2016 年

《马克思恩格斯军事文集》（第二卷），战士出版社，1981 年

《马克思恩格斯军事文集》（第三卷），战士出版社，1981 年

《马克思恩格斯全集》（第 11 卷），人民出版社，1962 年

《马克思恩格斯全集》（第 46 卷下），人民出版社，1980 年

《马克思恩格斯全集》（第 47 卷），人民出版社，1979 年

《马克思恩格斯文集》（第 1 卷），人民出版社，2009 年

《马克思恩格斯文集》（第 2 卷），人民出版社，2009 年

《马克思恩格斯文集》（第 3 卷），人民出版社，2009 年

《马克思恩格斯文集》（第 4 卷），人民出版社，2009 年

《马克思恩格斯文集》（第 5 卷），人民出版社，2009 年

《马克思恩格斯文集》（第 8 卷），人民出版社，2009 年

《马克思恩格斯文集》（第 9 卷），人民出版社，2009 年

《中国军事百科全书 · 军事技术》，中国大百科全书出版社，2016 年

《中国军事百科全书 · 军事学术》，军事科学出版社，1997 年

陈昌曙：《陈昌曙文集 · 科学技术与社会卷》，科学出版社，2015 年

陈海宏：《美国军事力量的崛起》，内蒙古大学出版社，1995 年

冯江源：《当代科学交流与国际关系》，中国科学技术出版社，1990 年

关洪：《科学名著赏析·物理卷》，山西科学技术出版社，1984 年

蒋宝祺主编：《中国国防经济发展战略研究》，国防大学出版社，1989 年

李显尧、周碧松：《信息战争》，解放军出版社，1998 年

刘大椿：《科学技术哲学导论》，中国人民大学出版社，2001 年

刘大椿：《世界科技思想论库》，华夏出版社，1994 年

刘戟锋：《军事技术论》，解放军出版社，2014 年

马骏：《马骏点将：拿破仑》，中华书局，2012 年

钮先钟：《西方战略思想史》，广西师范大学出版社，2003 年

钮先钟：《战略研究》，广西师范大学出版社，2003 年

石海明、贾珍珍：《人工智能颠覆未来战争》，人民出版社，2019 年

孙大廷：《美国教育战略的霸权向度》，吉林大学出版社，2009 年

孙周兴编：《海德格尔选集》，上海三联书店，1996 年

王和忠、吕冀蜀：《军事理论教程》，清华大学出版社，2002 年

王建伟：《全胜》，长江文艺出版社，2017 年

王兆春：《世界火器史》，军事科学出版社，2007 年

魏俊峰等：《DARPA：美国国防高级研究计划局透视》，国防工业出版社，2015 年

吴国林：《技术哲学研究》，华南理工大学出版社，2019 年

吴国盛：《时间的观念》，中国社会科学出版社，1996 年

于德惠、赵一明：《理性的辉光：科学技术与世界新格局》，湖南出版社，1991 年

曾华锋等：《国防科技发展战略论》，解放军出版社，2012 年

曾华锋等：《制脑权》，解放军出版社，2014 年

曾华锋等：《科技兴军的逻辑》，国防科技大学出版社，2018 年

赵鹏程：《教育学》，西南财经大学出版社，2020 年

［德］F. J. 施特劳斯：《挑战与应战》，上海《国际问题资料》编辑

组译，上海人民出版社，1976 年

［德］M. V. 劳厄：《物理学史》，范岱年、戴念祖译，商务印书馆，1978 年

［德］阿诺德 · 盖伦：《技术时代的人类心灵》，何兆武、何冰译，上海科技教育出版社，2002 年

［德］黑格尔：《法哲学原理》，范扬、张企泰译，商务印书馆，2009 年

［德］黑格尔：《自然哲学》，梁志学等译，商务印书馆，1980 年

［德］克劳塞维茨：《战争论》（第一卷），中国人民解放军军事科学院译，解放军出版社，2005 年

［德］马丁 · 海德格尔：《存在与时间》，陈嘉映等译，生活 · 读书 · 新知三联书店，2014 年

［德］马丁 · 海德格尔：《什么叫思想？》，孙周兴译，商务印书馆，2017 年

［德］约斯特 · 赫尔比希：《原子物理学家的戏剧》，任立等译，原子能出版社，1983 年

［俄］A. X. 沙瓦耶夫：《国家安全新论》，魏世举、石陆原译，军事谊文出版社，2002 年

［俄］沃罗比约夫：《军事未来学》，黄忠明等译，军事谊文出版社，2002 年

［法］薄富尔：《战略绪论》，钮先钟译，麦田出版社，1996 年

［法］贝尔纳 · 斯蒂格勒：《技术与时间》，裴程译，译林出版社，2000 年

［美］J. L. 小彭奈克等：《美国的科学政策（1939—1975）》，中国科学院政策研究室编译，中国科学院政策研究室，1983 年

［美］拉塞尔 · F. 韦格利：《美国军事战略与政策史》，彭光谦等译，解放军出版社，1986 年

［美］T. N. 杜普伊：《武器和战争的演变》，李志兴等译，军事科学出版社，1985 年

［美］阿尔文 · 托夫勒：《第三次浪潮》，朱志焱译，新华出版社，1996 年

［美］阿尔文 · 托夫勒：《权力的转移》，吴迎春等译，中信出版社，2006 年

［美］阿尔文 · 托夫勒：《战争与反战争》，严丽川译，中信出版社，2007 年

［美］阿尔文 · 托夫勒、海迪 · 托夫勒：《未来的战争》，阿笛、马季芳译，新华出版社，1996 年

［美］本 · 斯泰尔等：《技术创新与经济绩效》，浦东新区科学技术局、浦东产业经济研究院译，上海人民出版社，2006 年

［美］丹尼斯 · 德鲁等：《国家安全战略的制定》，王辉青等译，军事科学出版社，1991 年

［美］格伦 · E. 施韦莱：《新时期俄罗斯的科技、经济与安全》，李韬等译，北京理工大学出版社，2007 年

［美］卡斯珀 · 温伯格：《美国前国防部长回忆录：在五角大楼关键的七年》，军事科学院外国军事研究部译，军事科学出版社，1991 年

［美］罗伯特 · 库恩：《走近真实：科学、意义与未来》，龚勋译，上海人民出版社，2006 年

［美］罗杰 · C. 莫兰德、彼得 · 威尔逊等：《方兴未艾的战略信息战》，中国国防科技信息中心译，北方妇女儿童出版社、国际文化出版公司，2001 年

［美］马汉：《海权论：海权对历史的影响》，冬初阳译，时代文艺出版社，2014 年

［美］迈克尔 · 贝尔菲奥尔：《疯狂科学家大本营》，黄晓庆等译，科学出版社，2012 年

［美］尼古拉·尼葛洛庞蒂：《数字化生存》，胡泳、范海燕译，电子工业出版社，2021 年

［美］佩德罗·多明戈斯：《终极算法：机器学习和人工智能如何重塑世界》，黄芳萍译，中信出版社，2017 年

［美］乔治·巴萨拉：《技术发展简史》，周光发译，复旦大学出版社，2000 年

［美］乔治·伽莫夫：《物理学发展史》，高士圻译，商务印书馆，1981 年

［美］塞奇威克、韦恩：《算法》（第 4 版），谢路云译，人民邮电出版社，2012 年

［美］唐·伊德：《技术与生活世界：从伊甸园到尘世》，韩连庆译，北京大学出版社，2012 年

［美］托马斯·谢林：《冲突的战略》，赵华等译，华夏出版社，2006 年

［美］威廉·H. 麦尼尔：《竞逐富强：公元 1000 年以来的技术、军事与社会》，倪大昕、杨润殷译，上海辞书出版社，2013 年

［美］威廉·恩道尔：《霸权背后：美国全方位主导战略》，吕德宏等译，知识产权出版社，2009 年

［美］威廉·恩道尔：《目标中国：华盛顿的“屠龙”战略》，戴健等译，中国民主法制出版社，2013 年

［美］维纳：《控制论》，郝季仁译，北京大学出版社，2007 年

［美］小戴维·佐克、［英］罗宾·海厄姆：《简明战争史》，军事科学院外国军事研究部译，商务印书馆，1982 年

［美］约翰·柯林斯：《大战略》，中国人民解放军军事科学院译，军事科学出版社，1978 年

［美］岳念祖：《美国国防工业与军事力量》，华东工学院，1984 年

［瑞］约米尼等：《西方战略经典》，范林森译，时事出版社，2002 年

［苏］B. N. 格罗米卡：《美国的科学技术潜力》，李怀先、骆茹敏、刘泽芬译，科学出版社，1982 年

［英］H. J. 麦金德：《历史的地理枢纽》，林尔蔚等译，商务印书馆，1985 年

［英］J. F. C. 富勒：《西洋世界军事史》（第三卷），钮先钟译，广西师范大学出版社，2012 年

［英］J. D. 贝尔纳：《科学的社会功能》，陈体芳译，商务印书馆，1982 年

［英］鲍曼：《全球化：人类的后果》，郭国良、徐建华译，商务印书馆，2001 年

［英］卡尔 · 波普尔：《无穷的探索：思想自传》，邱仁宗、段娟译，福建人民出版社，1984 年

［英］肯 · 布思：《战略与民族优越感》，冉冉译，中央编译出版社，2009 年

［英］理查德 · 迪金：《作战空间技术：网络使能的信息优势》，朱强华等译，电子工业出版社，2016 年

［英］李约瑟：《中国科学技术史》（第五卷第七分册），刘晓燕等译，科学出版社，2005 年

［英］利德尔 · 哈特：《战略论》，中国人民解放军军事科学院译，战士出版社，1981 年

［英］罗素：《西方哲学史》（下卷），马元德译，商务印书馆，1995 年

［英］曼纽尔 · 卡斯特：《网络社会的崛起》，夏铸九等译，社会科学文献出版社，2001 年

［英］约翰 · 柯林斯：《大战略》，中国人民解放军军事科学院译，军事科学院出版社，1978 年

Bernard Brodie, Fawn M. Brodie. *From Crossbow to H-Bomb*. Indiana

University Press, 1973

Carl von Clausewitz. *Vom Kriege*. Insel, 2005

L. Freedman. *The Evolution of Nuclear Strategy*. The Macmillan Press, 1981

Geoffrey L. Herrers. *Technology and International Transformation：the Railroad, the Atom Bomb, and the Politics of Technological Change*. State University of New York Press, 2006

H. Kissinger. *The White House Years.* Weidenfeld & Nicolson, 1979

Henry A. Kissinger. *Nuclear Weapons and Foreign Policy*. Harper&Row, 1957

Peter-Paul Verbeek, Adriaan Slob. *Analyzing the Relations Between Tech-nologies and User Behavior：Towards a Concepttual Map,* in *User Behavior and Technology Development-Shaping Sustainable Relation Between Consumers and Technology*. Peter-Paul Verbeek, Adriaan Slob. edited. Springer, 2006